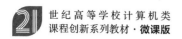
21世纪高等学校计算机类
课程创新系列教材·微课版

数据库原理及MySQL应用

微课视频版

曲彤安 王秀英 廖旭金 / 主编

清华大学出版社
北京

内 容 简 介

本书第 1~3 章讲述原理内容,系统地介绍了数据库的基础理论知识;第 4~9 章讲述基础知识,基于 MySQL 8.0.26,以图书销售系统的数据库设计、操纵和管理为主线,详细地介绍了 MySQL 的基础知识以及基本操作;第 10~12 章为提高内容,介绍了 MySQL 的高级管理功能。

本书采用理论带动实训、实训推动理论的编写方式,以 2 个案例贯穿全书,图书销售系统案例用于章节实例,教学管理系统案例用于实践练习。书中提供了大量的例题、实践练习,并附有全部案例的实现脚本和练习参考答案,有助于读者理解知识、掌握知识、运用知识。本书还配套微课视频、教学课件(PPT)、程序代码、教学大纲、电子教案等资源。

本书既可作为高等院校、高职高专院校计算机及相关专业学生的数据库原理与应用课程教材,也可作为从事数据库管理、开发与应用的相关人员的参考用书,是一本适合广大 IT 技术人员和计算机编程爱好者的读物。

图书在版编目(CIP)数据

数据库原理及 MySQL 应用：微课视频版/曲彤安,王秀英,廖旭金主编.—北京：清华大学出版社, 2022.8

21 世纪高等学校计算机类课程创新系列教材：微课版

ISBN 978-7-302-60970-4

Ⅰ.①数… Ⅱ.①曲… ②王… ③廖… Ⅲ.①数据库系统－高等学校－教材 Ⅳ.①TP311.13

中国版本图书馆 CIP 数据核字(2022)第 089095 号

责任编辑：刘　星
封面设计：刘　键
责任校对：郝美丽
责任印制：丛怀宇

出版发行：清华大学出版社
　　　　网　　　址：http://www.tup.com.cn, http://www.wqbook.com
　　　　地　　　址：北京清华大学学研大厦 A 座　　　邮　　编：100084
　　　　社 总 机：010-83470000　　　邮　　购：010-62786544
　　　　投稿与读者服务：010-62776969, c-service@tup.tsinghua.edu.cn
　　　　质量反馈：010-62772015, zhiliang@tup.tsinghua.edu.cn
　　　　课件下载：http://www.tup.com.cn,010-83470236
印 装 者：天津安泰印刷有限公司
经　　销：全国新华书店
开　　本：185mm×260mm　　印　张：20　　　　字　　数：484 千字
版　　次：2022 年 9 月第 1 版　　　　　　　印　　次：2022 年 9 月第 1 次印刷
印　　数：1~1500
定　　价：59.80 元

产品编号：096226-01

前　言

　　MySQL 是最流行的关系数据库管理系统之一,是开源数据库中的杰出代表。由于其体积小、速度快、总体拥有成本低,且是开放源码,故广泛应用于互联网行业的数据存储,一般中小型网站的开发都选择 MySQL 作为网站数据库。

一、为什么要学习本书

　　MySQL 8.0 的出现可以说是一个重要的里程碑,它无论在功能上还是性能上(整体上),都是目前最好的 MySQL 版本。本书基于 MySQL 8.0.26 为基础,针对初学者,从数据库的原理到应用,通过对大量案例的分析,引导读者快速学习和掌握 MySQL。

　　本书以图书销售系统的数据库设计、操纵与管理为主线,将数据库理论内容融入实际的操作案例中,能够让读者在操作过程中进一步理解理论知识,从而提高数据处理的能力。

二、如何使用本书

　　本书体系完整、可操作性强,以大量的例题对知识点进行讲解,所有例题均通过调试,内容涵盖了设计一个数据库应用系统要用到的主要知识。

- 第 1～3 章讲述了数据库的基础理论知识,通过学习可以帮助读者建立数据库理论基础,对数据库在理论体系上有一个整体认知。
  - ➢ 第 1 章为数据库技术概述,介绍了数据管理技术及数据管理形式的发展、数据抽象与数据模型、数据库系统的组成以及数据库管理系统的功能。
  - ➢ 第 2 章为关系数据库原理,介绍了关系数据模型的概念及特点、关系代数以及关系规范化处理方法。
  - ➢ 第 3 章为关系数据库设计,介绍了关系数据库设计的方法及步骤,主要介绍了关系数据库概念结构和逻辑结构的设计方法。
- 第 4～9 章讲述了 MySQL 的基础知识以及基本操作,通过学习可以帮助读者奠定扎实的基本功,提高读者灵活运用 MySQL 的能力。
  - ➢ 第 4 章为 MySQL 的安装,包含 MySQL 概述、MySQL 服务器安装与配置、MySQL 客户端工具的使用及数据库管理的基本操作等内容。
  - ➢ 第 5 章为 MySQL 数据表管理,介绍了 MySQL 支持的数据类型、数据表的基本操作及数据的基本操作。
  - ➢ 第 6 章为 MySQL 索引与完整性约束,介绍了索引的定义及应用、数据完整性的定义及分类、7 种约束的定义及应用等。
  - ➢ 第 7 章为 MySQL 查询和视图,介绍了利用 SELECT 语句进行数据查询,包括单表查询、多表查询、子查询等,以及视图的定义及应用。
  - ➢ 第 8 章为 MySQL 语言结构,介绍了 MySQL 的常量和变量、运算符和表达式、函数、程序流程控制等 MySQL 增加的语言元素的应用。
  - ➢ 第 9 章为 MySQL 过程式数据库对象,介绍了存储过程、游标、触发器、事件等数据库对象的创建及应用。

- 第 10～12 章讲述了 MySQL 的高级管理功能,通过学习可以提高读者对 MySQL 的运用能力,进一步掌握数据库管理和维护。
  - ➤ 第 10 章为 MySQL 数据库管理,介绍了日志管理、数据库的备份与恢复操作、表的导入与导出操作、表的维护等,以保证数据库正常且正确地运行。
  - ➤ 第 11 章为 MySQL 安全管理,介绍了实现数据库系统的安全需求及实现方法、MySQL 的安全机制以及安全加固等。
  - ➤ 第 12 章为 MySQL 事务管理与并发控制,介绍了 MySQL 的存储引擎、事务管理及并发控制。

三、配套资源

- 教学课件(PPT)、程序代码、教学大纲、电子教案、章节习题答案、实践练习答案等资料,请扫描此处二维码下载或到清华大学出版社官方网站本书页面下载。

配套资源

- 微课视频(750 分钟,42 集),请扫描正文中各章节相应位置的二维码观看。

本书由曲彤安、王秀英、廖旭金主编,房雪键参编,其中王秀英编写第 1～3 章,曲彤安编写第 4～9 章,廖旭金编写第 10～12 章,房雪键参与了第 1～12 章的编写工作。所有代码的测试由曲彤安完成,全书由曲彤安统一修改、整理和定稿。

限于编者的水平和经验,书中难免会有疏漏或错误之处,欢迎各界专家和读者朋友提出宝贵意见,我们将不胜感激,联系邮箱见配套资源。

编　者

2022 年 6 月

目 录

第1章

数据库技术概述

本章要点

- 了解数据存储和管理技术的发展过程。
- 理解利用程序、文件系统、数据库系统管理数据的不同特点。
- 理解数据库系统三层体系结构以及各层的功能。
- 理解数据库模式与数据库实例的联系与区别。
- 理解两层映像的功能以及数据独立性的实现方式。
- 理解数据模型的作用。
- 掌握数据库系统的组成和功能。

从 20 世纪 50 年代中期开始,计算机的应用由科学计算逐渐扩展到企业、行政等社会各领域,数据处理成为计算机的主要应用领域。20 世纪 60 年代末,数据库技术作为数据处理中的一门新技术得到了快速发展。目前,数据库技术已经成为计算机信息系统与应用系统的重要基础和核心技术之一。

1.1 数据管理的形式

视频讲解

1. 程序管理

20 世纪 50 年代中期以前,数据管理属于程序管理阶段。这一时期的计算机主要用于科学计算。这一时期的数据管理主要有以下几个特点。

(1) 数据不能长期保存。当时在硬件方面没有可以随机访问、直接存取的外部存储器,数据通常不需要长期保存。当需要计算某一课题时将数据输入,计算后将结果数据输出。随着计算任务的完成,数据空间和程序空间一起被释放。

(2) 没有专门的软件对数据进行管理。当时的计算机系统中尚无操作系统和对数据进行管理的专用软件。数据管理任务,包括存储结构、存取方法、输入输出方式等完全由程序设计人员负责,这就给程序设计人员增加了很大的负担。

(3) 数据与程序不具有独立性。程序与其所使用的数据之间是一一对应的关系,也就是说程序依赖于数据,如果数据的类型、格式、存取方法等发生了改变,程序必须做相应的修改。

2. 文件系统

20 世纪 50 年代后期至 60 年代中后期,计算机开始大量地用于数据处理领域。硬件方面,出现了磁带、磁盘等外部存储器;软件方面,出现了操作系统和高级语言。操作系统中的文件系统专门用来管理外存储器上的文件,数据管理的效率得到了大幅度的提升。但是,文件系统阶段的数据管理也存在以下几点问题。

(1)数据缺乏独立性。虽然这一阶段的程序文件和数据文件在物理上可以单独存储,但每个数据集都面向特定的应用程序,所以数据与程序在逻辑上是相互依赖的。也就是说,如果修改文件的结构,相应的应用程序也需要修改。

(2)数据冗余度大。在文件系统阶段,数据的使用是以文件为单位的,不能以数据项或记录为单位进行访问。由于数据文件与各自的应用程序相对应,故容易造成数据的重复存储,且数据的冗余度大,在数据更改时,很容易造成数据不一致。

(3)数据无集中管理。操作系统的文件管理功能是有限的,一些重要的数据管理任务,如完整性控制、安全控制等缺乏统一的管理。

3. 数据库系统

从20世纪60年代后期开始,计算机应用与管理的规模更加庞大,需要计算机管理的数据量急剧增长,并且对数据共享的需求日益增强。此时,文件系统的数据管理方法已无法满足应用系统的需要。为了解决数据的独立性问题,实现数据的统一管理,达到数据共享的目的,数据库技术得到了发展。数据库系统阶段的数据管理主要有以下几个特点。

(1)实现数据共享,减小数据冗余。在数据库系统中,对数据的定义和描述已经从应用程序中分离出来,通过数据库管理系统来统一管理。建立数据库时,不再面向特定的应用,而是面向全局,充分发挥出了数据共享的优势。

(2)采用特定的数据模型。在数据库系统中,数据是有结构的,这种结构由数据模型表示。数据以特定的结构进行存储时,不仅存储数据本身,还存储数据之间的联系,这为数据的操作提供了便利。

(3)数据具有较高的独立性。数据库系统提供特定的数据存储模式,保证数据与应用程序之间相互独立。当数据的存储结构发生变化时,通过相应的映像转换,可使应用程序保持不变。

(4)有统一的数据控制功能。数据库管理系统能够提供统一的数据库运行控制功能,如并发控制、完整性控制和安全性控制,使得数据库系统能够高效、正确、安全、稳定地运行。

1.2 数据抽象与数据模型

视频讲解

数据库系统设计的主要目标之一就是为用户提供一个抽象的数据视图,隐藏数据存储和操作的细节。

1.2.1 数据抽象

1. 三层体系结构

数据库管理系统的主要功能就是允许用户逻辑地处理数据,而不必关心这些数据在计算机中是如何存放的。为了达到这个目的,在数据库技术中采用了分层的方法,即将数据库的体系结构划分为多个层次。ANSI/SPARC数据库管理系统研究组在1975年公布的研究报告中,把数据库划分为三个层次,即物理层、概念层、用户层,如图1-1所示。这种分层的方法能够很好地帮助用户理解数据库管理系统的功能。

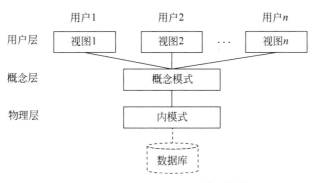

图 1-1 ANSI/SPARC 三层体系结构

1) 用户层

该层为用户提供了访问数据库的视图。用户层包含若干不同的数据库视图(不同的视图针对不同的用户),每个视图为对应的用户提供其所需要的数据。数据库中相同的数据,在不同视图中的呈现形式可能不同,例如同一个日期,在"视图 1"中呈现为"年/月/日"的形式,在"视图 2"中可能呈现为"月/日/年"的形式。

2) 概念层

该层面向数据库管理员,描述整个数据库的逻辑结构。该层通常需要提供:

(1) 所有实体、它们的属性以及联系的描述;

(2) 所有数据约束的描述;

(3) 所有数据语义的描述;

(4) 安全以及完整性描述。

概念层能够支持所有用户层中的视图,每一个用户视图中的数据都来自概念层,或可以从概念层导出。概念层不包含数据存储的相关描述。

3) 物理层

物理层用于描述数据的实际存储组织形式,需要考虑如何实现数据库最佳运行时的性能和存储利用率。它涵盖了用于在存储设备上存储数据的数据结构和文件组织结构问题。需要考虑如何通过操作系统的文件访问方法在存储设备上存储数据、建立索引、检索数据等。物理层主要涉及以下问题:

(1) 数据及索引的存储空间分配;

(2) 数据记录的存储描述;

(3) 数据记录的存储结构;

(4) 数据压缩、数据加密等技术。

2. 数据库实例与模式映像

随着时间的推移,数据会被插入或删除,数据库也就发生了改变。特定时刻存储在数据库中的数据的集合称为数据库的一个实例,而数据库的总体设计称为数据库模式。数据库实例经常发生变化,而数据库模式相对比较稳定。

数据库抽象出的三个层次,对应三类模式。物理层对应内模式,概念层对应概念模式,用户层对应外模式(针对不同用户视图,可以有自己的外子模式,所以外模式包含一系列外子模式)。

　　数据库的三层结构定义了数据库的三个抽象层次。这三层之间通过一定的规则进行相互转化,这种规则称为映像。

　　1) 外模式/概念模式映像

　　外模式/概念模式映像存在于外模式与概念模式之间,用于定义外模式与概念模式之间的对应关系。概念模式描述的是数据的全局逻辑结构,外模式描述的是数据的局部逻辑结构。对应于同一个概念模式可以有任意多个外模式。对于每一个外模式,数据库系统都有一个外模式/概念模式映像。这些映像定义通常包含在各自外模式的描述中,其目的是保证数据与程序之间的逻辑独立性。

　　2) 概念模式/内模式映像

　　概念模式/内模式映像存在于概念模式与内模式之间,用于定义概念模式与内模式之间的对应关系。数据库中只有一个概念模式,也只有一个内模式,所以概念模式/内模式映像是唯一的,它定义了数据库全局逻辑结构与存储结构之间的对应关系。其目的是保证数据与程序之间的物理独立性。

　　如图 1-2 所示,在用户层,外子模式 1 中包含学号、姓名和年龄,外子模式 2 中包含学号、姓名和班级。这两个外子模式合并为概念层的概念模式,包含学号、姓名、年龄和班级。在合并过程中,主要的不同是外模式的"年龄"转换为概念模式中的"生日"。外模式中的"年龄",通过"外模式/概念模式映像"转换为概念模式中的"生日",再通过"概念模式/内模式映像"转换为具体存储结构"date 生日"。

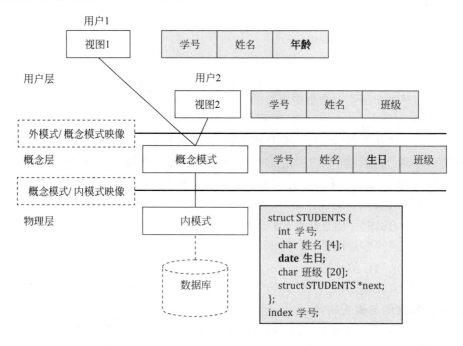

图 1-2　三层的区别

3. 数据独立性

　　由于数据库系统采用三层模式结构,因此系统具有数据独立性的特点。在数据库技术中,数据独立性是指应用程序和数据之间相互独立,不受影响。数据独立性分成物理数据独立性和逻辑数据独立性。

1) 物理数据独立性

当数据库的存储结构改变了,由数据库管理员对概念模式/内模式映像做相应改变,可以使概念模式保持不变,这样应用程序也不必改变,从而保证了数据与程序的物理独立性,简称数据的物理独立性。

2) 逻辑数据独立性

当概念模式改变时(如增加一些列、删除无用列),由数据库管理员对各个外模式/概念模式映像做相应改变,可以使外模式保持不变。应用程序是依据数据的外模式编写的,从而应用程序不必修改,保证了数据与程序的逻辑独立性,简称数据的逻辑独立性。

1.2.2　数据模型

数据库结构的基础是数据模型。数据模型是一个描述数据、数据联系、数据语义以及一致性约束的概念工具的集合。

模型是人们对现实世界特征的模拟抽象。数据模型是用来模型化数据和信息的工具。根据模型应用的不同目的,可以将这些模型划分为两类,它们分属于两个不同的层次。

1. 概念模型

也称信息模型,是独立于计算机系统的模型,例如"实体联系模型",用于建立信息世界的数据模型,强调其语义表达功能,是现实世界的第一层抽象,是按用户的观点对数据和信息建模,主要用于数据库设计。

2. 结构数据模型

简称数据模型,它直接面向数据库的逻辑结构,是现实世界的第二层抽象。包括网状模型、层次模型、关系模型等,它是按计算机系统的观点对数据建模,主要用于数据库管理系统的实现。

(1) 层次模型。图 1-3 是层次模型的例子。美国 IBM 公司于 1968 年开发的 IMS 就是基于层次模型的数据库系统,也是最早研制成功的数据库系统。层次模型实际上是一个树形结构,它是以记录为节点,以记录之间的联系为边的有向树。在层次模型中,最高层只有一个记录,该记录称为根记录,根记录以下的记录称为从属记录。一般说来,根记录可以有多个从属记录,每一个从属记录又可以有任意多个低一级的从属记录等。层次模型具有一定的存取路径,它仅允许自顶向下的单向查询。层次模型比较适合于表示数据记录之间的一对多联系,但无法直接表达多对多联系。层次模型的数据依赖性强,当上层记录不存在时,下层记录无法存储。层次模型的语义完整性差,某些数据项只有从上下层关系查看时,才能显示出它的全部含义。

(2) 网状模型。图 1-4 是网状模型的例子。为了克服层次模型的局限性,美国数据系统语言协会的数据库任务小组在其发表的一个报告中首先提出了网状模型。网状模型是一种较为通用的模型。网状模型与层次模型的根本区别是:① 一个子节点可以有多个父节点;② 在两个节点之间可以有两种或多种联系。网状模型在结构上比层次模型复杂,因而它在查询方式上要比层次模型优越。网状模型的主要缺点是数据结构本身及其相应的数据操作语言都极为复杂。

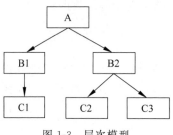

图 1-3　层次模型

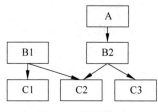

图 1-4　网状模型

（3）关系模型。关系模型是完全不同于前两种模型的一种新的模型,它的基础不是图或树,而是表格。关系模型具有描述一致性的特点,即无论实体还是联系都用关系来描述,保证了数据操作语言相应的一致性。关系模型的缺点是在执行查询操作时,需要执行一系列的查表、拆表、并表操作,故执行时间较长,但是采用查询优化技术的关系数据库系统的查询操作,基本克服了速度慢的缺陷。因此,关系数据库系统已成为当代数据库技术的主流。

视频讲解

1.3　数据库系统

数据库系统(Database System,DBS)是指引入数据库技术后的计算机系统,通常包括数据库、数据库管理系统、计算机硬件及软件环境、数据库管理员和用户。

1.3.1　数据库系统的组成

1. 数据库

数据库(Database,DB)可以理解为存放数据的仓库,在数据库中除了存储数据,还存储数据之间的联系。数据库系统中包含若干设计合理、满足应用需要的数据库。

2. 数据库管理系统

数据库管理系统(Database Management System,DBMS)是专门用于建立和管理数据库的一套系统软件,它为用户或应用程序提供访问数据库的方法并提供各种数据控制功能。

3. 计算机硬件及软件环境

运行数据库系统的计算机需要有足够大的内存以及大容量的外存储器和较高的通道能力以支持对外存的频繁访问,还需要有足够数量的脱机存储介质来存放数据库备份。在软件方面,首先需要有相应的操作系统的支持,如果使用网络数据库管理系统,还需要安装必要的协议及其他网络通信软件。

4. 数据库管理员

数据库管理员(Database Administrator,DBA)的职责包括定义并存储数据库的内容,监督和控制数据库的使用,负责数据库的日常维护,必要时重新组织和改进数据库等。

5. 用户

数据库系统的用户分为最终用户和专业用户。专业用户负责设计应用系统的程序模块,以实现对数据库的访问操作。最终用户主要是对数据库进行查询操作或通过数据库应用系统提供的界面来使用数据库的用户。

1.3.2 数据库管理系统的功能

数据库管理系统作为数据库系统的核心软件,其主要目标是使数据成为方便用户使用的资源,易于为各种用户所共享,并增进数据安全性、完整性和可用性。在数据库系统中,数据是多个用户和应用程序所共享的资源,已经从应用程序中完全独立出来,由数据库管理系统来统一管理。数据库管理系统应该提供以下几个方面的功能。

1. 数据定义功能

数据库管理系统提供数据定义语言(DDL),通过数据定义语言,用户可以定义数据库的各类对象,例如表、视图、存储过程等。标准 SQL 语言提供定义数据库对象的 CREATE 语句,修改数据库对象的 ALTER 语句以及删除数据库对象的 DROP 语句,它们都属于数据定义语言。

2. 数据操纵功能

数据库管理系统提供数据操纵语言(DML),通过数据操纵语言,用户可以对数据库中的数据进行操纵。在标准 SQL 语言中,使用 SELECT 语句对数据进行查询,使用 INSERT 语句插入数据,使用 UPDATE 语句更新数据,使用 DELETE 语句删除数据,这些语句都属于数据操纵语言。

3. 数据库运行控制功能

数据库管理系统提供数据库运行的控制功能,主要包括以下几方面。

(1)完整性控制:完整性控制是指数据库管理系统要保证数据正确并符合企业实际运行业务的规则。

(2)并发控制:当多个用户同时访问数据库中的数据时,并发控制系统可以保证数据的正确性、一致性不会受到破坏。

(3)安全控制:安全控制系统可以阻止非授权用户对数据库中数据的访问,从而保证数据的安全。

(4)数据库恢复功能:当数据库由于自然灾害、软硬件的故障等原因受到破坏时,恢复管理系统可以将数据库恢复到最近一个正确的状态。

(5)数据字典:数据字典中存放着对数据库中各类数据的描述。

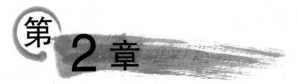

第 2 章
关系数据库原理

本章要点

- 掌握关系的概念以及关系术语。
- 理解关系数据模型的特点。
- 掌握关系代数基本运算、附加运算以及扩展运算。
- 理解数据操作异常产生的原因。
- 掌握函数依赖的概念以及部分函数依赖和传递函数依赖的概念。
- 掌握 1NF、2NF 和 3NF 的关系规范化处理方法。
- 了解范式之间的关系。

如果说数据库技术的出现使得数据管理技术进入了一个新的时代,那么关系模型的诞生则标志着数据管理技术走向成熟。1970 年,E. F. Codd 首次提出了关系模型的概念。与早期数据模型相比,关系模型因其简易性的特点简化了编程者的工作,从而得到了快速发展。

2.1 关系数据模型

视频讲解

关系数据模型是使用二维表的集合来描述数据以及数据之间联系的模型。表 2-1～表 2-5 通过 5 个二维表来保存数据以及数据之间的联系。

表 2-1 图书类别表 categories

ctgcode	ctgname	ctgcode	ctgname
computer	计算机	language	语言
fiction	小说	life	生活

表 2-2 图书表 books

bookid	title	isbn	author	unitprice	ctgcode
1	Web 前端开发基础入门	978-7-3025-7626-6	张颖	65.00	computer
2	计算机网络(第 7 版)	978-7-1213-0295-4	谢希仁	49.00	computer
3	网络实验教程	978-7-1213-9039-5	张举	32.00	computer
4	Java 编程思想	978-7-1112-1382-6	埃克尔	107.00	computer
5	托福词汇真经	978-7-5213-2173-9	刘洪波	65.90	language
6	好喝的粥	978-7-5184-1973-9		50.00	life

续表

bookid	title	isbn	author	unitprice	ctgcode
7	环球国家地理百科全书	978-7-5502-7510-2	张越平	80.00	life
8	托福考试_冲刺试题	978-7-5619-3674-0		40.00	language
9	狼图腾	978-7-535-42730-4	姜戎	32.00	fiction
10	战争与和平	978-7-5387-6100-9	列夫·托尔斯泰	188.00	fiction

表 2-3　顾客表 customers

cstid	cstname	telephone	postcode	address	emailaddress	password
1	张志远	13827659808	300350	天津市津南区雅观路 23 号	zhzy79@bs.com	12345678
2	李明宇	13609119756	300202	天津市大沽南路 362 号	limingyu80@bs.com	12345678
3	Scottfield	13798005683	100096	北京市新龙城 3 号楼 101 室	scottfield@bs.com	12345678
4	Andrew	13019909505	300202	上海市浦东新区拱极路 2626 弄 42 号	andrew@bs.com	12345678

表 2-4　订单表 orders

orderid	orderdate	shipdate	cstid	orderid	orderdate	shipdate	cstid
1	2021-04-14	2021-04-17	3	4	2021-05-13	2021-05-14	2
2	2021-04-15	2021-04-18	1	5	2021-05-15		3
3	2021-04-21	2021-04-22	1	6	2021-05-16		4

表 2-5　订单项目表 orderitems

orderid	bookid	quantity	price	orderid	bookid	quantity	price
1	1	1	60.00	4	2	10	45.50
1	2	1	45.50	4	5	2	55.60
2	7	12	80.00	4	10	1	138.40
3	9	1	25.60	5	4	15	100.00
3	10	1	138.40	6	7	5	80.00
4	1	2	60.00				

2.1.1　关系的基本结构

1. 属性

如表 2-2 所示,图书表 books 中包含 6 个列,其名称分别是:bookid、title、isbn、author、unitprice、ctgcode。在关系术语中,将这些列称为关系的属性(Attributes)。在表中,属性可以形象地描述为列(Columns)或字段(Fields)。

每个属性都有一个允许的值集合,称为该属性的域(Domain)。例如:bookid 属性的域是 10 万以内(假设)的整数;title 的域是图书的书名;author 的域是作者的姓名等。

域中的成员可能会出现空的状态(null),它表示不存在或未知。例如:表 books 中包含

author属性,有些图书没有作者(或作者未知),这时可以使用null来表示这种不存在(或未知)的状态。null是一种状态,而并非一个值,它会给数据库的访问和更新带来很多困难,所以在数据库中应该尽量避免使用null。

2. 元组

如果将表books中的每个属性的域描述为一个集合,例如D_1表示所有书号(bookid)的集合;D_2表示所有书名(title)的集合,以此类推,则表books中的6个属性的域可以描述为D_1、D_2、D_3、D_4、D_5、D_6。图书表books中的每一个行,都必须描述为一个六元组$(v_1,v_2,v_3,v_4,v_5,v_6)$,其中$v_1$是书号(即$v_1$在域$D_1$中),$v_2$是书名(即$v_2$在域$D_2$中),以此类推,$v_6$是类别代号(即$v_6$在域$D_6$中)。

在表中,元组(Tuples)可以形象地描述为行(Rows)或记录(Records)。

3. 关系

一般来说,图书表books中包含的行只是所有可能的行的一个子集。也就是说,books是如下所示的集合的一个子集。

$$D_1 \times D_2 \times D_3 \times D_4 \times D_5 \times D_6$$

在数学上,关系(Relation)被定义为一些列域上的笛卡儿积的子集。由于关系是元组的集合,那么元组在关系中是没有顺序的。也就是说,books关系中,每本图书出现的顺序不是关键问题,无论图书顺序如何,都不能改变books关系。

关系可以形象地描述为表(Tables),这些表是由行和列组成的二维表格。但是,并不是所有的二维表格都能被称为关系。对所有的关系来说,要求关系的每个属性的域都是原子的,即域中的每个元素都必须是不可再分的最小单元。

在如表2-6所示的二维表中,由于属性bookid和title所在的域中,元素值不具有原子性,所以这个二维表不是一个关系。

表2-6　顾客购书表cstorders

cstid	cstname	telephone	bookid	title	emailaddress	password
1	张志远	13827659808	7 9 10	环球国家地理百科全书 狼图腾 战争与和平	zhzy79@bs.com	12345678
3	Scottfield	13798005683	1 2 4	Web前端开发基础入门 计算机网络(第7版) Java编程思想	scottfield@bs.com	12345678
4	Andrew	13019909505	7	环球国家地理百科全书	andrew@bs.com	12345678

2.1.2　关键字

关键字(Keys)可以用来区分关系中的元组。关键字由关系中的属性组成。

1. 超级关键字

超级关键字(Super Key,SK)是关系中的一个属性或一组属性的集合,其值可以唯一标识关系中的每一个元组。

假设 R 是一个关系,K 是该关系中的一个属性或一组属性的集合(即 K 是 R 的一个子集),t_1 和 t_2 是该关系中的任意两个元组,并且 $t_1 \neq t_2$。如果 t_1 和 t_2 在 K 上的值不相等,即 $t_1[K] \neq t_2[K]$,则称 K 是关系 R 的超级关键字(超键)。

例如,在 books 关系中,(bookid, title, isbn)、(bookid, title)、bookid、isbn 甚至于 (bookid, title, isbn, author, unitprice, ctgcode)都可以作为该关系的超键。

2．候选关键字

在超键中,可能存在某些多余的属性。例如(bookid, title)和 bookid 都是关系 books 的超级关键字,都可以唯一标识该关系中的每一个元组。显然,超级关键字(bookid, title)中的属性 title 是多余的。

如果关系中的一个属性或一组最小属性的集合,其值可以唯一标识关系中的每一个元组,则该属性或最小属性组就是该关系的候选关键字(Candidate Key,CK)。

例如,在 books 关系中,bookid 和 isbn 都是这个关系的候选关键字(候选键);在 orderitems 关系中,(orderid, bookid)是唯一的候选键。

3．主关键字

主关键字(Primary Key,PK)是在关系的候选键中选出的,用来唯一标识关系中的每一个元组的属性或最小属性组。

在实际应用中,每个关系都应该有一个主关键字(主键),而且只能有一个主键。因为主键通常会作为数据查询或连接运算的依据,其运算效率极大地影响到数据库整体操作性能,所以如果一个关系有多个候选键,则应选择运算效率高的候选键作为主键。通常情况下,数值型数据的运算效率要高于字符型,所以在 books 关系中,bookid 比 isbn 更适合做主键。

由于主键被用来唯一标识关系中的每一个元组,所以主键列是不允许出现空状态(null)的。例如 bookid 是关系 books 的主键,那么 bookid 列中不允许存在空的情况;(bookid, orderid)是关系 orderitems 的主键,那么 bookid 和 orderid 列中都不允许出现空的情况。

4．外部关键字

在一个关系中如果存在某个属性或属性组,它能够匹配其他关系中的候选键,则称这个属性或属性组是该关系的外部关键字(Foreign Key,FK)。

例如,在 orderitems 关系中,属性 bookid 对应关系 books 中的主键 bookid,则 bookid 是 orderitems 关系的一个外关键字(外键)。如果将 orderid 确定为订单关系 orders 的主键,那么关系 orderitmens 中还存在另一个外键 orderid。

2.1.3 关系模式与关系实例

关系模式(Relation Schema)由属性序列和各属性对应的域组成,为了与关系实例相区别,关系模式的名称以大写字母开头,例如"图书"关系模式可以表示为:

```
Books (bookid, title, isbn, author, unitprice, ctgcode)
```

关系实例(Relation Instant)是关系模式在某一时刻对应的具体关系。关系实例的名字用小写字母表示。books(Books)表示关系模式 Books 上的一个具体的关系实例 books。

在实际应用中,有时会将属性的主键、外键特性通过关系模式进行描述。主键属性加下画线,外键属性通过[FK]表示。表 2-1～表 2-5 对应的 5 个关系,实际上是 5 个关系实例,分别对应如下关系模式。

```
Categories (ctgcode, ctgname)
Books (bookid, title, isbn, author, unitprice, ctgcode[FK])
Customers (cstid, cstname, telephone, postcode, address, emailaddress, password)
Orders (orderid, orderdate, shipdate, cstid[FK])
Orderitems (orderid[FK], bookid[FK], quantity, price)
```

含有主键和外键依赖的关系模式可以用模式图(Schema Diagram)来表示。在图中,每一个关系模式用矩形来表示,矩形内列出属性,矩形的上面列出关系模式的名字。关系模式的主键属性用横线分隔在矩形框上方。关系模式之间的联系通过从参照关系模式中外键属性到被参照关系模式中主键属性的箭头来表示。图 2-1 是图书销售系统的关系模式图。

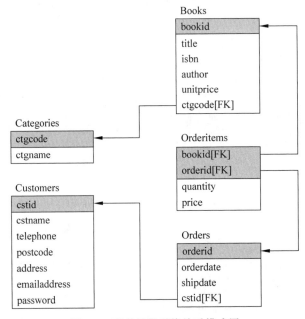

图 2-1　图书销售系统关系模式图

2.1.4　关系模型的特点

1. 关系必须规范

所谓规范化是指关系数据库中的每一个关系必须满足一定的要求。规范化有许多层次,但是对关系最基本的要求是每个属性的值必须是不可分割的最小单元,即表中不能再包含表。

2. 模型概念单一

在层次模型和网状模型中,使用链接指针来表示实体之间的联系。而在关系模型中,无论是实体还是联系都用关系来表示。例如 books(图书)和 orders(订单)之间有 include(包含)的联系,而这个联系可以用一个关系 orderitems 来表示,如图 2-2 所示。

使用关系books描述"图书"实体

bookID	title	unitPrice
1	Web前端开发基础入门	65.00
2	计算机网络（第7版）	49.00

使用关系orderitems描述"图书"
与"订单"之间的联系

orderID	bookID	quantity	price
1	1	1	60.00
1	2	1	45.50
4	2	10	45.50

使用关系orders描述"订单"实体

orderID	orderDate	shipDate	customerID
1	2021-04-14	2021-04-17	3
4	2021-05-13	2021-05-14	2

图 2-2 通过关系描述实体及实体之间的联系

3．集合操作

在关系模型中，无论是操作的对象还是操作的结果都是元组的集合，即关系，如图 2-3 所示。

操作对象："图书"关系					
bookid	title	isbn	author	unitprice	ctgcode
1	Web 前端开发基础入门	978-7-3025-7626-6	张颖	65.00	computer
2	计算机网络(第 7 版)	978-7-1213-0295-4	谢希仁	49.00	computer
3	网络实验教程	978-7-1213-9039-5	张举	32.00	computer
4	Java 编程思想	978-7-1112-1382-6	埃克尔	107.00	computer
5	托福词汇真经	978-7-5213-2173-9	刘洪波	65.90	language
6	好喝的粥	978-7-5184-1973-9		60.00	life
7	环球国家地理百科全书	978-7-5502-7510-2	张越平	80.00	life
8	托福考试_冲刺试题	978-7-5619-3674-0		40.00	language
9	狼图腾	978-7-535-42730-4	姜戎	32.00	fiction
10	战争与和平	978-7-5387-6100-9	列夫·托尔斯泰	188.00	fiction

操作结果：在"图书"关系中检索价格低于 50 元的图书的"书名"和"单价"

title	unitprice
计算机网络(第 7 版)	49.00
网络实验教程	32.00
托福考试_冲刺试题	40.00
狼图腾	32.00

图 2-3 通过关系描述操作对象和操作结果

2.2 关系代数

关系代数是过程化的查询语言，是一个包含运算的集合。关系代数的运算以一个或多个关系为输入，产生一个新的关系。关系代数的基本运算包括：选择、投影、集合并、集合差、笛卡儿积和更名。关系代数还有附加运算，包括：集合交、除、自然连接和赋值。关系代数的扩展运算包括广义投影、外连接、聚集函数。

选择、投影、更名、赋值、广义投影运算是一元运算,因为它们只对一个关系进行运算;集合并、集合差、笛卡儿积、集合交、除、自然连接、外连接运算对两个关系进行运算,所以它们是二元运算。

2.2.1 基本运算

1. 选择运算(Select)

选择运算可以根据给定的谓词选出满足条件的元组。选择运算用符号 σ 表示,谓词作为该符号的下标,参与运算的关系作为参数放在该符号后面的圆括号中。

【例 2-1】 选择计算机类图书。

$$\sigma_{ctgcode = "computer"}(books)$$

该选择运算将得到如表 2-7 所示的集合。

表 2-7　计算机类图书的集合

bookid	title	isbn	author	unitprice	ctgcode
1	Web 前端开发基础入门	978-7-3025-7626-6	张颖	65.00	computer
2	计算机网络(第 7 版)	978-7-1213-0295-4	谢希仁	49.00	computer
3	网络实验教程	978-7-1213-9039-5	张举	32.00	computer
4	Java 编程思想	978-7-1112-1382-6	埃克尔	107.00	computer

在谓词部分,常用的运算符包括比较运算符和逻辑运算符。

1) 比较运算符

(1) ＝:表示相等。

(2) ≠:表示不等于。

(3) ＜:表示小于。

(4) ≤:表示小于或等于。

(5) ＞:表示大于。

(6) ≥:表示大于或等于。

2) 逻辑运算符

(1) ∧:逻辑与运算,只有两个运算数都为真时,结果才为真。

(2) ∨:逻辑或运算,只要一个运算数为真,结果就为真。

(3) ¬:逻辑非运算,对运算数求反,即运算数为真时,结果为假;运算数为假时结果为真。

【例 2-2】 选择价格高于 50 元的计算机类图书。

$$\sigma_{ctgcode = "computer" \wedge unitprice > 50}(books)$$

该选择运算将得到如表 2-8 所示的集合。

表 2-8　价格高于 50 元的计算机类图书的集合

bookid	title	isbn	author	unitprice	ctgcode
1	Web 前端开发基础入门	978-7-3025-7626-6	张颖	65.00	computer
4	Java 编程思想	978-7-1112-1382-6	埃克尔	107.00	computer

2. 投影运算（Project）

投影运算用于返回作为参数关系的某些属性。投影运算的符号是 Π，需要投影出的属性作为该符号的下标，参与运算的关系作为其参数。由于关系运算的结果是一个集合，所以结果中重复的元组将被去除。

【例 2-3】 列出所有图书的书名、作者和类别。

$$\Pi_{title, author, ctgcode}(books)$$

该投影运算将得到如表 2-9 所示的结果。

表 2-9 投影运算的结果

title	author	ctgcode
Web 前端开发基础入门	张颖	computer
计算机网络（第 7 版）	谢希仁	computer
网络实验教程	张举	computer
Java 编程思想	埃克尔	computer
托福词汇真经	刘洪波	language
好喝的粥		life
环球国家地理百科全书	张越平	life
托福考试_冲刺试题		language
狼图腾	姜戎	fiction
战争与和平	列夫·托尔斯泰	fiction

由于关系运算的结果本身就是一个关系，所以它可以作为其他关系运算的参数。

【例 2-4】 选择价格高于 50 元的计算机类图书，并显示这些图书的书名、作者和类型代号。

$$\Pi_{title, author, ctgcode}(\sigma_{unitprice>50 \wedge ctgcode = \text{"computer"}}(books))$$

得到的结果如表 2-10 所示。

表 2-10 选择与投影运算的结果

title	author	ctgcode
Web 前端开发基础入门	张颖	computer
Java 编程思想	埃克尔	computer

在例 2-4 中，将选择运算的结果集合作为投影运算的参数，投影出满足谓词条件的元组的某些属性，但不能将投影运算的结果作为选择运算的参数，因为投影后的元组集合中已经不存在 unitpirce 属性了，所以不能进行"单价高于 50 元"的比较运算。

3. 集合并运算（Union）

在集合运算中，集合 A 和集合 B 的并运算得到的新集合中包含集合 A 和集合 B 中的全部元素（去除重复的元素）。关系是元组的集合，所以两个关系的并运算所产生的结果集合中，将包含两个关系中的全部元组（去除重复的元组）。集合并运算的符号是 $\cup$。

【例 2-5】　查看所有作者的姓名和顾客的姓名。

$$\Pi_{author}(books) \cup \Pi_{cstname}(customers)$$

该例通过两个投影运算,分别得到只包含作者姓名的元组集合和只包含顾客姓名的元组集合,它们分别作为并运算的两个操作数,得到包含作者姓名和顾客姓名的新关系,如表 2-11 所示。

表 2-11　集合并运算的结果

author	author	author	author
张颖	埃克尔	姜戎	李明宇
谢希仁	刘洪波	列夫·托尔斯泰	Scottfield
张举	张越平	张志远	Andrew

如果要使 r∪s 有意义,需要满足如下两个条件。

(1) 关系 r 和 s 必须是同元的,即它们的属性数目必须相同。

(2) 关系 r 和 s 对应属性的域必须相同。

以上两个条件也适用于其他集合运算。

4. 集合减运算(Set-difference)

在集合运算中,集合 A 减集合 B 的运算表示从集合 A 中去除集合 B 中已有的元素。所以关系 r 减关系 s 所产生的结果中,将包含从关系 r 中去除关系 s 中已有元组后剩下的元组。集合 r 减集合 s 表示为 r−s。

【例 2-6】　查找没有销售记录的图书书号。

$$\Pi_{bookid}(books) - \Pi_{bookid}(orderitems)$$

表 2-12　集合减运算的结果

bookid
3
6
8

例 2-6 中从 books 关系中投影出的书号是所有图书的书号,从 orderitems 关系中投影出的书号是有销售记录的书号。从全部书号中去除有销售记录的书号,得到的就是没有销售记录的书号,结果如表 2-12 所示,3、6、8 号图书没有销售记录。

5. 笛卡儿积运算(Cartesian product)

关系 r 和关系 s 的笛卡儿积表示为 r×s。笛卡儿积运算可以将两个关系中的元组一对一连接起来,所以笛卡儿积的结果中包含的元组个数是关系 r 和关系 s 中元组个数的乘积;结果中包含关系 r 和关系 s 中所有属性,如果两个关系中的属性有重名,那么使用"关系名.属性名"的方式来区分结果中的重名属性。

【例 2-7】　关系 books 和关系 categories 做笛卡儿积运算。

```
books × categories
```

该笛卡儿积运算的结果如表 2-13 所示。

表 2-13　笛卡儿积运算的结果

bookid	title	isbn	author	unitprice	books. ctgcode	categories. ctgcode	ctgname
1	Web 前端开发基础入门	978-7-3025-7626-6	张颖	65.00	computer	computer	计算机
1	Web 前端开发基础入门	978-7-3025-7626-6	张颖	65.00	computer	fiction	小说
1	Web 前端开发基础入门	978-7-3025-7626-6	张颖	65.00	computer	language	语言
1	Web 前端开发基础入门	978-7-3025-7626-6	张颖	65.00	computer	life	生活
......	......	......	......	......	......	......	......
5	托福词汇真经	978-7-5213-2173-9	刘洪波	65.90	language	computer	计算机
5	托福词汇真经	978-7-5213-2173-9	刘洪波	65.90	language	fiction	小说
5	托福词汇真经	978-7-5213-2173-9	刘洪波	65.90	language	language	语言
5	托福词汇真经	978-7-5213-2173-9	刘洪波	65.90	language	life	生活
......	......	......	......	......	......	......	......

6. 更名运算（Rename）

更名运算可以为一个关系表达式赋予一个指定的名称，也可以同时指定新的属性名称。更名运算的符号是 ρ，指定的新名称和新属性名称作为该符号的下标，待更名的关系表达式作为参数放在该符号后面的括号里。

【例 2-8】 为关系 categories 指定新名称 c，同时将新关系中的属性命名为 ca1，ca2。

$$\rho_{c(ca1,ca2)}(\text{categories})$$

为关系表达式指定新名称的时候，可以不指定属性的新名称。可以通过原关系中的属性名称来引用新关系中的属性；也可以使用属性在关系中的位置来引用属性，用 $1、$2 分别指代第 1 个、第 2 个属性。

【例 2-9】 找出单价最高的图书的书名和单价。

$$\Pi_{\text{title, unitprice}}(\text{books}) - \Pi_{\text{books. title, books. unitprice}}(\sigma_{\text{books. unitprice<b. unitprice}}(\text{books} \times \rho_b(\text{books})))$$

这个例子的思路如下：

（1）为关系 books 指定别名 b，关系 b 与关系 books 的结构和数据是相同的。关系 books 和关系 b 做笛卡儿积运算。

（2）从步骤（1）的结果中，选择 books 关系中的单价低于 b 关系中单价的元组，这样就得到 books 关系中单价不是最高的元组。然后投影出它们的书名和单价。

（3）投影出 books 关系中所有图书的书名和单价，减去单价不是最高的元组，那么得到的就是单价最高的图书的书名和单价。

【例 2-10】 找出与《Java 编程思想》同属一个类别的图书的书名和类别代号。

$$\Pi_{\text{title, ctgcode}}(\sigma_{\text{books. ctgcode = b. ctgcode}}(\text{books} \times \rho_b(\Pi_{\text{ctgcode}}(\sigma_{\text{title = "Java编程思想"}}(\text{books})))))$$

这个例子的思路如下：

（1）投影出《Java 编程思想》图书的类别代号，并指定所形成的关系的名称为 b。

（2）将关系 books 和关系 b 做笛卡儿积连接，选出 books 关系中的类别代号和关系 b 中的类别代号相同的图书（即类别代号是 computer 的图书元组）。

(3) 最后投影出这些图书的书名和类别代号。

2.2.2　附加运算

附加运算的功能都是可以通过基本运算实现的,使用附加运算可以简化关系代数表达式。

1. 集合交运算(Intersection)

在集合运算中,集合 A 与集合 B 的交集包含既出现在集合 A 中又出现在集合 B 中的元素。关系 r 与关系 s 的交运算表示为 r∩s。

【例 2-11】　找出既有用户下订单,又有订单需要发货的日期。

$$\Pi_{orderdate}(orders) \bigcap \Pi_{shipdate}(orders)$$

如果关系中的数据如表 2-4 所示,则这个集合的交运算返回的恰好为空。

这个集合交运算的功能,可以通过集合减运算实现,如下所示:

$$\Pi_{orderdate}(orders) - (\Pi_{orderdate}(orders) - \Pi_{shipdate}(orders))$$

2. 自然连接运算(Nature Join)

自然连接运算首先对两个参与运算的关系进行笛卡儿积连接,然后基于来自两个参与运算的关系中的相同属性的值相等进行选择,最后再去除重复的属性。自然连接的运算符是⋈,自然连接是最常用的连接运算,在关系运算中起着重要作用。

【例 2-12】　对关系 books 和关系 categories 进行自然连接。

$$books \bowtie categories$$

该自然连接的结果如表 2-14 所示。

表 2-14　自然连接运算的结果

bookid	title	isbn	author	unitprice	ctgcode	ctgname
1	Web 前端开发基础入门	978-7-3025-7626-6	张颖	65.00	computer	计算机
2	计算机网络(第 7 版)	978-7-1213-0295-4	谢希仁	49.00	computer	计算机
3	网络实验教程	978-7-1213-9039-5	张举	32.00	computer	计算机
4	Java 编程思想	978-7-1112-1382-6	埃克尔	107.00	computer	计算机
5	托福词汇真经	978-7-5213-2173-9	刘洪波	65.90	language	语言
6	好喝的粥	978-7-5184-1973-9		60.00	life	生活
7	环球国家地理百科全书	978-7-5502-7510-2	张越平	80.00	life	生活
8	托福考试_冲刺试题	978-7-5619-3674-0		40.00	language	语言
9	狼图腾	978-7-535-42730-4	姜戎	32.00	fiction	小说
10	战争与和平	978-7-5387-6100-9	列夫·托尔斯泰	188.00	fiction	小说

自然连接相当于在笛卡儿积连接的基础上进行选择运算,最后进行投影运算。例 2-12 中的自然连接可以写成如下形式:

$$\Pi_{bookid, title, isbn, author, unitprice, books.ctgcode, ctgname}(\sigma_{books.ctgcode = categories.ctgcode}(books \times categories))$$

3. 除运算（Division）

除运算是关系代数中比较复杂的一个运算。其运算符是÷,对于关系 r 和关系 s 的除运算,表示为 r÷s。这个除运算要求关系 s 的属性包含于关系 r 中。除的结果关系中,包含出现在关系 r 而且没有出现在关系 s 中的属性;将关系 s 中的全部元组与关系 r 相匹配从而得到关系 r 中对应的元组,如果这些元组去除关系 s 中对应属性的值后所形成的元组相同(即重复),则除的结果关系中包含这些元组,如图 2-4 所示。

关系 r

X	Y	Z
X1	Y1	Z1
X2	Y2	Z1
X1	Y1	Z3
X2	Y2	Z2
X2	Y2	Z3

÷

关系 s

X	Y
X1	Y1
X2	Y2

=

r ÷ s

Z
Z1
Z3

图 2-4　除运算的结果

在实际应用中,除运算隐含着"对所有的……都……"的含义。

【例 2-13】　查找 1 号和 2 号顾客都买过的图书的编号。

$$\Pi_{bookid, cstid}(orders \bowtie orderitems) \div \Pi_{cstid}(\sigma_{cstid = 1 \vee cstid = 2}(customers))$$

图 2-5 是这个除运算的结果。

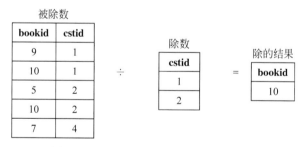

被除数

bookid	cstid
9	1
10	1
5	2
10	2
7	4

÷

除数

cstid
1
2

=

除的结果

bookid
10

图 2-5　1 号和 2 号顾客都购买过的图书

4. 赋值运算（Assignment）

赋值运算的符号是←,表示将该符号右侧的关系表达式赋值给左侧的关系变量,该关系变量可以在后续的表达式中使用。赋值运算可以把查询表达为一个顺序程序,它不能增加关系代数的表达能力,但是可以使复杂查询的表达式变得简单清晰。

【例 2-14】　将例 2-13 的除运算通过赋值运算表达为多个简单运算的顺序程序。

$$temp1 \leftarrow \sigma_{cstid = 1 \vee cstid = 2}(customers)$$
$$temp2 \leftarrow \Pi_{cstid}(temp1)$$
$$temp3 \leftarrow orders \bowtie orderitems$$

$$temp4 \leftarrow \Pi_{bookid,cstid}(temp3)$$
$$result \leftarrow temp4 \div temp2$$

2.2.3　扩展运算

关系代数有多种扩展运算。一个简单扩展是允许将算数运算作为投影的一部分;一个重要扩展是允许使用聚集函数,例如统计集合中元素的个数或计算其数值总和等;另一个重要扩展是外连接,通过外连接运算可以对表示缺失信息的空状态进行处理。

1. 广义投影运算(Generalized-projection)

广义投影运算通过允许在投影列表中使用算术运算来对投影进行扩展,其形式为:

$$\Pi_{F1,F2,\cdots,Fn}(E)$$

其中,E 是关系代数表达式;F1,F2,…,Fn 中的每一项都是涉及常量以及 E 中属性的算数表达式。另外,可以使用 as 来为 F1,F2,…,Fn 中的每一项定义别名。

【例 2-15】　查看计算机类图书的书名、单价和打 8 折以后的售价。

$$\Pi_{title,unitprice,(unitprice \times 0.8)as\,"saleprice"}(\sigma_{ctgcode\,=\,"computer"}(books))$$

这个关系代数表达式返回的结果如表 2-15 所示。

表 2-15　计算图书的销售价格

title	unitprice	saleprice
Web 前端开发基础入门	65.00	52
计算机网络(第 7 版)	49.00	39.2
网络实验教程	32.00	25.6
Java 编程思想	107.00	85.6

2. 聚集函数(Aggregate function)

聚集函数的参数是一个集合,并将一个单一值作为结果返回。作为聚集函数的参数的集合是多重集(multiset),即集合中的一个值可以出现多次(多重集合中允许出现重复的元素)。常用的聚集函数包括:

(1) sum():返回参数的总和。

(2) avg():返回参数的平均值。

(3) count():返回参数的个数(计数函数)。

(4) min():返回参数中的最小值。

(5) max():返回参数中的最大值。

使用聚集函数的关系代数运算称为聚集运算(Aggregation operation),其符号是 g,形式为:

$$_{G1,G2,\cdots,Gn}g_{F1(A1),F2(A2),\cdots,Fn(An)}(E)$$

其中,E 是参与关系代数运算的关系表达式;F1,F2,…,Fn 中的每一项表示一个聚集函数,A1,A2,…,An 表示关系中的属性,它们作为聚集函数的参数;G1,G2,…,Gn 是关系中的一系列属性,用于对关系中的元组进行分组。

【例 2-16】 统计所有图书的单价总和。

$$g_{sum(unitprice)as"sumprice"}(books)$$

在该例中,通过 as 为返回结果中的属性定义别名,所以返回结果如表 2-16 所示。

有时,在使用聚集函数时需要去除参数中的重复值。如果要去除参数属性中的重复值,可以在聚集函数名后使用连字符连接关键字 distinct。

【例 2-17】 统计 books 关系中有多少个图书类别。

$$g_{count-distinct(ctgcode)as"countctgcode"}(books)$$

该关系代数表达式的结果如表 2-17 所示。

表 2-16 图书的单价总和

sumprice
718.9

表 2-17 图书类别

countctgcode
4

有时,需要对关系中的元组进行分组,然后针对每个组应用聚集函数。

【例 2-18】 分别统计每类图书的册数、平均单价、最高单价以及最低单价。

$$ctgcode\ g_{count(bookid)as"册数",avg(unitprice)as"平均单价",min(unitprice)as"最低单价",max(unitprice)as"最高单价"}(books)$$

在这个关系代数运算表达式中,首先按照图书类别对图书关系中的元组进行分组。很明显,可以分为 4 组(因为有 4 个类别),然后针对这 4 组分别应用聚集函数进行统计计算。其结果如表 2-18 所示。

表 2-18 统计结果

ctgcode	册数	平均单价	最低单价	最高单价
computer	4	63.25	32	107
language	2	52.95	40	65.9
life	2	70	60	80
fiction	2	110	32	188

3. 外连接(Outer-join)

外连接有以下三种形式。

(1) 左外连接:使用符号⟕,在自然连接的基础上,包含左侧关系中缺失的元组,并在右侧关系对应的属性处保持空(null)。

(2) 右外连接:使用符号⟖,在自然连接的基础上,包含右侧关系中缺失的元组,并在左侧关系对应的属性处保持空(null)。

(3) 全外连对接:使用符号⟗,在自然连接的基础上,包含两侧关系中全部缺失的元组,并在对方关系对应的属性处保持空(null)。

【例 2-19】 查询所有图书的书号、书名、作者、单价,对于那些有销售记录的图书,显示该图书对应的订单号;没有销售记录的图书,其订单号保持空。

$$\Pi_{books.bookid, title, author, unitprice, orderid}(books \bowtie orderitems)$$

这个关系代数表达式的结果如表 2-19 所示。

表 2-19　查询图书信息

bookid	title	author	unitprice	orderid
1	Web 前端开发基础入门	张颖	65.00	1
1	Web 前端开发基础入门	张颖	65.00	4
2	计算机网络(第 7 版)	谢希仁	49.00	1
2	计算机网络(第 7 版)	谢希仁	49.00	4
3	网络实验教程	张举	32.00	null
4	Java 编程思想	埃克尔	107.00	5
5	托福词汇真经	刘洪波	65.90	4
6	好喝的粥		60.00	null
7	环球国家地理百科全书	张越平	80.00	2
7	环球国家地理百科全书	张越平	80.00	6
8	托福考试_冲刺试题		40.00	null
9	狼图腾	姜戎	32.00	3
10	战争与和平	列夫·托尔斯泰	188.00	3
10	战争与和平	列夫·托尔斯泰	188.00	4

2.2.4　数据修改

数据修改的操作包括删除、插入、更新。接下来将通过关系代数来描述如何对数据进行修改。

1. 删除(Delete)

删除操作用来删除关系中的元组,注意删除操作不能删除元组上某个属性的值。删除操作用关系代数表达式可以表示为:

$$r \leftarrow r - E$$

其中,E 通常是选择运算的表达式。从关系 r 中减去关系代数表达式 E 的元组,并将减的结果赋值给关系 r。

【例 2-20】 删除编号为 1 的订单。

$$orders \leftarrow orders - \sigma_{orderid=1}(orders)$$

【例 2-21】 删除类别名称为"语言"的图书。

$$books \leftarrow books - \Pi_{books.*}(\sigma_{categories.ctgname="语言"}(books \bowtie categories))$$

为简单起见,该例中通过使用"books.*"的形式来表示关系 books 中的全部属性。

2. 插入(Insert)

插入操作用来向关系中插入新的元组,注意不能向某个元组的某个属性中插入值。插入操作用关系代数表达式可以表示为:

$$r \leftarrow r \cup E$$

【例 2-22】 在图书类别关系中插入一个新的类别,Mechanics,"机械"类别。

$$categories \leftarrow categories \cup \{("Mechanics", "机械")\}$$

其中,$\{("Mechanics", "机械")\}$是一个元组常量。当然,也可以把一个选择运算的结果插入到关系中,但是选择运算得到的结果的结构要与待插入的关系的结构相同,也就是说它们具有相同的属性,对应属性的域也要相同。

3. 更新(Update)

如果只需要修改关系中某些属性的值,则可以通过更新操作实现。更新操作在关系代数中的基本表达形式为:

$$r \leftarrow \Pi_{F1, F2, \cdots, Fn}(r)$$

其中,$F1, F2, \cdots, Fn$ 是涉及被更新数据的关系中属性的表达式,该表达式给出了该属性的新值。

【例 2-23】 将图书的单价打 8 折。

$$books \leftarrow \Pi_{bookid, title, isbn, author, unitprice \times 0.8, ctgcode}(books)$$

在这个例子中,图书关系中所有元组对应的 unitprice 属性值都将被更新。

有些时候只需要对关系中某些元组进行更新,可以通过如下方式实现:

$$r \leftarrow \Pi_{F1, F2, \cdots, Fn}(\sigma_p(r)) \cup (r - \sigma_p(r))$$

根据条件 p 选择出需要更新的元组,将更新后的元组和关系中没有更新的元组进行并运算后再赋值给该关系。

【例 2-24】 将 5 号订单的发货日期更改为"2021-05-17"。

$$orders \leftarrow \Pi_{orderid, orderdate, shipdate = "2021-05-17", cstid}(\sigma_{orderid=5}(orders)) \cup (orders - \sigma_{orderid=5}(orders))$$

2.3 关系规范化

一般来说,关系数据库设计的目标是生成一组关系模式,通过这些关系模式既可以方便用户获取信息,也不必重复存储数据。设计数据库的方法之一就是设计满足适当范式的关系模式。

视频讲解

2.3.1　第一范式

第一范式(First Normal Form)简称 1NF,是对关系模式的最基本要求。也就是说,一个二维表格,只有满足 1NF 的要求,才能被称为关系。

如果关系模式 R 的每个属性都是原子的,即每个属性对应的域中的每个元素都是不可再分的最小单元,则称 R 属于第一范式,记作 R∈1NF。

如表 2-20 所示的二维表格中,由于每位顾客作为一行,每位顾客可以生成多张订单,而每张订单中也可以包含多本图书,所以在 orderid、orderdate、bookid、title、quantity、ctgcode、ctgname 列中,针对每个行都可能出现多个值,也就是说这些列中存放的值不具有原子性,存在"表中表"的结构,所以这个二维表格不满足第一范式的要求,不能存放在关系数据库中。

表 2-20　图书销售表 booksale

cstid	cstname	orderid	orderdate	bookid	title	quantity	ctgcode	ctgname
1	张志远	2	2021-04-15	7	环球国家地理百科全书	12	life	生活
		3	2021-04-21	9	狼图腾	1	fiction	小说
				10	战争与和平	1		
2	李明宇	4	2021-05-13	1	Web 前端开发基础入门	2	computer	计算机
				2	计算机网络(第 7 版)	10		
				5	托福词汇真经	2	language	语言
				10	战争与和平	1	fiction	小说

对该二维表格进行规范化处理,可以得到表 2-21 所示的满足第一范式的关系。

表 2-21　满足第一范式的图书销售关系 booksale

cstid	cstname	orderid	orderdate	bookid	title	quantity	ctgcode	ctgname
1	张志远	2	2021-04-15	7	环球国家地理百科全书	12	life	生活
1	张志远	3	2021-04-21	9	狼图腾	1	fiction	小说
1	张志远	3	2021-04-21	10	战争与和平	1	fiction	小说
2	李明宇	4	2021-05-13	1	Web 前端开发基础入门	2	computer	计算机
2	李明宇	4	2021-05-13	2	计算机网络(第 7 版)	10	computer	计算机
2	李明宇	4	2021-05-13	5	托福词汇真经	2	language	语言
2	李明宇	4	2021-05-13	10	战争与和平	1	fiction	小说

通过对表 2-21 所示的关系分析可知,数据之间存在如下联系:

(1) 每位顾客可以拥有多张订单,每张订单只属于一位顾客。

(2) 每张订单里可以包含多册图书,每册图书也可以被包含在多张订单里。

(3) 每册图书属于一个类别,每个类别下可以有多册图书。

在这个关系中,任意一个 orderid 和 bookid 属性的值的组合都可以唯一地确定一条图书销售记录,所以(orderid, bookid)是这个关系的候选键。(orderid, bookid)是这个关系唯一的候选键,可以将其视为该关系的主键,这个关系的关系模式可以描述为:

```
Booksale (cstid, cstname, orderid, orderdate, bookid, title, quantity, ctgcode, ctgname)
```

2.3.2 操作异常问题

虽然关系模式 Booksale 满足第一范式,但是该关系模式下的具体关系中可能存在着大量的数据冗余。数据冗余不仅会占用更多的存储空间,而且在对关系进行插入、更新、删除操作的过程中还可能发生操作异常,引发数据不一致的问题。

1.插入异常

如果有一位顾客想要注册为会员,但是他还从未购书,因为该记录缺少主键,所以这位顾客的信息无法插入到该关系中。也就是说,需要插入到关系中的记录无法插入到关系中。

如果将 booksale 关系中的数据分别存储在如表 2-22~表 2-26 所示的 5 个关系中,那么就可以将这位会员的信息直接插入到关系 customers 中,解决想要插入记录而无法插入的问题。

表 2-22 顾客关系 customers

cstid	cstname
1	张志远
2	李明宇

表 2-23 订单关系 orders

orderid	orderdate	cstid
2	2021-04-15	1
3	2021-04-21	1
4	2021-05-13	2

表 2-24 类别关系 categories

ctgcode	ctgname
life	生活
computer	计算机
language	语言
fiction	小说

表 2-25 图书关系 books

bookid	title	ctgcode
7	环球国家地理百科全书	life
9	狼图腾	fiction
1	Web 前端开发基础入门	computer
2	计算机网络(第 7 版)	computer
5	托福词汇真经	language
10	战争与和平	fiction

表 2-26 订单项目关系 orderitems

orderid	bookid	quantity
2	7	12
3	9	1
3	10	1
4	1	2
4	2	10
4	5	2
4	10	1

对应的关系模式为:

```
Customers (cstid, cstname)
Orders (orderid, orderdate, cstid[FK])
Books (bookid, title, ctgcode[FK])
Categories (ctgcode, ctgname)
Orderitems (orderid[FK], bookid[FK], quantity)
```

2.删除异常

在图书销售 booksale 关系中,如果将订单号 orderid 为 4 的订单信息删除,那么顾客"李明宇"的信息也会被同时删除,或者说"李明宇"的信息就无法保存在这个关系中了。也就是说,不希望删除的数据被删除了。

如果将关系分解为 5 个"小"关系,则删除 orderid 为 4 的订单记录只需要在 orders 关系中删除对应的元组即可,不会影响到顾客信息的存储,也就避免了删除异常的问题。

3. 更新复杂

当需要更新关系中的数据时,例如更新书号 bookid 为 10 号的图书的书名 title 的时候,因为该图书的信息重复存储,所以需要将所有图书的书名 title 同时正确更新,否则就会出现数据不一致的问题。

如果将关系分解为 5 个"小"关系,则更新 10 号图书的书名的操作仅需在 books 关系中更新一个元组,不会造成更新后数据不一致的情况发生。

关系模式 booksale 以及由该关系模式分解得到的 5 个关系模式,都是满足 1NF 的关系,都可以用来在数据库中存放相关数据,但是它们有各自的优缺点。

将关系 booksale 分解为 5 个关系后,可以避免数据冗余以及操作异常问题,但是会增加数据查询的复杂程度。例如:想要查看顾客"张志远"订购的图书的书号、书名、类别名称,如果通过 booksale 关系查询,则关系代数表达式非常简单:

$$\Pi_{bookid, title, ctgname}(\sigma_{cstname = "张志远"}(booksale))$$

同样的查询操作,如果通过分解后的 5 个关系进行查询,则需要先将关系连接起来再进行查询。

$$\Pi_{books.bookid, title, ctgname}(\sigma_{cstname = "张志远"}(customers \bowtie orders \bowtie orderitems \bowtie books \bowtie categories))$$

由于连接运算在数据库操作中既消耗系统资源又效率非常低,所以如果将关系模式分解得过于"小",会影响数据库的查询操作性能。

2.3.3　函数依赖

函数依赖是最重要的一种数据依赖,在对关系模式进行规范化处理的过程中,主要使用函数依赖来分析关系中存在的数据依赖特点。

1. 函数依赖的概念

假设 X 和 Y 是关系模式 R 中的两个不同的属性或属性组,如果对于 X 中的每一个具体值,Y 中都有唯一的具体值与之对应,则称 Y 函数依赖于 X,或 X 函数决定 Y,记作 X→Y,其中 X 被称为决定因素。

当 X→Y,并且 Y 包含于 X 时,称 X→Y 是平凡函数依赖;当 X→Y,并且 Y 不包含于 X 时,称 X→Y 是非平凡函数依赖。这里讨论的是非平凡函数依赖。

以 Booksale 关系模式为例,因为对于属性 cstid 中的每一个具体值,在属性 cstname 中都只有唯一一个值与之对应,所以 cstid 函数决定 cstname,即 cstid→cstname。但反过来,因为可能存在顾客重名的情况,对于属性 cstname 中的一个值,可能对应属性 cstid 中的多个值,所以 cstname 不能函数决定 cstid,记作 cstname ↛ cstid。

由于一张订单里的一册图书的销售数量是一定的,所以 orderid 和 bookid 组合起来可以决定 quantity,即(orderid, bookid)→quantity。

2. 部分函数依赖与完全函数依赖

假设 X→Y 是关系模式 R 中的一个函数依赖,如果存在 X 的真子集 X′,使得 X′→Y 成立,则称 Y 部分依赖于 X,记作 X $\xrightarrow{P}$ Y;如果在 X 中找不到一个真子集 X′,使得 X′→Y 成立,则称 Y 完全依赖于 X。

在关系模式 Booksale 中(bookid,orderid)$\xrightarrow{p}$price 就是一个部分函数依赖。因为决定因素(orderid,bookid)的一个真子集 bookid 就可以函数决定 price,即 bookid→price。

(orderid,bookid)→quantity 是一个完全函数依赖,因为决定因素的任何一个真子集都不能函数决定 quantity。

3. 传递函数依赖

在关系模式 R 中,如果存在函数依赖 X→Y,Y→Z,而 Y ↛ X,则称 Z 传递依赖于 X,记作 X $\xrightarrow{t}$ Z。

在关系模式 Booksale 中,bookid→ctgcode,ctgcode→ctgname,而 ctgcode ↛ bookid,所以 bookid $\xrightarrow{t}$ ctgname 是一个传递函数依赖。

📖 提示:因为部分函数依赖一定是传递函数依赖,所以如果关系模式中不存在传递函数依赖,则一定不存在部分函数依赖。

2.3.4 第二范式

包含在主键中的属性称为主属性;不包含在主键中的属性称为非主属性。

如果关系模式 R 属于 1NF,并且每个非主属性都完全函数依赖于 R 的主键,那么称 R 属于第二范式,记作 R∈2NF。

在关系模式 Booksale 中,除了属性 quantity 对主键(orderid,bookid)的函数依赖是完全函数依赖以外,其他非主属性对主键的函数依赖都是部分函数依赖,因为主键的真子集 orderid 可以函数决定属性 orderdate、cstid 和 cstname;主键的另外一个真子集 bookid 可以函数决定属性 title、ctgcode 和 ctgname。即:

$$(orderid,bookid) \rightarrow quantity$$
$$(orderid,bookid) \xrightarrow{p} orderdate,cstid,cstname$$
$$(orderid,bookid) \xrightarrow{p} title,ctgcode,ctgname$$

由于该关系模式中存在着非主属性对主键的部分函数依赖,所以这个关系模式不属于第二范式。

为了将关系模式规范到 2NF,可以对关系模式做如下处理:

(1) 将那些部分依赖于主键的属性从关系模式中取出,再复制它们所依赖的主属性作为新关系模式的主键来构成一个新的关系模式。

(2) 剩下的属性构成另一个关系模式。

例如,将属性 orderdate、cstid 和 cstname 从原关系模式中取出,再复制它们所依赖的主属性 orderid 作为新关系模式的主键,构成新关系模式 Orders(orderid, orderdate, cstid, cstname);将属性 title、ctgcode 和 ctgname 从原关系模式中取出,再复制它们所依赖的主属性 bookid 作为新关系模式的主键,构成新关系模式 Books(bookid, title, ctgcode, ctgname);原关系模式中剩余的属性构成一个新的关系模式 OrderItems(orderid[FK], bookid[FK], quantity)。

所以关系模式 Booksale 可以规范为以下三个关系模式。这三个关系模式不存在非主属性对主键的部分函数依赖,所以它们都是 2NF 的关系模式。分解得到的这三个新的关系模式可以通过外键连接起来。

```
Orders (orderid, orderdate, cstid, cstname)
Books (bookid, title, ctgcode, ctgname)
Orderitems (orderid[FK], bookid[FK], quantity)
```

分解后的关系模式仍然存在数据冗余,例如在关系模式 Orders 中,一位顾客可以有多张订单,所以顾客的信息会重复存储;在关系模式 Books 中,一个类别下可以有多册图书,那么图书类别信息会重复存储。

2.3.5　第三范式

如果关系模式 R 属于 1NF,并且每个非主属性都不传递函数依赖于 R 的主键,那么称 R 属于第三范式,记作 R∈3NF。

在关系模式 Orders 中,主键 orderid 函数决定 cstid,cstid 函数决定 cstname,而 cstid 不能函数决定 orderid,所以 cstname 对主键 orderid 的函数依赖是传递函数依赖,即:

```
orderid ──► orderdate, cstid
            t
orderid ─────► cstname
```

由于关系模式 Orders 中存在着非主属性对主键的传递函数依赖,所以这个关系模式不满足 3NF。

为了将关系模式规范到 3NF,可以对关系模式做如下处理:

(1) 将那些传递函数依赖于主键的属性从关系模式中取出,再复制它们所直接函数依赖的属性作为新关系模式的主键来构成一个新的关系模式。

(2) 剩下的属性构成另一个新关系模式。

例如,将属性 cstname 从原关系模式中取出,再复制它所直接函数依赖的属性 cstid 作为新关系模式的主键,构成新关系模式 Customers(cstid, cstname);原关系模式中剩余的属性构成一个新的关系模式 Orders(orderid, orderdate, cstid[FK])。

分析关系模式 Books,包含如下函数依赖:

```
bookid ──► title, ctgcode
           t
bookid ─────► ctgname
```

关系模式 Books 同样存在非主属性对主键的传递函数依赖,所以该关系模式不满足 3NF。通过同样的方法分解关系模式 Books 得到两个新关系模式。最终,总共得到 5 个新关系模式,如下所示。具体关系以及关系中的数据如表 2-22～表 2-26 所示。

```
Customers (cstid, cstname)
Orders (orderid, orderdate, cstid[FK])
```

```
Books (bookid, title, ctgcode[FK])
Categories (ctgcode, ctgname)
Orderitems (orderid[FK], bookid[FK], quantity)
```

这 5 个分解得到的关系模式都不存在非主属性对主键的传递函数依赖，所以它们都是 3NF 的关系模式。分解得到的这 5 个新的关系模式可以通过外键连接起来。

最早被提出的关系范式是第一范式（1NF）、第二范式（2NF）和第三范式（3NF），接着由 R. Boyce 和 E. F. Codd 于 1974 年共同提出了 Boyce-Codd 范式（BCNF），这个关系范式是对 3NF 的增强定义。以上 4 个关系范式中除了 1NF 以外的 3 个关系范式都是基于属性之间的函数依赖提出的。比 BCNF 级别更高的关系范式还包括 1977 年提出的第四范式（4NF）和 1979 年提出的第五范式（5NF），其中 4NF 建立在多值依赖的基础上，5NF 建立在连接依赖的基础上。图 2-6 是各个关系范式之间的关系。

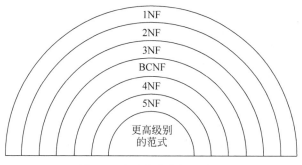

图 2-6　关系范式之间的关系

在对关系模式进行设计的时候，并不是规范化程度越高的关系模式就越好。如果对数据库的操作主要是查询，而更新较少时，为了提高效率，宁可保留适当的数据冗余而不要将关系模式分解得太小，否则为了查询数据，常常要做大量的连接运算，反而会花费大量的时间，降低查询的效率；当对数据库中的数据操作主要是插入、更新和删除操作时，为了避免数据操作异常的发生，应该尽量将关系模式规范到 3NF。

2.4　实践练习

1. 关系代数

📖注意：实践练习使用的关系模式，可以参考附录 B。

（1）查看所有女生的学号、姓名、性别和班级。

（2）查看"信息工程系"教师的姓名和职称。

（3）查看 1 号学生的姓名、班级名称和所在系名称。

（4）查看 1 号学生的选课情况，包括学生姓名、所选课程名称、任课教师名称和成绩。

（5）查看所有的姓名，包括学生姓名和教师姓名。

（6）查看没有任课的教师姓名和职称。

（7）查看所有教师的姓名、职称，以及其所任课程的名称、学期。如果教师没有任课，则其任课的名称和学期保持空状态。

（8）对于同时选修了1号和2号课程的学生，显示学生姓名、课程名称和成绩。

（9）查看所有课程的名称、学分以及提高30％以后的学分。

（10）统计所有课程的门数和平均学分。

（11）统计每名学生选修课程的门数以及所选修课程最高分和最低分。

（12）统计每位教师所教授的课程门数以及学生平均分。

（13）向关系courses中插入一门新课程：{6,"计算机网络基础",4}。

（14）删除1号课程。

（15）将2号课程的学分修改为1。

2．关系规范化

学生课程选修的数据保存在表2-27中。

表 2-27　选修表 studying 中的实验数据

stdid	stdname	classname	crsid	crsname	credit	tchid	tchname	dptname	semester	mark
3	陶丽萍	20信息安全技术1班	1	工业互联网安全基础	2	2	万茂丰	信息工程系	2020-2021-02	
			3	Web应用程序开发	3	2	万茂丰	信息工程系	2020-2021-01	77
5	韩鹏	20信息安全技术1班	1	工业互联网安全基础	2	2	万茂丰	信息工程系	2020-2021-02	89
			3	Web应用程序开发	3	2	万茂丰	信息工程系	2020 2021-01	88
6	焦平凡	20软件技术1班	4	计算机组成原理	4	1	夏文	信息工程系	2020-2021-02	80
			5	数据结构与算法	4	1	夏文	信息工程系	2020-2021-01	76
			2	信息安全导论	3	2	万茂丰	信息工程系	2020-2021-02	
7	刘克英	20软件技术1班	4	计算机组成原理	4	1	夏文	信息工程系	2020-2021-02	65
			5	数据结构与算法	4	1	夏文	信息工程系	2020-2021-01	82

（1）给出满足1NF的关系模式，并确定关系的主关键字。

（2）分析（1）中所生成的关系模式中是否存在非主属性对主键的部分函数依赖。如果存在，请分解关系模式以满足2NF，写出关系模式并确定主键和外键。

（3）分析（2）中所生成的关系模式中是否存在非主属性对主键的传递函数依赖。如果存在，请分解关系模式以满足3NF，写出关系模式并确定主键和外键。

第 3 章
关系数据库设计

本章要点

- 了解数据库的设计方法以及设计步骤。
- 掌握 ER 图的绘制方法。
- 掌握数据库概念结构的设计方法。
- 掌握数据库逻辑结构的设计方法。

数据库设计(Database Design),狭义上是指利用选定的数据库管理系统,针对某个具体的应用领域,构造合适的数据库模式,建立基于这个数据库的信息系统或应用系统,以便有效地存储和检索数据,满足各类用户需求。随着数据库技术本身的不断发展和数据库更广泛的应用,数据库设计的任务已远远超过上述内容,它不仅包括设计数据库结构,也包括设计应用程序等内容。

1. 数据库设计的特点

数据库设计需要结合多门学科的知识和技术,工作量大而且比较复杂。大型数据库的设计是一项庞大的工程,其开发周期长、耗资大、失败风险高。数据库设计的很多阶段都可以和软件工程的各阶段对应起来,软件工程的某些方法和工具同样也适合于数据库设计。为了降低风险,可以将软件工程的原理和方法应用到数据库设计中。因此,数据库设计的人员应该具备多方面的知识和技术。

2. 数据库设计的方法

两个主要的数据库设计方法分别是"自底向上"的方法和"自顶向下"的方法。使用"自底向上"的设计方法首先需要识别出系统潜在实体型或联系型的属性,分析这些属性之间的联系并据此将这些属性分组,通过分组属性就可以识别出实体型和联系型。规范化理论常用在"自底向上"的设计过程中,通过分析属性之间的依赖关系,可以将这些属性按照一定规范分组从而形成规范化的关系。"自底向上"的设计方法适用于设计包含较少属性的小型数据库系统。

如果数据库系统规模非常大,可能包含成百上千的属性,分析这些属性之间的联系将变得非常困难。对于复杂的数据库系统,使用"自顶向下"的设计方法更为合适。这种方法首先识别系统中主要的实体型和联系型,然后通过进一步分析找出低层次的实体型、联系型和属性。ER 模型通常用在"自顶向下"的设计方法中。使用 ER 模型首先找出用户关心的实体型以及实体型之间的联系,然后再找出实体型和联系型的属性。

3. 数据库设计的步骤

目前设计数据库系统主要采用的是以逻辑数据库设计和物理数据库设计为核心的规范

设计方法。按照规范设计的方法,考虑数据库及其应用系统开发的全过程,可以将数据库设计过程可分为以下 6 个主要阶段,分别是:需求分析阶段、概念结构设计阶段、逻辑结构设计阶段、数据库物理设计阶段、数据库实施阶段、数据库运行维护阶段。设计一个完善的数据库应用系统往往是上述 6 个阶段不断反复的过程。

视频讲解

3.1　实体联系模型

在数据库设计过程中,各类人员(如数据库设计人员、程序开发人员、最终用户)看待数据的角度是不同的。然而,数据库设计人员如果与其他人员在如何操作数据的问题上不能获得共识,那么数据库的设计很可能由于不能满足用户需求而失败。因此,需要一种非技术的工具对数据进行描述,以使参与数据库设计的各类人员能够通过这个工具进行沟通。实体联系模型(Entity Relationship model,ER model)用 ER 图来抽象表示现实世界中客观事物及其联系的数据特征,是一种语义表达能力强、易于理解的概念数据模型。

ER 模型支持“自顶向下”的数据库设计方法。通常,在数据库的需求收集和分析阶段完成以后就可以使用 ER 模型对数据库进行概念结构设计,并利用 ER 模型与用户进行沟通,使设计思想能够满足用户的需求。下面以 P. P. S. Chen 于 1976 年提出的 ER 模型方法为例,介绍 ER 图的绘制方法。

3.1.1　实体联系模型的要素

ER 模型中包括 3 个主要的要素,分别是实体(Entity)、联系(Relationship)和属性(Attribute),首先来看一下实体的概念和表示方法。

1. 实体

现实世界中客观存在并可以相互区别的事物称为实体。实体可以是物理存在的,如一本书或一名学生,也可以是概念性的,如一次销售行为或一次面试等。实体概念的关键之处在于一个实体能够与另一个实体相互区别。例如一个班里有 30 名学生,即使这些学生中有重名的情况,任何一名学生也都能与其他学生区别开来(例如,每个学生都拥有一个唯一学号)。

实体型表示具有相同属性的同一类实体。实体型可以刻画出全部同质实体的共同特征和性质。例如学生具有共同的属性(学号、姓名、入学日期等),则这些属性构成一个“学生”实体型。

同一类实体的集合称为实体集,例如某学校的全体学生就是一个“学生”实体集。实体型表示抽象的实体集,例如实体型“学生”表示全体学生的概念,并不具体指学生甲或学生乙等。在不引起混淆的情况下,可以将实体型简称为实体。

在 ER 图中,使用矩形框来表示实体型,框内标注实体型的名称。如图 3-1 所示,分别表示 Books(图书)实体型和 Orders(订单)实体型。

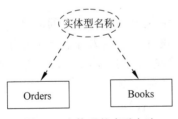

图 3-1　实体型的表示方法

2．联系

现实世界中,事物内部以及事物之间通常存在着一定的联系,这些联系在信息世界中反映为实体型内部以及不同实体型之间的联系。

实体型之间全部联系的抽象称为联系型。在ER图中,联系型用菱形框表示,框内标注联系型的名称,并用连线将菱形框分别与对应的实体型相连接。联系型的名称通常为动词。在不引起混淆的情况下,可以将联系型简称为联系。如图3-2所示,由于订单中包含图书,所以在"订单"实体型和"图书"实体型之间存在着"包含"的联系。

1) 联系的元(Degree)

联系的元是指参与联系的实体型的个数。在图3-2中,有两个实体型参与Include(包含)联系,所以称该联系为二元联系。有时,参与某个联系的实体型的个数可能更多。如图3-3所示,每名学生选修的每门课程都有一个授课教师,所以这个Study(选修)联系是一个三元联系。

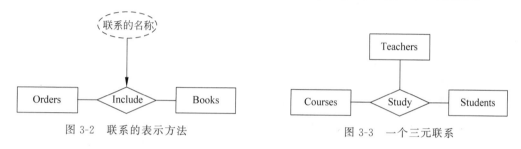

图3-2 联系的表示方法   图3-3 一个三元联系

2) 递归联系

同一实体型中的实体以不同的角色参与到一个联系上,这个联系被称为递归联系。Teachers(教师)实体型中的实体可以按角色分为教研室主任和普通教师,教研室主任管理(Supervise)教师。如图3-4所示,"教师"实体型以不同的角色两次参与到"管理"联系上,这个联系被称为递归联系。

3) 实体在联系上的参与度

如果实体型中的每个实体都参与到一个联系上,则使用双线将该实体型与联系连接起来,称为完全参与。如果实体型中的实体不是全部参与到联系上,则使用单线将该实体型与联系连接起来,称为部分参与。

在图3-5中,因为所有的"订单"中都包含"图书",但是并不是所有的"图书"都包含在"订单"中,所以Orders完全参与联系Include,而Books部分参与该联系。

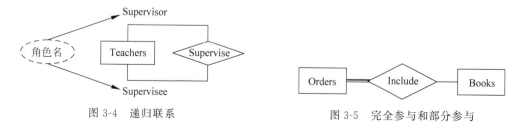

图3-4 递归联系   图3-5 完全参与和部分参与

4) 基数映射

基数映射是建立在联系上的一种约束机制,表示某个实体型通过联系与另一个实体型中的一个实体产生联系时,可能涉及该实体型中的实体个数。对于二元联系来说,两个实体型产生联系的类型可能是一对一联系(1:1)、一对多联系(1:n)或多对多联系(m:n)三种情况。

(1)一对一联系:设 A、B 为两个实体型,若 A 中的每个实体最多和 B 中的一个实体有联系,反之亦然,则称 A 与 B 之间是一对一联系,记作 1:1。

图 3-6 是一个 1:1 联系的例子。在 Locate(位于)联系中,一个 Bookstore(书店)只位于一个 City(城市),而且一个"城市"也只开办一家"书店"。

(2)一对多联系:设 A、B 为两个实体型,若 A 中的每个实体可以和 B 中的多个实体有联系,而 B 中的每个实体最多和 A 中的一个实体有联系,则称 A 与 B 之间是一对多联系,记作 1:n。

图 3-7 中的 Produce(生成)联系是一个 1:n 联系,因为一位 Customer(顾客)可以生成多张"订单",但是一张"订单"只属于一位"顾客"。

图 3-6　1:1 联系　　　　　　　　　　图 3-7　1:n 联系

在一对多联系中,"一"的一方被称为父实体型,"多"的一方被称为子实体型。在如图 3-7 所示的例子中,"顾客"称为父实体型,"订单"被称为子实体型。

然而,在前面所讲到的一对一联系中,如果一方是部分参与,另一方是完全参与,那么可以将部分参与的一方视为父实体型,完全参与的一方视为子实体型。在如图 3-6 所示的例子中,"城市"可以被视为父实体型,"书店"可以被视为子实体型。

(3)多对多联系:设 A、B 为两个实体型,若 A 中的每个实体可以和 B 中的多个实体有联系,反之亦然,则称 A 与 B 之间是 m:n 联系。

图 3-8 中的 Include 联系是一个 m:n 联系,因为一张"订单"可以包含多本"图书",而且一本"图书"也可以包含在多张"订单"中。

5)复杂联系的基数映射

二元联系基数映射的确定方法比较简单,如果参与一个联系的实体型的个数超过两个,那么确定其基数映射的过程稍微复杂一些。对于一个 n 元联系,可以首先确定 n−1 个实体型中的一组具体实体,然后分析第 n 个实体型的参与情况。再按照这个方法依次确定每个实体型在联系上的参与情况。

如图 3-9 所示,Study(选修)是一个三元联系。通过分析发现每名学生选修的每门课程有且仅有一位教师教授;每位教师可以教授每名学生 0 门或多门课程;每名教师教授的每门课程都会面对多名学生。

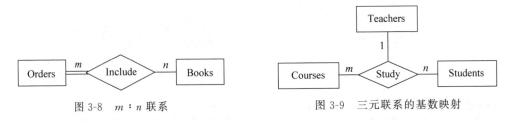

图 3-8　m:n 联系　　　　　　　　图 3-9　三元联系的基数映射

由于参与"选修"联系的实体型中存在多对多联系,可以认为这个三元联系的类型是多对多联系。

由于四元以及更复杂联系出现的可能性较小,而且其基数映射的分析方法与三元联系相同,所以这里不再赘述。

3. 属性

属性用来描述实体或联系的特性。例如,"图书"实体的属性包括"书号""书名""isbn""单价"等。

在 ER 图中,用椭圆形表示属性,并用连线与实体型或联系型连接起来。如果属性较多,为使图形更加简明,有时也将属性另外单独用列表表示。图 3-10 是"图书"实体型的属性。

联系也可以有属性。例如图 3-11 所示的"选修"联系描述了学生选修教师的课程,在该联系上包含选修的学期、选修的成绩以及选修标志属性。如果将这些属性放在学生、课程或教师实体型上都无法正确地表达其含义。

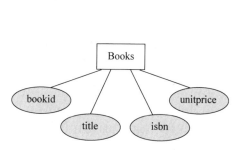

图 3-10 "图书"实体型的属性

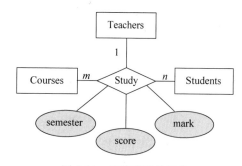

图 3-11 选修联系的属性

实体或联系的属性通常都有一个取值范围,这个取值范围称为该属性的域。例如学生的性别属性的域应该是一个只包含元素"男"或"女"的集合,选修的成绩属性的域应该是0～100 的实数,成绩标志的域应该是包含元素"缺考""缓考""免考""作弊""通过"的集合等。

1) 简单属性与复合属性

简单属性是原子的、不可再分的。复合属性可以细分为更小的部分。如图 3-12 所示,Customers(顾客)实体型的顾客编号、顾客姓名、邮编属性都是简单属性,而地址属性就是一个复合属性,因为地址还可以细分为城市、街道、门牌号等部分。

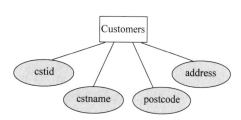

图 3-12 简单属性与复合属性

在设计 ER 图时,保持复合属性还是将复合属性分解为更小的属性取决于用户操作的需要。例如,在访问顾客的联系地址时,通常都使用完整的地址,这时就可以使用地址属性。如果还需要统计顾客所在城市的分布情况等信息,就可以选择将地址属性细分为城市、街道和门牌号三个属性。

2) 单值属性和多值属性

如果某个属性对于实体型中的任意一个实体只有一个值,则该属性为单值属性;如果某个属性对于实体型中的一个实体可能有多个值,则这个属性是多值属性。多值属性用双边椭圆形表示。

如图3-13所示,"顾客"实体型中的顾客编号、顾客姓名、邮编属性都是单值属性,因为每位顾客都只有一个顾客编号、一个姓名和一个邮编。而电话属性就是一个多值属性,因为一位顾客可以保留家庭电话、办公电话和移动电话等多个联系电话。

在进行数据库逻辑结构设计时,由于多值属性无法表达为基本的关系,所以需要进行特殊的处理,例如将多值属性转换为单值属性或将多值属性去除并通过单独的关系来表示。

3) 派生属性

如果某个属性的值可以由其他属性导出,则称该属性为派生属性。派生属性用虚边椭圆形表示。如图3-14所示,因为顾客的年龄可以由其出生日期导出,所以顾客的年龄属性就是一个派生属性。

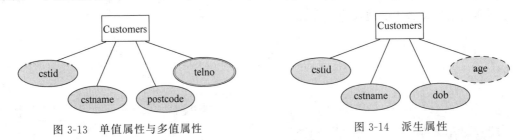

图 3-13 　单值属性与多值属性　　　　　　　图 3-14 　派生属性

某些情况下,某个实体型的派生属性的值可能需要通过其他实体的属性值计算得出。有些实体型的派生属性的值可能需要计算实体型本身或其他实体型中实体的个数来导出,例如如果"班级"实体型中有一个班级人数属性,这个属性的值可以通过计算"学生"实体型中学生实体的个数来得出,这个属性就是一个派生属性。

3.1.2 　码

码(Key)是实体型中用来标识每一个具体实体的重要工具。下面将介绍候选码和主码的概念。

1. 候选码

候选码(Candidate Key,CK)是实体型中的属性或最小属性组,可以用来唯一标识实体型中的每个具体的实体。

例如在"图书"实体型中,因为每册图书都有一个唯一的书号,所以可以通过指定一个书号来确定唯一的一册图书,因此书号属性就是该实体型的候选码。这个例子说明候选码具有唯一标识性。

2. 主码

主码(Primary Key,PK)是从候选码中选出的,用来唯一标识实体型中的每一个实体的一个候选码。在ER图中,可以使用下画线来标识主码,如图3-15所示。

一个实体型中可能包含多个候选码,例如在"图书"实体型中,由于每本图书都有一个唯一的"书号"和唯一的isbn值,所以"书号"和isbn都是这个实体型的候选码。因为"书号"比isbn更简洁高效,所以可以选择"书号"作为"图书"实体型的主码。

3. 组合码

如果一个实体型中的两个或两个以上的属性共同组成实体型的候选码,则称该候选码为组合码。

假设有一个 Addresses(地址)实体型,该实体型中的每个实体表示一个联系地址,包括城市、街道和邮编 3 个属性。由于城市和街道两个属性组合的值能够唯一标识一个地址,所以城市和街道两个属性构成"地址"实体型的组合码,如图 3-16 所示。

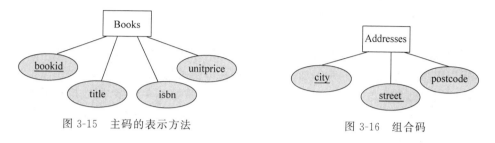

图 3-15　主码的表示方法　　　　　　　　图 3-16　组合码

3.1.3　强实体型与弱实体型

1. 强实体型

如果一个实体型中实体的存在不依赖于其他实体型,则称该实体型为强实体型。强实体型的特性是它有候选码,实体型中的每个实体可以通过候选码被唯一标识。如图 3-17 所示,Courses(课程)实体型是一个强实体型,课程编号是其主码,每门课程都可以通过课程编号来唯一标识。

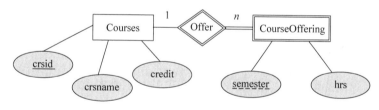

图 3-17　强实体与弱实体

2. 弱实体型

弱实体型是指其实体的存在必须依赖于其他实体型。弱实体型的特性是它没有候选码。例如有一门课程"数据库开发",需要分别在第 3 学期完成 60 学时,在第 4 学期完成 80 学时,则可以创建一个"课程提供"实体型,该实体型包含学期和学时两个属性,如图 3-17 所示。CourseOffering(课程提供)实体型就是一个弱实体型,因为该实体型中的属性不能构成候选码,也就是说学期、学时或这两个属性的组合都不能作为实体型的候选码。在 ER 图中,使用双边矩形来描述弱实体型。

如果要想标识出"课程提供"实体型中的实体,则必须借助于"课程"强实体型,使用"课程"强实体型中的课程编号属性以及"课程提供"弱实体型中的学期属性可以共同标识"课程提供"弱实体型中的每个实体。虽然弱实体型没有候选码,但是某个或某些属性可以结合强实体型中的属性来共同标识弱实体型中的实体,这样的属性或属性组称为分辨符,在 ER 图中使用虚线下画线来描述,如图 3-17 所示,"学期"属性就是一个分辨符。并不是所有的弱实体型都需要有分辨符,如果弱实体型中的每个实体都可以通过与其关联的强实体型来标识,则弱实体型不需要分辨符。

弱实体型所依赖的强实体型又称为标识实体型,每个弱实体型必须和标识实体型相关联,弱实体型与标识实体型之间的联系称为标识性联系。标识性联系是从弱实体型到标识实体型的多对一或一对一联系,并且弱实体型完全参与联系。在 ER 图中,使用双边菱形描述标识性联系。

弱实体型可以参与标识性联系以外的其他联系。弱实体型也可以作为标识实体型参与到与另一个弱实体型的标识性联系中。一个弱实体型也可能与不止一个标识实体型关联,这样一个特殊的弱实体型可以通过来自标识实体型的实体组合来标识。弱实体型的候选码可以由标识实体型的候选码的并集加上弱实体型的分辨符组成。

如果弱实体型只参与一个关联性联系,而且它的属性也不是很多,则建模时可以将其表述为强实体型的属性,如图 3-18 所示,将"课程提供"表述为"课程"实体型的一个多值复合属性。如果弱实体型参与到标识性联系以外的其他联系中,或其属性比较多时,则建模时将其表述为弱实体型更为恰当。

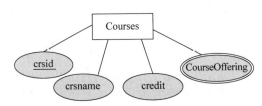

图 3-18　将弱实体型表述为多值复合属性

视频讲解

3.2　概念结构设计

设计数据库的概念结构,首先需要做的就是建立一个或多个概念数据模型。概念数据模型主要由实体型、联系型、属性和属性的域、主码和候选码以及完整性约束组成。概念数据模型开发的结果是一系列文档,文档中主要包括 ER 图以及支持概念数据模型的规格文档。

3.2.1　局部概念数据模型

在需求分析阶段,如果使用需求集中法,那么针对系统全部需求设计的概念数据模型是全局概念数据模型。如果使用视图集成法,那么将根据各个局部视图的需求设计局部概念数据模型,然后再将这些局部概念数据模型合并为全局概念数据模型。接下来以"图书销售"视图的需求为例介绍如何设计概念数据模型。

1. 实体型的识别

现实世界中一组具有某些共同特性和行为的对象就可以抽象为一个实体型。在用户需求文档中,实体型通常表现为名词的形式。实体型的组成成分可以抽象为实体型的属性。

实体型与属性是相对而言的,很难有截然划分的界限。同一事物,在一种应用环境中作为"属性",在另一种应用环境中就可能会作为"实体"。一般说来,在给定的应用环境中,如果一个事物满足以下两个条件之一的,一般可作为属性对待。

(1)属性不再具有需要描述的性质,属性在含义上必须是不可分的数据项。

(2)属性不能再与其他实体型具有联系。

例如,在"图书销售"数据库系统的需求分析中可以识别出以下实体型:图书(Books)、类别(Categories)、顾客(Customers)、订单(Orders)和评论(Comments)。

识别出实体型以后,需要为实体型确定一个名称,并将实体型的名称、描述等信息保存为实体型规格文档,如表 3-1 所示。

表 3-1 实体型规格文档

实体型名称	描　述	别　名	实　现
Books	表示系统中全部图书	图书	每册图书都有一个唯一的书号,而且都属于并且只属于一个类别
Customers	购买图书的顾客。顾客可以在购买图书之前在系统中进行注册	顾客	每位顾客都有唯一的顾客编号
……	……	……	……

2. 联系型的识别

找出实体型以后需要判断所有实体型之间是否存在联系,这种联系在用户的需求文档中通常表现为动词的形式,例如订单"包含"图书、顾客"生成"订单、顾客"发表"评论等,这些都是潜在的联系。

联系一般出现在两个实体型之间,但是也有特殊情况。有些联系可能出现在三个或更多实体型之间,这种联系型被称为多元联系。有些联系也许是某个实体型与自己的联系,这种联系被称为递归联系。确定联系以后需要进一步确定联系的基数映射。

例如,在"图书销售"数据库系统的需求分析中可以识别出以下联系型:订单包含(Contain)图书、顾客生成(Produce)订单、图书属于(Belongto)类别、顾客针对图书发表(State)评论。

识别出联系以后,需要为联系确定一个名称,并将联系的名称、描述以及同实体型之间的关系等信息保存为联系型的规格文档,如表 3-2 所示。

表 3-2 联系型规格文档

联系型名称	描　述	别　名	实　现	
			实体型	基数映射
Produce	顾客生成订单	生成	Customers	每张订单对应的顾客有且仅有一个($1 \cdots 1$)
			Orders	每名顾客可以没有订单,或有多张订单($0 \cdots n$)
State	顾客针对图书发表评论	发表	Customers	每本图书的每条评论对应的顾客有且仅有 1 个($1 \cdots 1$)
			Books	每名顾客针对每本图书可以不发表评论,或发表多条评论($0 \cdots n$)
			Comments	每名顾客发表的每条评论对应的图书有且仅有 1 本($1 \cdots 1$)
……	……	……	……	……

3. 属性的识别

属性在用户的需求文档中表现为名词的形式。属性是实体型或联系型的特征的描述。

　　另外,需要注意属性的冗余,例如派生属性。假如在"顾客"实体型中找到一个"出生日期"属性,那么"年龄"属性就是一个派生属性。如果派生属性所基于的对象不会发生变化,那么派生属性是多余的,可以去掉,但是如果派生属性所基于的对象有可能发生变化,例如消失,那么在实体型上保存派生属性是有必要的。

　　是否保留复合属性取决于用户的需求,如果用户不会访问复合属性中的子属性,那么就可以保留复合属性,否则应该将复合属性分解为若干子属性。

　　属性一般都是单值的,但是也可能出现多值的情况。例如起初设计"顾客"实体型时可能每名顾客只有一个联系电话,那么"联系电话"属性是一个单值属性。但是随着时间的变化,逐渐有顾客拥有多个联系电话,这时"联系电话"属性就成为了一个多值属性。通常,多值属性需要被识别为一个独立的实体,但是在 ER 模型中也可以保留多值属性,因为在数据库的逻辑结构设计过程中,也会将多值属性映射为一个独立的关系。

　　随着属性的确定,ER 模型中的实体型可能会发生变化。例如系统中的两个实体型的属性相同或相近,这时可能需要考虑将两个实体型合并成一个实体型。

　　通过检查实体型上的属性,也有可能找出实体型之间的新的联系。例如,若在创建 ER 模型时没有在"课程"实体型和"系部"实体型之间建立联系,但是"课程"实体型上有一个"系部"属性,表示课程属于哪个系部管理,此时应该去掉"课程"实体型上的"系部"属性,取而代之的是在"课程"和"系部"实体型之间建立一个"属于"联系。

　　联系上也可能存在属性,在处理联系的属性时需要注意属性的布局。通常一对一和一对多联系的属性都可以转变为实体型上的属性,而多对多联系型上的属性通常都不能被转变为实体型上的属性。

　　例如,在"图书销售"数据库系统的需求分析中,实体型和联系的属性如下所示。

> 类别(类别代号,类别名称)
> 图书(书号,书名,出版号,作者,单价)
> 顾客(顾客号,顾客姓名,联系电话,邮编,地址,电子邮箱,登录口令)
> 订单(订单号,订购日期,发货日期)
> 评论(评论号,等级,评论内容)

　　识别出属性以后,需要为属性确定名称,并将属性的名称、描述、数据类型、是否为空、类型以及对应的实体型或联系型的名称等信息保存为属性规格文档,如表 3-3 所示。

表 3-3　属性规格文档

实体型或联系型名称	属　性	描　述	数据类型及宽度	NULL	派生属性	多值属性
Categories	ctgcode	类别代号	不超过 20 个 Unicode 字符	×	×	×
	ctgname	类别名称	不超过 50 个 Unicode 字符	×	×	×
Contain	quantity	数量	整型数值	×	×	×
	price	售价	定点型数值,包含 2 位小数	√	√	×
……	……	……	……	……	……	……

4. 属性域的识别

　　属性的域就是属性的取值范围,例如"图书"实体型中的"单价"属性的取值是一个保留两位小数的实数。更完善的域的定义除了属性允许的一些值以外,还包括这些值的尺寸或格式等信息。例如"顾客"实体型的"电子邮箱"属性值由 Unicode 字符组成,并且包含符号@,在该符号前是邮箱用户名,该符号后是邮件服务器的域名。

识别出属性的域以后,需要为属性的域建立规格文档,如表 3-4 所示。

表 3-4　属性域的规格文档

实体型或联系型	属　性	数据类型及宽度	NULL	取值范围或格式	举　例
Orders	orderid	整数	×	从 1 开始的整数	1、16、100 等
	orderdate	日期型	×	4 位年,2 位月,2 位日,中间用"-"分隔	2021-04-14
	shipdate	日期型	√	4 位年,2 位月,2 位日,中间用"-"分隔,并且不能早于同一张订单的订购日期	2021-04-17
……	……	……	……	……	

5．码的识别

候选码是指实体型中的某个属性或最小属性组,其值可以唯一标识实体型中的每个实体。一个实体型可能包含一个以上的候选码,此时需要为该实体型确定一个主码。可以考虑使用以下原则来从若干候选码中选择一个做主码。

(1) 候选码中包含的属性数量越少越好;

(2) 候选码中的值从不或很少发生变化;

(3) 如果候选码的属性是字符型,那么属性值中包含的字符个数越少越好;

(4) 如果候选码的属性是数值型,那么属性值中的最大值越小越好;

(5) 选择最方便用户使用的候选码做主码。

例如在"类别"实体型中,属性"类别代号"和"类别名称"都是该实体型的候选码,但是"类别代号"属性值中包含的字符个数少,而且最方便用户使用,所以选择这个属性作为"类别"实体型的主码。

强实体型都可以找到候选码,而弱实体型中的属性不能构成其候选码。在数据库逻辑结构设计部分将介绍如何确定弱实体型的候选码。

识别出主码以后,需要为主码建立规格文档,这里不再赘述。

图 3-19 是"销售"视图下对应的 ER 图。为简便起见,图中只画出主码属性,省略了其他属性。

3.2.2　全局概念数据模型

到目前为止,数据库开发人员应该已经创建了各个用户视图的局部概念数据模型,包括 ER 图以及支持概念数据模型的一系列规格文档,利用它们比较各个数据模型的异同点,并为合并做好准备。图 3-19 是"销售"视图对应的 ER 图,图 3-20 是"管理"视图对应的 ER 图。

1．消除冲突

如果系统中存在多个局部概念数据模型,则可以采用两两合并的方式最终合并为全局概念数据模型。在合并概念数据模型的过程中首先需要解决冲突问题。冲突可能发生在以下几种情况当中。

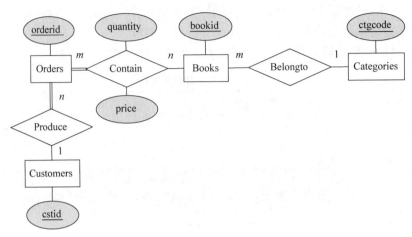

图 3-19 "销售"视图的 ER 模型

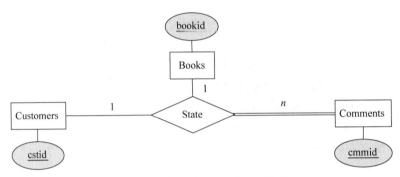

图 3-20 "管理"视图下的 ER 模型

（1）属性冲突，包括属性值类型、取值范围或取值集合以及取值单位的冲突。这种冲突可以采用讨论协商等方式解决。

（2）命名冲突，包括实体型名、联系名、属性名之间的同名异义和同义异名等命名冲突。这种冲突也可以通过讨论协商等方式解决。

（3）结构冲突，主要包括三种情况。一是同一对象在不同的局部概念数据模型中具有的抽象不同，例如"评论"，在有的局部模型中被设计为实体，而在有的局部模型中被视为属性；二是同一实体在各局部概念数据模型中包含的属性不完全相同，例如"顾客"实体型的属性在"销售"视图和"管理"视图中的属性不同；三是实体型之间的联系在不同局部视图中呈现不同的基数映射。为了消除结构冲突，使各个局部概念数据模型相互匹配，如实反映应用需求，必须返回到需求分析阶段，做更加细致的调查研究，经过认真分析再做一致性调整。

2．概念数据模型的合并

在解决了各个局部概念数据模型冲突的基础上，重新修正各个局部视图的 ER 图和规格文档，并为概念数据模型的合并做好准备。

（1）对于各个局部概念数据模型中相同的实体型，直接合并为全局概念数据模型中的实体型。如果主码不同，需要重新选择实体型的主码。对于某个局部数据模型中单独存在的实体型，直接将这些实体型添加到全局概念数据模型中。

（2）将各个局部概念数据模型中相同的联系直接合并为全局概念数据模型中的联系。将某个局部概念数据模型中独立存在的联系添加到全局概念数据模型中。

（3）检查全局概念数据模型中是否丢失了实体型或联系型。在系统全局需求中存在的实体型或联系型不一定会出现在局部概念数据模型中。例如在一个局部概念数据模型中有一个实体型 A，在另一个局部概念数据模型中有一个实体型 B，在全局概念数据模型中 A 与 B 应该是有联系的，但是各个局部概念数据模型反映不出这种联系，通过简单的合并也不能得到这种联系，这时就需要认真检查全局概念数据模型，发现所有丢失的元素。

3. 建立全局概念数据模型

重新验证全局概念数据模型是否满足规范化设计需要、是否满足完整性设计需要，并进行适当的修改和调整，然后建立全局概念数据模型。建立全局概念数据模型的工作主要包括重新绘制反映全局应用需求的 ER 图并重新修订支持全局应用的规格文档。"图书销售"数据库系统的全局 ER 图如图 3-21 所示。

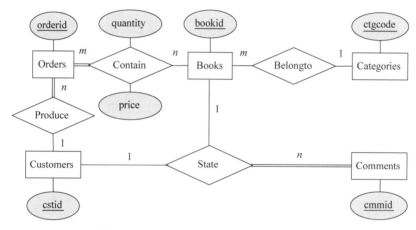

图 3-21 "图书销售"数据库系统全局 ER 图

最后需要用户确认全局概念数据模型能够反映企业的实际应用需要，结束数据库概念结构设计阶段的工作并开始下一个阶段的工作。

3.3 逻辑结构设计

视频讲解

概念结构设计是各种数据模型的共同基础，独立于任何一个 DBMS 系统。为了能够用某一数据库管理系统实现用户需求，还必须将概念结构进一步转化为相应的数据模型。数据库的逻辑结构设计就是在概念结构设计的基础上，将与数据库管理系统无关的概念数据模型转化成某个具体的 DBMS 所支持的逻辑数据模型，这些模型在功能性、完整性、一致性以及数据库的可扩充性等方面均应满足用户的各种要求。

数据库逻辑结构设计是在概念结构设计的基础上实施的，其中主要的一项工作是将概念数据模型中的 ER 图转换为关系模型中的关系模式，另外还包括数据模型的验证、修正以及支持文档的更新等任务。接下来将以图 3-21 所示的全局 ER 图为例介绍如何将 ER 图转换为关系模式。

📖 **提示**:有些时候也可以将各个局部概念数据模型转换为局部逻辑数据模型,然后再进行合并,得到全局逻辑数据模型。

3.3.1 实体型和属性的转换

在 ER 图中,实体型分为强实体型和弱实体型。下面分别介绍这两种实体型转换成关系模型的方法。

1. 强实体型

将每个强实体型转换为一个关系模式,实体型的属性作为关系模式的属性,实体型的主码作为关系模式的主键。

例如,图 3-21 的 ER 图的强实体可以转换为如表 3-5 所示的关系模式。这些关系可能不是逻辑结构设计的最终产物,在接下来的步骤中,这些关系可能会有所变化。

表 3-5　"图书销售"系统的强实体关系

编　号	关 系 模 式	主　键
1	Categories (ctgcode, ctgname)	ctgcode
2	Books (bookid, title, isbn, author, unitprice)	bookid
3	Customers (cstid, cstname, telephone, postcode, address, emailaddress, password)	cstid
4	Orders (orderid, orderdate, shipdate)	orderid
5	Comments (cmmid, rating, comment)	cmmid

2. 弱实体型

弱实体型到标识实体型的联系类型是多对一或一对一联系,不同的联系类型将导致不同的转换结果。

(1)如果弱实体型到标识实体型之间的联系是多对一联系,如图 3-22 所示。将弱实体型转换为一个关系,关系的属性包括弱实体型自身的属性、标识性联系的属性以及标识实体型的主码属性。弱实体型转换得到的关系的主键由标识实体型中的主码属性和弱实体型中的分辨符组成,并且该关系独立存在,不与其他关系合并。图 3-22 将转换为如下所示的关系。

```
Courses (crsid, crsname, credit)
CourseOffering (crsid[FK], semester, hrs)
```

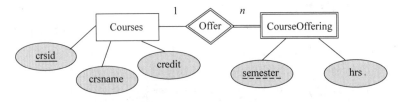

图 3-22　多对一标识联系

(2)如果弱实体型到标识实体型之间的联系是一对一联系,且标识实体型部分参与联系,那么将弱实体型转换为一个关系,关系的属性包括弱实体型自身的属性、标识性联系的属性以及标识实体型的主码属性。弱实体型转换得到的关系的主键由标识实体型中的主码属性组成,并且该关系独立存在,不与其他关系合并。如果将图 3-22 中联系类型改为一对一联系,则弱实体型 CourseOffering 中不再需要分辨符 semester,转换的关系如下所示。

```
Courses (crsid, crsname, credit)
CourseOffering (crsid[FK], semester, hrs)
```

📖**提示**:实际上,也可以将关系 Courses 和 CourseOffering 合并为一个关系 Courses (crsid, crsname, credit, semester, hrs)。但是由于不是所有的课程都有课程提供,所以将来在关系 Courses 的 semester 列和 hrs 列中会出现空状态。然而,将 Courses 和 CourseOffering 处理为两个独立的关系则不会出现空状态。

(3)如果弱实体型到标识实体型之间的联系是一对一联系,且标识实体型完全参与联系,则将弱实体型的属性以及标识性联系的属性移动到标识实体型中。如果将图 3-22 中的标识性联系改为一对一联系,实体型 Courses 的参与约束改为完全参与,则转换得到的关系如下所示。

```
Courses (crsid, crsname, credit, semester, hrs)
```

3. 多值属性的转换

将多值属性转换为一个关系,另外将实体型中的主码属性复制到该关系作为外键。有时多值属性自己就可以在新关系中形成主键,但是有些时候需要将多值属性和实体型的主码属性组合起来形成新关系的主键。例如图 3-13 中"顾客"实体型中的联系电话属性是一个多值属性,所以将"顾客"实体型转换为两个关系,一个对应顾客,一个对应联系电话。考虑到有些顾客可能使用相同的联系电话的情形,那么 telno 属性就不能作为 Telephones 关系的主键,所以该关系的主键是 telno 和 cstid 的组合。

```
Customers (cstid, cstname, postcode)
Telephones (telno, cstid[FK])
```

3.3.2 联系的转换

由于实体型之间的联系种类很多,所以联系转换为关系也相对较复杂。尽管如此,联系转换为关系的方法还是有规律可循的。

(1)将联系转换为关系。首先将联系转换为关系,关系的属性包括联系的属性以及参与该联系的实体型的主码属性。

(2)确定主键。通常情况下,来自子实体型或多方实体型中的主码属性构成新关系的主键,但是在某些特殊场合,主键中还可能需要包含其他的属性。

(3)合并关系。如果由联系转换得到的关系与由实体型转换得到的关系具有相同的主键,那么将具有相同主键的关系合并。

接下来分别介绍二元联系、多元联系和递归联系转换为关系的处理方法。

1. 多对多二元联系

在多对多二元联系中,需要特别注意的是"确定主键"。多对多二元联系转换得到的关系中,来自两个实体型的主码属性的组合通常可以构成这个关系的主键,但是在某些情况下还需要包含其他的属性才可以构成主键。

如图 3-23 所示,Join(参与)联系是一个多对多联系,转换为一个关系。所以图 3-23 的 ER 图转换得到如下关系模式。

```
Projects (prjid, ...)
Teachers (tchid, ...)
Joining (prjid[FK], tchid[FK], order, task)
```

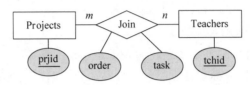

图 3-23　教师参与项目的多对多联系

但是在如图 3-24 所示的读者 Borrow(借阅)图书的多对多联系中,由于一个读者可以多次借阅同一本图书,所以转换的关系的主键除了包括属性 bookid(书号)和 rdrid(读者号)以外,还需要包括属性 borrowtime(借阅时间)。所以图 3-24 的 ER 图可以转换得到如下关系模式。

```
Readers (rdrid, ...)
Books (bookid, ...)
Borrowings (rdrid[FK], bookid[FK], borrowtime, returntime)
```

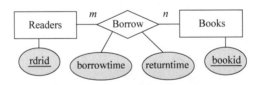

图 3-24　读者借阅图书的多对多

多对多二元联系转换的关系具有独立性,通常不与任何关系合并。

2. 一对多二元联系

例如,图 3-21 的 ER 图中有两个一对多二元联系,分别转换为如下所示的关系。

```
Producing (ordertid, cstid)
Belonging (bookid, ctgcode)
```

接下来将所有具有相同主键的关系合并。将以上两个关系与表 3-5 中的关系合并,得到如表 3-6 所示的关系。

表 3-6　合并后的关系

编　号	关系模式	主　键
1	Categories (ctgcode, ctgname)	ctgcode
2	Books (bookid, title, isbn, author, unitprice, **ctgcode**)	bookid

续表

编　号	关 系 模 式	主　键
3	Customers (cstid, cstname, telephone, postcode, address, emailaddress, password)	cstid
4	Orders (orderid, orderdate, shipdate, **cstid**)	orderid
5	Comments (cmmid, rating, comment)	cmmid

　　📖**提示**：可以将一对多联系转换为关系的过程合并为一步完成,即将父实体型的主码属性复制到子实体型所在的关系中作为属性并成为该关系的外键。如果子实体型部分参与联系,那么这个外键中可能有空状态出现。如果一对多联系上存在属性,则应该将这些属性同时移动到子实体型对应的关系中。

　　通常情况下,一对多二元联系转换得到的关系都会与实体型转换得到的关系合并。

3．一对一二元联系

在一对一二元联系中,实体型的参与约束将影响一对一联系转换为关系模型的结果。

（1）在一对一联系中,如果一个实体是完全参与,另一个实体是部分参与,则部分参与的实体作为父实体,完全参与的实体作为子实体,选择子实体型中的主码属性作为联系对应的关系的主键。因此,最终这个关系将与子实体型中的关系合并。

在如图 3-25 所示的 Locate(书店位于城市)的联系中,首先转换为如下所示的关系。

```
Bookstores (bstid, bstname)
Cities (cityid, cityname)
Locating (bstid, cityid)
```

合并以后得到如下所示的两个关系。

```
Bookstores (bstid, bstname, cityid[FK])
Cities (cityid, cityname)
```

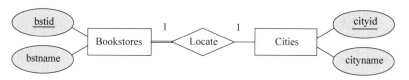

图 3-25　"书店位于城市"的一对一联系

　　📖**提示**：实际上,将关系 Bookstores 和 Cities 合并为一个关系 Cities(cityid,cityname,bstid,bstname)也是一种选择。但是由于不是所有城市都有书店,所以将来在关系 Cities 的 bstid 列和 bstname 列中会出现空状态。然而,将 Bookstores(书店)和 Cities(城市)处理为两个独立的关系则不会出现空状态。

（2）在一对一联系中,如果参与联系的两个实体型都完全参与联系,那么它们的主码是等价的,最终可以将两个实体型以及它们的联系合并为一个关系,选择一个实体型的主码作为新关系的主键,另一个实体型的主码成为候选键。例如,若 Locate 的联系中,Bookstores 和 Cities 都完全参与联系,那么最终得到的关系如下所示。

```
Cities (cityid, cityname, bstid, bstname)
```

（3）在一对一联系中，如果两个实体型都是部分参与，则根据实际情况选择一个实体型作为父实体型，处理方法与一个实体型为部分参与，另一个实体型为完全参与的一对一联系相同。

总的来说，一对一二元联系转换得到的关系都会与实体型转换得到的关系合并。

4. 多元联系

如果一个多元联系等效于一个多对多联系，这个多元联系会成为一个独立的关系。图 3-26 的"选修"联系等价于多对多联系，所以转换得到的关系不会被合并到其他关系中。该三元多对多联系转换为如下关系模式。

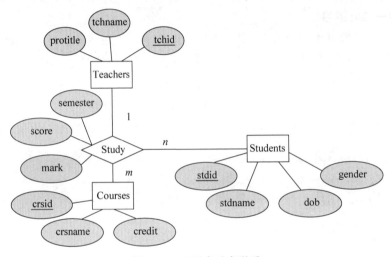

图 3-26　三元多对多联系

```
Teachers (tchid, tchname, protitle)
Students (stdid, stdname, dob, gender)
Courses (crsid, crsname, credit)
Studying (stdid[FK], crsid[FK], tchid[FK], semester, score, mark)
```

如果一个多元联系等效于一对多联系或一对一联系，由这个多元联系转换得到的关系通常会在后续的步骤中与其他关系合并。例如图 3-27 是顾客针对图书发表评论的联系。首先转换为如下所示的关系。

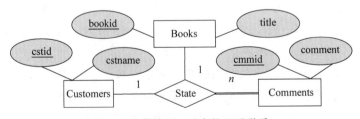

图 3-27　等效于一对多的三元联系

```
Books(bookid, title)
Customers(cstid, cstname)
Comments(cmmid, comment)
Stating(cmmid, cstid[FK], bookid[FK])
```

由于 Comments 和 Stating 具有相同的主键,将它们合并,最终转换为如下所示的关系。

```
Books(bookid, title)
Customers(cstid, cstname)
Comments(cmmid, comment, cstid[FK] , bookid[FK])
```

如图 3-21 所示的"图书销售"系统全局 ER 图最终转换为如表 3-7 所示的关系模式。

表 3-7 "图书销售"系统全局 ER 图转换为的关系模式

编 号	关 系 模 式	主 键	外 键
1	Categories (ctgcode, ctgname)	ctgcode	
2	Books (bookid, title, isbn, author, unitprice, ctgcode)	bookid	ctgcode REFERENCES Cagegories (ctgcode)
3	Customers (cstid, cstname, telephone, postcode, address, emailaddress, password)	cstid	
4	Orders (orderid, orderdate, shipdate, cstid)	orderid	cstid REFERENCES Customers (cstid)
5	Comments (cmmid, rating, comment, bookid, cstid)	cmmid	bookid REFERENCES Books (bookid) cstid REFERENCES Customers (cstid)

5. 递归联系

将一个递归联系转换为一个关系,关系中的属性包括联系本身的属性以及相连的实体型主码属性的两个副本,将这两个副本重命名以表示参与联系的两个角色。根据联系的类型确定关系的主键。最后考虑是否将这个关系与实体型转换得到的关系合并。

如图 3-28 所示,Teachers(教师)实体型自身存在一个递归联系 Supervise(管理)。由递归联系转换得到的关系的两个属性都是从 Teachers 实体型中复制的主码属性 tchid,并可以重命名,以达到"见名知意"的效果。

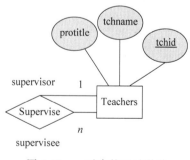

图 3-28 一对多的三元联系

关系 Teachers 表示全体教师,关系 Supervising 表示递归联系 Supervise。两次复制 Teachers 关系中的主键属性 tchid,第一次命名为 superviseeid,表示"被管理"的教师编号;第二次命名为 supervisorid,表示"作为管理者"的教师编号。确定 superviseeid 为主键是因为"被管理"的教师在一对多联系中是多的一方,即子实体角色的一方。

```
Teachers (tchid, tchname, protitle)
Supervising (superviseeid, supervisorid)
```

superviseeid 和 tchid 虽然名称不一样,但是在实际应用中表示的都是教师的编号,所以认为以上两个关系具有相同的主键,合并为如下所示的一个关系。

```
Teachers (tchid, tchname, protitle, supervisorid[FK])
```

这个关系比较特殊的地方在于,外键 supervisorid 参照关系自己的主键 tchid。

3.4　实践练习

假设你计划为企业开发一个内部消息系统,该系统用于企业信息发布及企业员工之间的信息交流。系统中的全部数据都保存在数据库中。在系统中需要记录所有用户的信息,每位用户有一个唯一的用户编号,以及用户姓名和登录密码。每位用户都属于一个部门,每个部门拥有 1 或多名用户,每个部门都有一个唯一的部门编号,以及部门名称。系统还要保存全部消息,每条消息有一个唯一的消息编号,以及消息的标题、主体和发送时间。每条消息都属于一个类型,每个类型可以包含 0 或多条消息,每个类型有一个唯一的类型编号,以及类型名称。每位用户可以发送 0 或多条消息,也可以接收 0 或多条消息。每条消息有且仅有一位发送者,但同时可以有 1 或多位接收者,系统还需要记录每位接收者接收到消息后是否阅读了该消息(即消息的状态)。请绘制系统的 ER 图并进行必要的文字说明。

第 4 章

MySQL的安装

本章要点

- 了解 MySQL 数据库。
- 掌握 MySQL 的安装和配置方法。
- 掌握 MySQL 的启动、登录以及配置方法。
- 掌握 MySQL 常用的图形管理工具的使用。
- 掌握通过命令行客户端管理数据库的方法,包括创建数据库、查看数据库、选择数据库和删除数据库。

4.1 MySQL 概述

视频讲解

MySQL 是由瑞典 MySQL AB 公司开发的关系型数据库管理系统,后来被 Oracle 公司收购。MySQL 支持几乎所有的操作系统,是以"客户机/服务器"结构实现的一个真正的多用户、多线程的 SQL 数据库服务器,是最流行的关系型数据库管理系统之一,是开源数据库中的杰出代表。所谓"开源",就是开放资源,因此 MySQL 数据库是完全免费的,用户可以直接从网上下载使用,不必支付任何费用。

MySQL 标志中的海豚名叫"Sakila",它是由 MySQL AB 公司的创始人从用户在"海豚命名"的竞赛中建议的大量名字表中选出的。获胜的名字是由来自非洲斯威士兰的开源软件开发者 Ambrose Twebaze 提供的。根据 Ambrose 所说,Sakila 来自一种叫 SiSwati 的斯威士兰方言,也是在 Ambrose 的家乡乌干达附近的坦桑尼亚的 Arusha 的一个小镇的名字。MySQL 的海豚标志的图标如图 4-1 所示。

图 4-1　MySQL 的图标

MySQL 的历史最早可以追溯到 1979 年,现今比较主流的为 MySQL 5.6 版本、5.7 版本和 8.0 版本。我们可以用一张图来展示 MySQL 的发展历史,如图 4-2 所示。

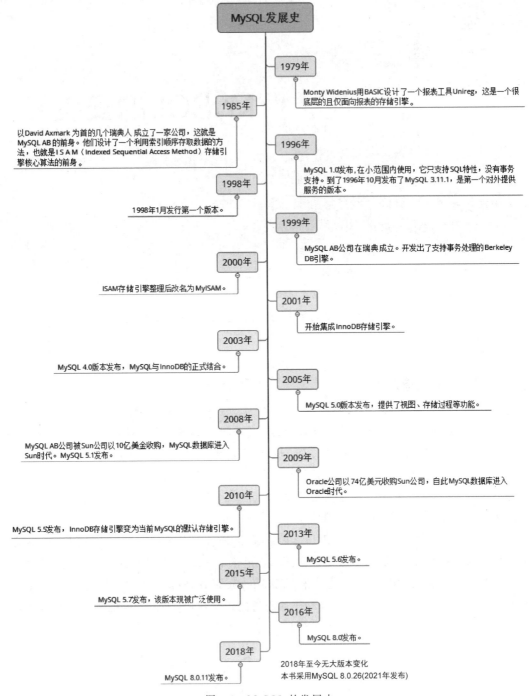

图 4-2　MySQL 的发展史

视频讲解

4.2　MySQL 服务器安装与配置

　　MySQL 数据库支持多个平台,不同平台下的安装和配置的过程也不相同。本章讲解在 Windows 平台下 MySQL 的安装。

在安装与配置 MySQL 之前,需要登录官方网站下载安装文件。针对不同的用户,MySQL 主要提供了以下两个版本。

- MySQL Community Server(社区版):该版本完全免费,但是官方不提供技术支持。
- MySQL Enterprise Server(企业版):该版本需要付费使用,官方提供电话技术支持。

MySQL 还提供了 MySQL Cluster(集群版),它主要用于架设群服务器,需要在社区版或企业版的基础上使用。

MySQL 安装文件分为两种,一种是 msi 格式的二进制分发版,一种是 zip 格式的免安装版。

- msi 格式的安装文件提供了图形化的安装向导,按照向导的提示即可完成操作。
- zip 格式的安装文件直接解压就可以完成安装,然后再配置环境变量即可。

本章以 MySQL 8.0.26 为例,讲解 MySQL 免安装版的下载、安装和配置。

4.2.1　获取 MySQL

打开浏览器,在地址栏输入网址 https://dev.mysql.com/downloads/mysql/,按 Enter 键进入下载页面。根据操作系统选择安装文件,在这里选择"Windows(x86,64-bit),ZIP Archive"版本,单击该版本右侧的 Download 按钮,如图 4-3 所示,跳转到下一个页面,页面中提示用户选择登录或注册,在这里直接单击下方的文字链接"No thanks,just start my download.",即可开始下载。

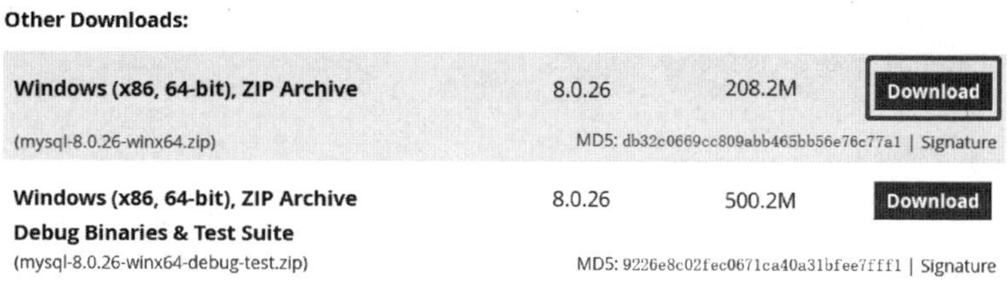

图 4-3　MySQL 下载界面

成功下载的 MySQL 免安装版文件为 mysql-8.0.26-winx64.zip。

4.2.2　安装与配置 MySQL

1. 解压 zip 包到安装目录

将下载的压缩文件 mysql-8.0.26-winx64.zip 解压到本地磁盘,在这里为 D:\Program Files\目录。

2. 自定义配置文件 my.ini

配置文件是 MySQL 的核心文件,其内容是 MySQL 的各项参数,MySQL 服务器启动时会读取这个配置文件,配置文件名一般为 my.ini。一般情况下,配置文件 my.ini 位于 MySQL 安装的根目录下,在 D:\Program Files\mysql-8.0.26-winx64\目录里新建一个文件,命名为 my.ini。

用记事本打开该文件,添加以下配置内容,然后选择"文件"菜单中的"另存为",并将"编码"选项设置为 ANSI 后,单击"保存"按钮。

```
[mysqld]
# 设置3306端口
port = 3306
# 设置mysql的安装目录
basedir = D:\Program Files\mysql - 8.0.26 - winx64
# 设置mysql数据库文件的存放目录
datadir = D:\Program Files\mysql - 8.0.26 - winx64\Data
# 允许最大连接数
max_connections = 200
# 允许连接失败的次数。这是为了防止有人从该主机试图攻击数据库系统
max_connect_errors = 10
# 服务端使用的字符集默认为UTF8
character - set - server = UTF8MB4
# 创建新表时将使用的默认存储引擎
default - storage - engine = INNODB
# 默认使用"mysql_native_password"插件认证
default_authentication_plugin = mysql_native_password
# 通过设置sql model为宽松模式,来保证大多数sql符合标准的sql语法
sql_mode = STRICT_TRANS_TABLES,NO_ZERO_IN_DATE,NO_ZERO_DATE,ERROR_FOR_DIVISION_BY_ZERO,NO_
ENGINE_SUBSTITUTION
[mysql]
# 设置mysql客户端默认字符集
default - character - set = utf8mb4
[client]
# 设置mysql客户端连接服务端时默认使用的端口
port = 3306
default - character - set = utf8mb4
```

语法说明如下。

- # 后面是注释语句,方便读者理解参数的具体意义,编辑时可以省略。
- port=3306,3306是MySQL的默认端口。如系统中已经存在MySQL的其他版本,此处需要更改端口号,如3307。
- basedir和datadir这两个目录,需根据下载的版本及在计算机上的存放位置进行更改。
- datadir中设置的Data目录无须提前创建,后面初始化时系统会自动生成。

3. 初始化数据库

在开始菜单旁的搜索栏中输入cmd,选择"以管理员身份运行",以管理员身份打开命令行窗口。

进入MySQL安装目录下的bin目录,在这里为D:\Program Files\mysql-8.0.26-winx64\bin。

输入"mysqld --initialize --console",然后按Enter键确认,此时MySQL会进行初始化,自动创建数据库文件目录Data文件夹,同时生成MySQL的初始密码。"root@localhost:"后面的字符串就是初始密码,如图4-4所示,在这里密码为"&ig,mgOrI9Dj"。要先将密码复制下来,因为后续登录及更改密码时会用到。建议安装完成之后马上更改初始密码。

📖提示:MySQL 5.5和5.6版本中已经提供了Data目录,不需要初始化数据库。只有安装5.7和8.0版本时需要执行上述命令。

图 4-4　数据库的初始化

命令的参数说明如下。

- --initialize：表示初始化数据库。
- --console：表示写错误日志到 console window 平台。
- -insecure：表示忽略安全性。省略该参数时，MySQL 将自动为默认用户 root 生成一个随机的复杂密码；加上该参数时，root 用户的密码为空。

4．安装 MySQL 服务

在命令行窗口中输入"mysqld --install MySQL8"，然后按 Enter 键确认，即可安装 MySQL 服务，服务名为 MySQL8，并指定配置文件位置，此时系统会提示"Service successfully installed."表示服务安装成功。

- 命令中的 MySQL8 为指定服务名，若不指定则默认为 MySQL。如多个版本 MySQL 共存，需要分别指定不同服务名。
- 如果安装失败，提示"The service already exists!"表示系统中已经安装了同名的服务，可以通过"sc delete MySQL8"命令进行卸载，卸载后再进行安装。
- 安装 MySQL 服务的完整命令如下：

```
mysqld -- install MySQL8 -- defaults - file = "D:\Program Files\mysql - 8.0.26 - winx64\my.ini"
```

在这里因配置文件 my.ini 就在当前目录中，因此指定配置文件位置的参数可省略。

5．配置环境变量

（1）右击桌面上的"此电脑"图标，在弹出的快捷菜单中选择"属性"，打开"系统"窗口。

（2）单击窗口左侧列表中的"高级系统设置"项，弹出"系统属性"对话框。

（3）单击对话框下方的"环境变量"按钮，弹出"环境变量"对话框。

（4）在下方的"系统变量"列表框中选择 Path，并单击右侧的"编辑"按钮，弹出"编辑环境变量"对话框。

（5）单击"新建"按钮，然后在输入框中输入路径 D:\Program Files\mysql-8.0.26-winx64\bin\，之后连续单击"确定"按钮完成设置。

📖 提示：环境变量是操作系统中一个具有特定名字的对象，它包含应用程序运行时所用到的信息。例如：当系统运行某个程序但不知道程序所在的完整路径时，系统除了会在当前目录下寻找此程序外，还会到 Path 指定的路径去寻找。此处为 MySQL 配置了环境变量，这样就可以在进入命令行窗口后直接输入 MySQL 命令；否则就需要先跳转到 MySQL 安装目录下的 bin 目录中再输入 MySQL 命令。

4.2.3　MySQL 服务的启动与终止

MySQL 安装配置完毕,需要启动 MySQL 服务进程,否则客户端无法连接数据库。在前面的配置中,已经将 MySQL 安装为 Windows 服务,且启动类型为自动,因此当 Windows 启动时 MySQL 服务也会随着启动。但有时需要手动控制 MySQL 服务的启动与停止,可以通过两种方式启动。

1. 通过 Windows 服务管理器管理 MySQL 服务

1) 启动 MySQL 服务器

右击桌面左下角的"开始"按钮,执行"运行"命令,在输入框中输入 services.msc,并单击"确定"按钮,打开 Windows 服务窗口,在其右侧列表中选择 MySQL8,如图 4-5 所示。在这里 MySQL8 服务没有启动,单击左侧出现的"启动"链接,即可启动 MySQL 服务。

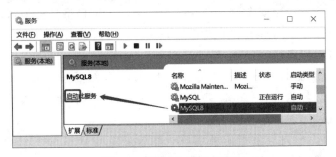

图 4-5　启动 MySQL 服务

双击 MySQL 服务项打开"属性"对话框,通过单击"启动"链接可修改如下服务的状态。

- 自动:通常与系统有紧密关联的服务设置为自动,它会随系统一起启动。
- 手动:服务不会随系统一起启动,直到需要时才会被激活。
- 禁用:服务将不能启动。

此处选择"自动"或"手动"均可。

2) 停止 MySQL 服务

打开服务窗口,在其右侧列表中选择 MySQL8,单击左侧的"停止"链接,即可终止 MySQL 服务。

2. 通过命令行窗口管理 MySQL 服务

1) 启动 MySQL 服务器

在开始菜单旁的搜索栏中输入 cmd,选择"以管理员身份运行",以管理员身份打开命令行窗口,在命令行窗口输入"net start MySQL8"命令,按 Enter 键确认,即可启动 MySQL 服务。

　📖提示:已经设置了环境变量,因此该命令无论在什么路径下均可执行。

2) 停止 MySQL 服务

在开始菜单旁的搜索栏中输入 cmd,选择"以管理员身份运行",以管理员身份打开命令行窗口,在命令行窗口输入"net stop MySQL8"命令,按 Enter 键确认,即可停止 MySQL 服务。

4.2.4　MySQL 数据库的登录与退出

MySQL 服务启动后,即可通过客户端登录 MySQL 数据库。

在 MySQL 的 bin 目录中,mysql.exe 是 MySQL 提供的命令行客户端工具,用于访问数据库。

1. MySQL 数据库登录

在开始菜单旁的搜索栏中输入 cmd,按 Enter 键确认,打开命令行窗口,在命令行窗口中输入"mysql -h localhost -P 3306 -u root -p"命令,按 Enter 键确认后,系统会提示输入密码 Enter password,输入安装时自动生成的初始密码,按 Enter 键确认就可以登录了,成功登录 MySQL 客户端的界面,如图 4-6 所示。

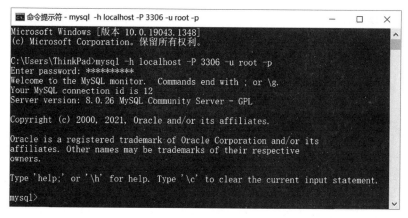

图 4-6　登录 MySQL

📖提示:安装和启动 MySQL 必须使用管理员身份,登录 MySQL 可以使用管理员身份,也可以使用普通用户身份,在这里使用普通用户身份登录。

命令参数说明如下。

- -h:后跟随的参数值是服务端的主机地址,由于客户端和服务端在同一台计算机上,所以可以输入 127.0.0.1 或 localhost,如果是本机登录,可以省略该参数。
- -P:后跟随的是连接数据库的端口号,使用默认端口时省略。若安装时使用了其他端口,登录时应写明。
- -u:后跟随的是登录的用户名称,在这里为 root,-u 和 root 之间的空格可以省略。
- -p:后跟随的是用户登录密码,此处密码将以明文显示,这样不安全。如果不希望密码被看到,省略-p 后的密码,然后按 Enter 键,会提示输入密码,此时密码以密文形式显示。

登录 MySQL 后,会输出一段内容和一个"mysql>"命令提示符,其中:

- Commands end with ; or \g:可以使用";"或"\g"结束命令。
- Your MySQL connection id is 12:提示登录 MySQL 服务的次数,目前是第 12 次。
- Server version:8.0.26 MySQL Community Server-GPL:MySQL 的版本。
- Type 'help;' or '\h' for help:输入"help;"或"\h"可以查看帮助信息。
- Type '\c' to clear the current input statement:输入"\c"可以清除以前的命令。
- mysql>:MySQL 提示符,表示成功进入客户端。

2. MySQL 修改 root 密码

系统安装时自动设置了初始密码,第一次登录后应立刻更改初始密码。更改 root 用户登录密码的基本语法格式如下所示。

```
SET PASSWORD FOR root@localhost = 'newpassword';
```

📖提示：修改 MySQL 密码需要 MySQL 中的 root 权限，一般用户是无法更改的。

密码修改完毕，退出 MySQL，再重新登录，此时新密码生效。

在命令行窗口中输入"SET PASSWORD FOR root@localhost = 'root123456';"命令，按 Enter 键确认，即可将 root 用户的登录密码设置为 root123456。

3. MySQL 退出

退出 MySQL 非常简单，在命令行窗口中执行以下命令中的任意一个，均可退出 MySQL。

- exit。
- quit。
- \q。

4.2.5　MySQL 相关命令

登录 MySQL 后，通过命令使用 MySQL。例如：查看 MySQL 的帮助信息，可在命令行窗口中输入"help;"或者"\h"命令。表 4-1 中列出了 MySQL 的所有命令行，这些命令既可以使用一个单词表示，也可以通过"\字母"的方式来表示。

表 4-1　MySQL 相关命令

命　令	简　写	含　义	命　令	简　写	含　义
?	(\?)	显示所有 MySQL 命令	quit	(\q)	退出 MySQL
clear	(\c)	清除当前输入信息	rehash	(\#)	自动补全
connect	(\r)	重新连接服务器，可选参数是数据库和主机	source	(\.)	执行 SQL 脚本
delimiter	(\d)	SQL 语句分隔符，默认是;	status	(\s)	获取服务器状态信息
ego	(\G)	发送命令到服务器，垂直显示结果	system	(\!)	执行系统 shell 命令，仅 Linux 有效
exit	(\q)	退出 MySQL，和 quit 一样	tee	(\T)	设置输出结果到文件
go	(\g)	发送命令到服务器	use	(\u)	改变当前数据库
help	(\h)	显示所有 MySQL 命令	charset	(\C)	修改字符集
notee	(\t)	不输出到文件	warnings	(\W)	显示警告
print	(\p)	仅输出当前 SQL 语句，不执行	nowarning	(\w)	不显示警告
prompt	(\R)	修改 MySQL 命令行提示符	resetconnection	(\x)	清除会话状态信息

视频讲解

4.3　MySQL 客户端工具的使用

MySQL 的客户端工具非常多，除了系统自带的命令行管理工具之外，还有如下图形化管理工具。

- Navicat for MySQL：是香港卓软数码科技有限公司开发的一个桌面版 MySQL 数

据库管理和开发工具。支持中文,有免费版本提供。

- SQLyog:是业界著名的 Webyog 公司出品的一个简洁高效、功能强大的图形化 MySQL 数据库管理工具。
- phpMyAdmin:是一个用 PHP 开发的、基于 Web 方式架构在网站主机上的 MySQL 管理工具,支持中文,管理数据库非常方便。

本节将对 Navicat v11 的使用进行详细讲解。

4.3.1 安装 Navicat

1. 获取 Navicat

打开浏览器,在地址栏中输入网址 https://www.navicat.com.cn/products/,按 Enter 键进入 Navicat 下载页面,选择 Navicat for MySQL 开始下载。

2. 安装 Navicat

(1) 运行已经下载完成的安装程序,打开"安装程序"对话框,单击"下一步"按钮。

(2) 在弹出的对话框中选择"我同意"单选项,同意许可证中的条款,之后单击"下一步"按钮。

(3) 在弹出的对话框中单击"浏览"按钮,选择软件安装位置,之后单击"下一步"按钮。

(4) 在弹出的对话框中单击"浏览"按钮,选择软件快捷方式安装地址,之后单击"下一步"按钮。

(5) 连续单击"下一步"按钮,直至弹出"完成"对话框,单击"完成"按钮,完成安装。

4.3.2 建立 MySQL 连接

(1) 打开 Navicat for MySQL 客户端软件,单击"文件"菜单,在其下拉菜单中单击"新建连接"选项,弹开"新建连接"对话框。

(2) 在"常规"选项卡中输入正确的主机名或 IP 地址、端口、用户名和密码,如图 4-7 所示。其中连接名可指定,也可不指定,若未指定,则系统自动生成连接名。

图 4-7 连接信息

（3）单击"连接测试"按钮，弹出"连接成功"提示框，表示连接成功。

（4）单击"确定"按钮，即可连接 MySQL 数据库，图 4-8 是连接成功后的界面。

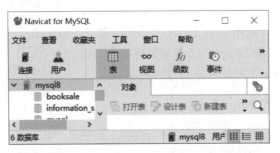

图 4-8　Navicat 主界面

视频讲解

4.4　MySQL 数据库管理

　　数据库是 MySQL 存放企业应用数据和各种数据库对象(如表、视图、存储过程等)的容器，正确理解 MySQL 数据库的特点，正确规划数据库文件的存储可以提高数据库的可用性和效率。安装 MySQL 以后，系统会自动创建一些数据库，用户也可以创建自己的数据库。

　　当 MySQL 安装成功以后，系统将自动创建 4 个系统数据库。MySQL 使用这些系统级信息管理和控制整个数据库服务器系统。具体描述如表 4-2 所示。

表 4-2　系统数据库的作用

数　据　库	描　　述
mysql	MySQL 的核心数据库，主要负责存储数据库的用户、权限设置、关键字等 MySQL 自己需要使用的控制和管理信息
sys	MySQL 8.0 包含 sys 模式，这是一组帮助 DBA 和开发人员解释性能模式收集的数据的对象。sys 模式对象可用于典型的调优和诊断用例
information_schema	MySQL 自带的信息数据库，用于存储数据库元数据。元数据是关于数据库的数据，例如数据库名、表名、列的数据类型、访问权限等
performance_schema	MySQL 自带的信息数据库，主要用于收集存放数据库的性能参数

4.4.1　数据库的创建

　　创建数据库是指在数据库系统中划分出一块空间，用来存储相应的数据，这是进行数据表操作的基础，也是数据库管理的基础。数据库创建的基本语法格式如下所示。

```
CREATE DATABASE [IF NOT EXISTS] db_name;
```

语法说明如下。

- db_name 是创建的数据库的名称，可以是字母、数字和下画线组成的任意字符串。数据库名是唯一的，不可与已经存在的数据库重名。

- IF NOT EXISTS 是可选选项。如果要创建的数据库在服务器中已经存在，MySQL

服务器会报错。为了防止这种错误发生,添加该选项,表示指定的数据库不存在时执行创建数据库操作,否则忽略此操作。

　📖提示：本书的语法中,命令关键字均用大写字母表示；语法内使用"[ ]"括起来的选项是可选选项；命令的结束符用";"或"\g"结束。

数据库创建成功后,MySQL 会在存储数据的 Data 目录(MySQL 安装目录下的 Data 文件夹)中创建一个与数据库同名的子目录。

【例4-1】　创建图书销售数据库 booksale。

```
CREATE DATABASE booksale;
-- 等价于
CREATE DATABASE booksale\g
```

【例4-2】　再次创建图书销售数据库 booksale。

```
CREATE DATABASE IF NOT EXISTS booksale;
```

执行结果如下所示。

```
Query OK, 1 row affected, 1 warning (0.01 sec)
```

从执行结果可以看到,再次创建 booksale 数据库不会发生错误,只是返回一条警告信息而已。

4.4.2　数据库的查看

1. 查看 MySQL 服务器下数据库

数据库创建完成后,若要查看 MySQL 服务器当前有哪些数据库,可以使用 SHOW DATABASES 语句,数据库查看的基本语法格式如下所示。

```
SHOW DATABASES [LIKE wild];
```

语法说明：LIKE wild 是可选选项,wild 字符串可以是一个使用 SQL 的"%"和"_"通配符的字符串。其中："%"表示多个字符,"_"表示一个字符。

【例4-3】　查看服务器中所有数据库。

```
SHOW DATABASES;
```

【例4-4】　查看服务器中所有数据库名称包括 schema 字符串的数据库。

```
SHOW DATABASES LIKE '%schema%';
```

匹配字符串设置为'%schema%',单引号为字符串的定界符,schema 前后的"%"表示可以匹配 0 个或多个字符。

2. 查看指定数据库的创建信息

数据库创建完成后,若要查看创建该数据库的信息,可以使用 SHOW CREATE

DATABASE 语句,查看数据库创建信息的基本语法格式如下所示。

```
SHOW CREATE DATABASE db_name;
```

语法说明：db_name 是要查看的数据库的名称。

【例 4-5】 查看图书销售数据库 booksale 的创建信息。

```
SHOW CREATE DATABASE booksale;
```

执行结果如图 4-9 所示。

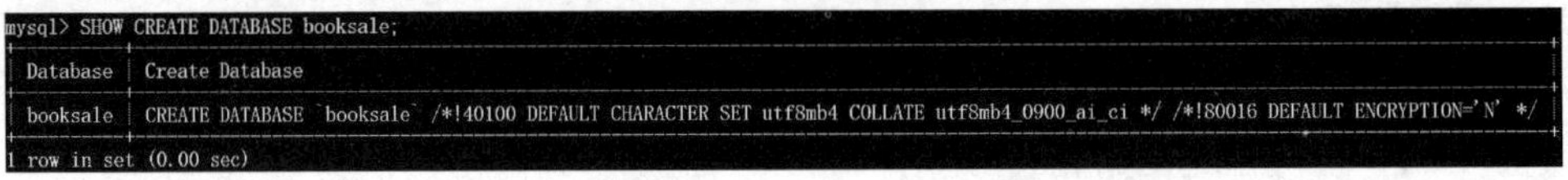

```
mysql> SHOW CREATE DATABASE booksale;
+----------+----------------------------------------------------------------------------------------------------------------------------------+
| Database | Create Database                                                                                                                  |
+----------+----------------------------------------------------------------------------------------------------------------------------------+
| booksale | CREATE DATABASE `booksale` /*!40100 DEFAULT CHARACTER SET utf8mb4 COLLATE utf8mb4_0900_ai_ci */ /*!80016 DEFAULT ENCRYPTION='N' */ |
+----------+----------------------------------------------------------------------------------------------------------------------------------+
1 row in set (0.00 sec)
```

图 4-9　查看数据库的创建信息

结果显示 booksale 数据库默认字符集为 utf8mb4,默认排序规则为 utf8mb4_0900_ai_ci,不加密。

📖**提示**：图 4-9 是在命令提示符下显示的结果。如果显示内容较长,可使用"\G"选项代替命令结尾的";",将查询结果进行按列打印,可以使每个列打印到单独的行,即将查到的结构旋转 90°变成纵向,这样显示效果更好。

执行结果如下所示。

```
mysql > SHOW CREATE DATABASE booksale\G
**************************** 1. row ****************************
    Database: booksale
Create Database: CREATE DATABASE 'booksale' /*!40100 DEFAULT CHARACTER SET utf8mb4 COLLATE
utf8mb4_0900_ai_ci */ /*!80016 DEFAULT ENCRYPTION = 'N' */
1 row in set (0.00 sec)
```

3. 查看当前数据库

查看当前使用的数据库,可以使用 SELECT 语句,查看当前所在数据库的基本语法格式如下所示。

```
SELECT DATABASE();
```

【例 4-6】 查看当前登录到的数据库。

```
SELECT DATABASE();
```

用户登录服务器时,若未指定数据库,则当前数据库为空(NULL);若指定了数据库,则当前数据库为指定数据库。

4.4.3　数据库的选择

数据存储在数据表中,数据表存储在数据库中,而在数据库管理系统中存在许多数据库,因此在对数据和数据表进行操作前,需要先选择数据库。数据库选择的基本语法格式如下所示。

```
USE db_name;
```

语法说明：db_name 是要选择的数据库的名称。如果数据库存在就进入该数据库,如果数据库不存在就提示错误信息。

【例 4-7】 选择图书销售数据库 booksale。

```
USE booksale;
```

在选择数据库前,首先确定要选择的数据库是服务器中已经存在的数据库,如果选择一个服务器中不存在的数据库如 abc,系统将提示错误信息"ERROR 1049（42000）：Unknown database 'abc'"。

数据库选择除了使用 USE 命令外,也可以在用户登录 MySQL 服务器时直接选择要操作的数据库,基本语法格式如下所示。

```
mysql - u username - p password db_name;
```

语法说明如下。

- -u username 是指定登录用户名,-u 和 username 之间的空格可以省略。
- -p password 是指定用户登录密码,此处密码以明文形式输入,也可省略-p 后的密码,按 Enter 键后以密文形式输入密码。-p 和 password 之间的空格可以省略。
- db_name 是要选择的数据库的名称。

【例 4-8】 登录服务器时选择图书销售数据库 booksale 为当前数据库。

```
mysql - uroot - proot123456 booksale;
-- 等价于
mysql - uroot - p booksale;
```

按 Enter 键后输入密码 root123456。

4.4.4 数据库的修改

修改数据库能够更改数据库的整体特征。数据库修改的基本语法格式如下所示。

```
ALTER DATABASE [db_name]{
   [DEFAULT] CHARACTER SET [ = ] charset_name
 | [DEFAULT] COLLATE [ = ] collation_name
 | [DEFAULT] ENCRYPTION [ = ] {'Y' | 'N'}
 | READ ONLY [ = ] {DEFAULT | 0 | 1}
};
```

语法说明如下。

- db_name 是可选选项,指明要修改的数据库的名称,省略时表示默认数据库,即当前数据库,此时如果没有选择当前数据库,就会发生错误。
- DEFAULT CHARACTER SET 子句用于更改默认的数据库字符集,其中 DEFAULT 关键字可以省略;charset_name 是要设置的字符集的名称;"="关键字可以省略。
- DEFAULT COLLATE 子句用于更改默认数据库的排序规则,DEFAULT 关键字可以省略;collation_name 是要设置的数据库排序规则的名称;"="关键字可以省略。
- DEFAULT ENCRYPTION 子句用于更改数据库是否加密,DEFAULT 关键字可以省略;Y 表示启用加密,N 表示禁用加密;"="关键字可以省略。该加密由数据库中创建的表继承。
- READ ONLY 子句用于更改数据库是否是只读,即可控制是否允许修改数据库及其内的对象;0 表示不是只读,1 表示是只读;"="关键字可以省略。该选项允许用于改变数据库,但不允许用于创建数据库。
- 命令中的"|"表示或,即用"|"连接的关键字多选一即可。

【例 4-9】 修改图书销售数据库 booksale,将其指定字符集改为 gb2312,默认排序规则改为 gb2312_chinese_ci。

```
ALTER DATABASE booksale
DEFAULT CHARACTER SET gb2312
DEFAULT COLLATE gb2312_chinese_ci;
```

4.4.5　数据库的删除

删除数据库是将数据库系统中已经存在的数据库删除,被删除数据库中所有的数据均被清除,分配的空间也被回收。数据库删除的基本语法格式如下所示。

```
DROP DATABASE [IF EXISTS] db_name;
```

语法说明如下。
- db_name 是要删除的数据库的名称。
- IF EXISTS 是可选选项。添加该选项,表示指定的数据库存在时执行删除数据库操作,否则忽略此操作。

【例 4-10】 删除图书销售数据库 booksale。

```
DROP DATABASE booksale;
```

若数据库为只读模式,则数据库无法删除,会提示错误信息"ERROR 3989 (HY000)：Schema 'booksale' is in read only mode."。若此时想删除数据库,需要将数据库修改为非只读模式。

【例 4-11】 再次删除图书销售数据库 booksale。

```
DROP DATABASE IF EXISTS booksale;
```

　　从执行结果可以看到,再次删除 booksale 数据库不会发生错误,只是返回一条警告信息而已。

4.5　可视化操作指导

1. 获取 MySQL

　　(1) 打开浏览器,在地址栏中输入网址 https://dev.mysql.com/downloads/mysql/,按 Enter 键进入下载页面,选择"Windows(x86,32&64-bit),MySQL Installer MSI"右侧的 Go to Download Page 按钮。

　　(2) 跳转到下一个页面,根据操作系统选择安装文件,在这里选择"Windows(x86,32-bit),MSI Installer"版本,单击右侧的 Download 按钮,如图 4-10 所示。

MySQL Installer 8.0.26

Select Operating System:

Microsoft Windows

Looking for previous GA versions?

Windows (x86, 32-bit), MSI Installer	8.0.26	2.4M	Download
(mysql-installer-web-community-8.0.27.1.msi)		MD5: eaddc383a742775a5b33a3783a4890fb | Signature	
Windows (x86, 32-bit), MSI Installer	8.0.26	450.7M	Download
(mysql-installer-community-8.0.26.0.msi)		MD5: b5b8e6bc39f2b163b817264ae206b815 | Signature	

图 4-10　MySQL 下载页面

　　(3) 跳转到下一个页面,页面中提示用户选择登录或注册,在这里不用登录,直接单击下方的文字链接"No thanks,just start my download.",即可开始下载。

　　(4) 成功下载的 MySQL 二进制分发版文件为 mysql-installer-community-8.0.26.0.msi。

2. 安装 MySQL

　　(1) 双击安装文件 mysql-installer-community-8.0.26.0.msi,等待系统配置完成,进入 Choosing a Setup Type 窗口。

　　(2) 选中 Developer Default 单选框,单击 Next 按钮,进入 Check Requirements 窗口。

　　(3) 在检查中发现,需要安装 Visual C++2019 Redistributable Package,单击 Execute 按钮,进入 Visual C++安装窗口。

　　(4) 选择"我同意许可条款和条件",单击"安装"按钮,系统进行自动安装,安装完成提示设置成功。单击"关闭"按钮,系统返回 Check Requirements 窗口,继续检查,如图 4-11 所示。

　　(5) 单击 Next 按钮,系统提示需要手动安装的组件。

　　(6) 手动安装组件后,单击 Next 按钮,进入 Installation 窗口。

　　(7) 单击 Execute 按钮,系统进行安装,安装完成后,如图 4-12 所示。

3. 配置 MySQL

　　安装完成后进入数据库配置阶段,可以设置相关的各种参数。

　　(1) 系统提供产品配置向导,如配置单击 Next 按钮;也可不配置,后期随时可以再配置,单击 Cancel 按钮。此处单击 Next 按钮,进入 Product Configuration 窗口。

　　(2) 单击 Next 按钮,进入 Type and Networking 窗口。

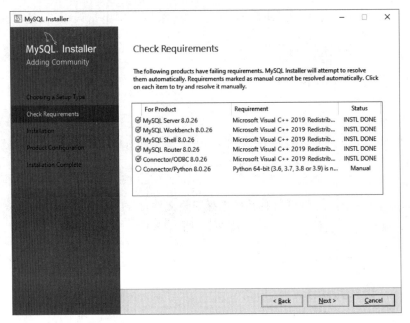

图 4-11　Check Requirements 窗口

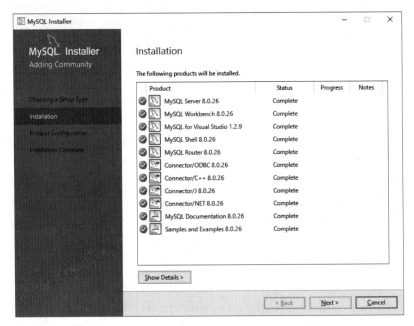

图 4-12　Installation 窗口

(3) 选择默认选项,单击 Next 按钮,进入 Authentication Method 窗口。

(4) 选择默认选项,使用推荐的强密码加密认证,单击 Next 按钮,进入 Accounts and Roles 窗口,如图 4-13 所示。

(5) 设置 root 的登录密码,在 MySQL Root Password 和 Repeat Password 中输入 root 账户的密码(这里输入的是 root123456),单击 Add User 按钮,进入 MySQL User Account 窗口,如图 4-14 所示。

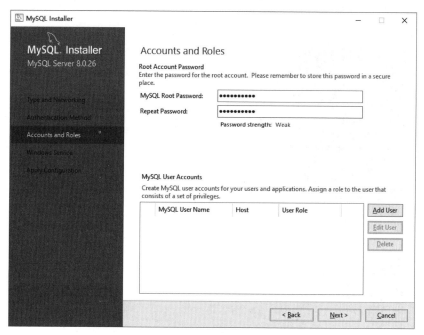

图 4-13　Accounts and Roles 窗口

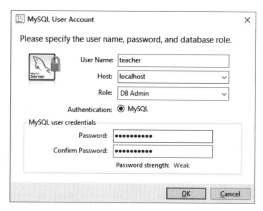

图 4-14　MySQL User Account 窗口

（6）输入用户名、主机名、角色、密码等信息，单击 OK 按钮，就会成功添加一个账号。

（7）单击 Next 按钮，进入 Windows Service 窗口。

（8）选择默认选项，单击 Next 按钮，进入 Apply Configuration 窗口。

（9）选择默认选项，单击 Execute 按钮，执行保存配置。

（10）单击 Finish 按钮，执行保存配置，返回 Product Configuration 窗口。

（11）此时，已完成了 MySQL Server 8.0.26 的配置，单击 Next 按钮，进入 MySQL Router Configuration 窗口。

（12）选择默认选项，单击 Finish 按钮，执行保存配置，返回 Product Configuration 窗口。

（13）此时，已完成了 MySQL Router 8.0.26 的配置，单击 Next 按钮，进入 Connect To

Server 窗口,如图 4-15 所示。

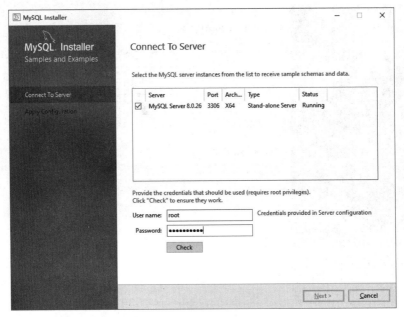

图 4-15　Connect To Server 窗口

（14）输入用户名和密码,单击 Check 按钮,测试服务器是否能连接成功,在 Check 按钮右侧出现对钩(√),表示连接服务器成功。

（15）单击 Next 按钮,进入 Apply Configuration 窗口。

（16）单击 Execute 按钮,执行保存配置。

（17）单击 Finish 按钮,返回 Product Configuration 窗口,如图 4-16 所示。

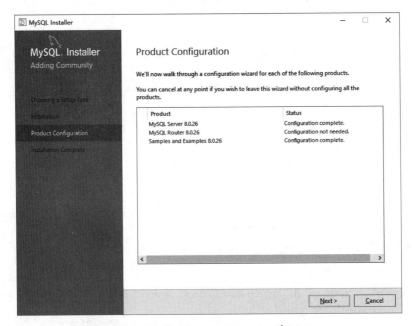

图 4-16　Product Configuration 窗口

（18）单击 Next 按钮，进入 Installation Complete 窗口。

（19）选择默认选项，单击 Finish 按钮，安装过程全部完成。

此时，Windows 的服务列表中成功增加了 MySQL8 这一项，如图 4-17 所示。用户可以通过启动停止这个服务来启动和关闭 MySQL。

图 4-17　Windows 服务列表中的 MySQL8 服务

4. 数据库的管理

1）定义数据库 booksale

（1）打开 Navicat，在连接树窗口中双击 MySQL8，打开后如图 4-18 所示，此时显示了服务器中所有的数据库。

（2）右击 MySQL8，在弹出的快捷菜单中选择"新建数据库"命令，在弹出的对话框中输入数据库名 booksale、字符集 utf8mb4 和排序规则 utf8mb4_0900_ai_ci，如图 4-19 所示。

图 4-18　服务器中所有数据库

　📖提示：在输入时，字符集和排序规则也可不选择，系统将采用默认值。

（3）单击"确定"按钮，完成数据库创建，连接树窗口的 MySQL8 连接中会显示该数据库。

2）选择数据库 booksale

在连接树窗口中双击 booksale 数据库或右击 booksale 数据库，在弹出的快捷菜单中选择"打开数据库"命令，如图 4-20 所示。

图 4-19　创建数据库 booksale

图 4-20　选择数据库 booksale

3) 查看数据库 booksale

在连接树窗口中右击 booksale 数据库,在弹出的快捷菜单中选择"数据库属性"命令,可以查看数据库名、字符集和排序规则。

4) 修改数据库 booksale

在连接树窗口中右击 booksale 数据库,在弹出的快捷菜单中选择"数据库属性"命令,在弹出的对话框中可修改字符集和排序规则。

5) 删除数据库 booksale

在连接树窗口中右击 booksale 数据库,在弹出的快捷菜单中选择"删除数据库"命令,在弹出的"确认"对话框中单击"删除"按钮,可完成删除数据库操作。

4.6　实践练习

(1) 在服务器中创建数据库 teachingsys。

(2) 再次创建数据库 teachingsys。

(3) 查看 MySQL 服务器下数据库。

(4) 查看服务器中所有数据库名称包括 teach 字符串的数据库。

(5) 查看数据库 teachingsys 的创建信息。

(6) 查看当前登录到的数据库。

(7) 选择数据库 teachingsys。

(8) 登录服务器时选择数据库 teachingsys 为当前数据库。

(9) 删除数据库 teachingsys。

(10) 再次删除数据库 teachingsys。

第5章

MySQL数据表管理

本章要点

- 掌握 MySQL 支持的各种数据类型的特点，重点掌握数值数据类型、字符数据类型和日期时间数据类型。在此基础上，能够在创建表时正确选择列的数据类型。
- 理解表的结构并能够根据需要设计表。
- 理解主键和自增列的特点并掌握它们的使用方法。
- 掌握定义表的 SQL 语句的使用方法，包括创建表、修改表和删除表。
- 掌握操作表中数据的方法，包括插入数据、更新数据和删除数据。

📖 **注意**：运行脚本文件 Chapter5-booksale.sql 创建数据库 booksale。本章例题均在该数据库下运行。

数据表是数据库中最重要的数据库对象之一，是实际数据存储的地方。其他的数据库对象，如视图、索引等都是依赖于数据表对象而存在的。数据表的操作是 MySQL 数据库的基础操作之一，数据表质量是直接影响数据库性能的重要因素之一。数据表中的数据以一条条记录的形式存在，对记录的增加、删除、修改和查询为数据表记录的四大操作。

5.1 MySQL 支持的数据类型

视频讲解

数据类型是 MySQL 的重要组成部分，表中的每个列、局部变量、参数等都离不开数据类型的支持。以表中的列为例，数据类型是列的属性，决定了列中可以存放的数据的类型，甚至决定了列的取值范围。给列选择数据类型是创建表的关键步骤之一，所以理解数据类型对创建表非常重要。

5.1.1 数值数据类型

数值数据类型以"数字"的形式存储数据，主要包括整数数据类型、实数数据类型、浮点数据类型、二进制位数据类型和逻辑数据类型。

1. 整数数据类型

整数数据类型简称整型，用于存储整数。根据所存储数据的范围不同，MySQL 提供了如表 5-1 所示的五种整数数据类型。

表 5-1　整数数据类型

数 据 类 型	存储	带符号数值域	无符号数值域
TINYINT[(m)][UNSIGNED │SIGNED][ZEROFILL]	1B	$-128\sim127$	$0\sim255$
SMALLINT[(m)][UNSIGNED │ SIGNED][ZEROFILL]	2B	$-32768\sim32767$	$0\sim65535$
MEDIUMINT [(m)][UNSIGNED │SIGNED][ZEROFILL]	3B	$-8388608\sim8388607$	$0\sim16777215$
INT [(m)][UNSIGNED │ SIGNED][ZEROFILL]	4B	$-2^{31}\sim2^{31}-1$	$0\sim4294967295$
INTEGER [(m)][UNSIGNED │ SIGNED][ZEROFILL]			
BIGINT [(m)] [UNSIGNED │ SIGNED] [ZEROFILL]	8B	$-2^{63}\sim2^{63}-1$	$0\sim18446744073709551615$

说明如下。

- m 表示数据的显示宽度,每种整数数据类型都有默认的显示宽度。如果实际数据的位数超过了显示宽度,那么这个数仍然可以正确存储并且可以显示所有位。
- UNSIGNED 表示定义无符号数; SIGNED 表示定义带符号数。默认情况下,变量的符号属性为 SIGNED。
- ZEROFILL 参数表示数字不足的显示空间由 0 来填充。使用 ZEROFILL 参数时,变量自动增加 UNSIGNED 属性。

📖提示:从 MySQL 8.0.17 开始,数值数据类型不推荐使用 ZEROFILL 属性,在未来的 MySQL 版本中将删除对它的支持。

从表 5-1 中可以看到,INT 类型和 INTEGER 类型的存储和值域都是一样的,其实,在 MySQL 中 INT 类型和 INTEGER 类型是一样的。

列选择哪个整数数据类型取决于该列的范围。如果列的最大值不超过 255,选择 TINYINT UNSIGNED 就足够了。

【例 5-1】　查看 INT 的数据范围。

```
help INT;
```

执行结果如下所示。

```
Name: 'INT'
Description:
INT[(M)] [UNSIGNED] [ZEROFILL]
A normal - size integer. The signed range is - 2147483648 to 2147483647.
The unsigned range is 0 to 4294967295.
URL: https://dev.mysql.com/doc/refman/8.0/en/numeric - type - syntax.html
```

2. 实数数据类型

实数数据类型不仅可以存储整数,也可以存储小数,并且每一位数字都是精确存储的。 MySQL 提供了如表 5-2 所示的实数数据类型。

表 5-2 实数数据类型

数 据 类 型	存 储 情 况
DECIMAL[(m[,d])] [UNSIGNED ∣ SIGNED] [ZEROFILL]	所占用字节数是 m+2
DEC[(m[,d])] [UNSIGNED ∣ SIGNED] [ZEROFILL]	存储数据的范围取决于 m 和 d 的
NUMERIC[(m[,d])] [UNSIGNED ∣ SIGNED] [ZEROFILL]	定义

说明如下。

- DEC 和 NUMERIC 是 DECIMAL 的别名。
- m(精度)：最多可以存储的十进制数字的总位数，包括小数点左边和右边的位数。m 必须是 1~65 之间的值，默认值为 10。
- d(标度)：小数部分的最大位数。从 m 中减去此数字可确定整数部分的最大位数。d 必是 0~30 之间的值，但是不能超过 m，d 的默认值是 0。精度与标度之间的关系是 0≤d≤m。

例如：DECIMAL (12,4)定义一个实数数据类型的变量，该变量可以存放 12 位数字，其中小数点后面可以存放 4 位小数。

3．浮点数据类型

浮点数据类型的变量用于存储数的大致数值。浮点数据为近似值，因此它并不能精确地表示数据类型范围内的所有值。根据所存储数据的范围不同，MySQL 提供了如表 5-3 所示的两种浮点数据类型。

表 5-3 浮点数据类型

数 据 类 型	存 储	值 域
FLOAT[(m,d)] [UNSIGNED ∣ SIGNED] [ZEROFILL]	4B	$-3.402823466E+38 \sim -1.175494351E-38$、$1.175494351E-38 \sim 3.402823466E+38$ 和 0
DOUBLE[(m,d)] [UNSIGNED ∣ SIGNED] [ZEROFILL]	8B	$-1.7976931348623157E+308 \sim -2.2250738585072014E-308$、$2.2250738585072014E-308 \sim 1.7976931348623157E+308$ 和 0

说明如下。

- m 表示数的总位数，d 表示小数位数。
- 如果没有定义 m 和 d，则其位数取决于计算机的硬件及操作系统。

提示：由于浮点数据类型的变量存储的数据是不精确的，所以在设计数据库表时很少使用它们作为列的数据类型。

4．二进制位数据类型

二进制位数据类型变量用于存放二进制数据，设置的基本形式如下所示。

```
BIT [(m)]
```

提示：m 表示二进制数的位数(比特数)，其范围是 1~64(即 1~64bit)，默认值是 1，即存放 1bit 数据。

5. 逻辑数据类型

逻辑数据类型变量用于存放逻辑数据 0 或 1,0 表示假(FALSE),1 表示真(TRUE)。设置的基本形式如下所示。

```
BOOL | BOOLEAN
```

逻辑类型又被称为布尔类型。实际上,布尔类型 BOOL 或 BOOLEAN 的功能等同于微整型 TINYINT(1)。

5.1.2 字符数据类型

字符数据类型是设计数据库表时经常会使用到的数据类型。MySQL 提供了如表 5-4 所示的字符数据类型。

表 5-4 字符数据类型

数据类型	存　　储	作　　用
CHAR[(m)]	0～255B	存储固定宽度的字符数据,m 表示字符个数,默认值为 1
VARCHAR(m)	0～65535B	存储可变宽度的字符数据,m 表示字符个数
BINARY (m)	0～255B	存储固定宽度的二进制数据,m 表示数据的字节数
VARBINARY (m)	0～65535B	存储可变宽度的二进制数据,m 表示数据的字节数
TINYBLOB	0～255B	存储最大容量为 255B 的二进制数据
BLOB [(m)]	0～65535B	存储最大容量为 65535B(约 64KB)的二进制数据,可以通过 m 指定最大存储容量
MEDIUMBLOB	0～$(2^{24}-1)$B	存储最大容量为$(2^{24}-1)$B(约 16MB)的二进制数据
LONGBLOB	0～$(2^{32}-1)$B	存储最大容量为$(2^{32}-1)$B(约 4GB)的二进制数据
TINYTEXT	0～255B	存储最大容量为 255B 的字符数据
TEXT [(m)]	0～65535B	存储最大容量为 65535B(约 64KB)的字符数据,可以通过 m 指定最大存储容量
MEDIUMTEXT	0～$(2^{24}-1)$B	存储最大容量为$(2^{24}-1)$B(约 16MB)的字符数据
LONGTEXT	0～$(2^{32}-1)$B	存储最大容量为$(2^{32}-1)$B(约 4GB)的字符数据
ENUM	1B 或 2B	以列表形式存储的枚举型,列表中最多有 65535 个值,只能取出列表中的一个枚举字符串值
SET	1B、2B、3B、4B 或 8B	以列表形式存储的集合,可以取列表中的一个成员或多个成员(最多由 64 个成员构成)的组合

1. CHAR 和 VARCHAR

CHAR 和 VARCHAR 类型都用于存储字符数据,但是它们存储以及检索的方式不同。

- CHAR 类型最多允许存储 255B 的字符数据;VARCHAR 类型最多允许存储 65535B(约 64KB)的字符数据。
- CHAR 类型所占存储空间的大小是固定的,当实际存储字符数据不足以占满时,将在右侧使用空格补齐,而检索该字符数据时自动去除右侧空格;VARCHAR 类型所占存储空间的大小是根据实际所存储数据变化的。两种数据类型的比较如表 5-5 所示。

表 5-5 固定宽度和可变宽度数据类型的比较

类 型	数 据 类 型	字 符 数 据	存 储 情 况	实际占用的存储空间
固定宽度	CHAR(4)	'OK'	'OK '	4B
可变宽度	VARCHAR(4)	'OK'	'OK'	2B+1B(前缀)

📖**提示**：存储字符数据的数据类型需要设置字符集(character set)和排序规则(collate)属性。在设计 MySQL 数据库表时，CHAR 和 VARCHAR 常被用作字符型列的数据类型。当某一列的数据值宽度相对固定时，应该使用 CHAR 类型；而当某一列数据值的宽度差别较大时，应该使用 VARCHAR 类型。

2. BINARY 和 VARBINARY

BINARY 和 VARBINARY 数据类型用于存储二进制数据，即它们存储字节字符串，而不是字符串。其中 BINARY 类型为固定宽度，最多存储 255B 二进制数据；而 VARBINARY 类型为可变宽度，最多存储 65535B(约 64KB)二进制数据。

3. BLOB 和 TEXT

BLOB(Binary Large Object，二进制大对象)类型用于存储二进制类型的数据。根据最大存储容量的不同，具体分为 TINYBLOB、BLOB、MEDIUMBLOB 和 LONGBLOB 四种类型。

TEXT 类型用于存储字符类型的数据。根据最大存储容量的不同，具体分为 TINYTEXT、TEXT、MEDIUMTEXT 和 LONGTEXT 四种类型。

与其他数据类型不同的是，每一个 BLOB 或 TEXT 类型的值都作为独立的对象存在。

4. ENUM

ENUM 类型又称为枚举类型，设置的基本形式如下所示。

```
ENUM('值 1','值 2', ..., '值 n')
```

取值时只能取列表中的一个元素。其取值列表中最多能有 65535 个值。列表中的每个值独有一个顺序排列的编号，MySQL 中存入的是这个编号，而不是列表中的值。若 ENUM 类型加上 NOT NULL 属性，其默认值为取值列表的第一个元素，若未加上 NOT NULL 属性，其默认值为 NULL。

5. SET

SET 类型又称为集合类型，设置的基本形式如下所示。

```
SET('值 1','值 2',..., '值 n')
```

取值时可以取列表中的一个成员或多个成员的组合。取多个成员时，不同成员之间用逗号隔开。SET 类型的值最多只能是由 64 个成员构成的组合。

5.1.3 日期和时间数据类型

MySQL 提供了如表 5-6 所示的五种日期和时间数据类型。

表 5-6　日期和时间数据类型

数据类型	存储	值域	格式	功能
DATE	3B	1000-01-01～9999-12-31	YYYY-MM-DD	存储日期值
TIME	3B	−838:59:59～838:59:59	HH:MM:SS	存储时间值
YEAR	1B	1901～2155	YYYY	存储年份值
DATETIME	8B	1000-01-01 00:00:00～9999-12-31 23:59:59	YYYY-MM-DD HH:MM:SS	存储日期时间值
TIMESTAMP	4B	1970-01-01 00:00:00～2037 年某时	YYYYMMDD HHMMSS	存储日期时间值,时间戳

1. 日期和时间数据的零值

每个日期时间类型都有一个有效值范围,当为日期时间变量指定一个不合法的日期时间值时,系统会报错,并将使用"零"值。不同日期与时间类型有不同的零值,如表 5-7 所示。

表 5-7　日期和时间数据的零值

数据类型	DATE	TIME	YEAR	DATETIME	TIMESTAMP
零值	0000-00-00	00:00:00	0000	0000-00-00 00:00:00	0000-00-00 00:00:00

2. 时间类型

类型 TIME 用于存储时间。时间可以是一天中的某个时刻,已经过去的某个时刻或是两个事件之间的时间间隔。所以,TIME 类型变量的存储范围超出 24 小时的时间范围。

时间数据可以在秒的部分使用 6 位小数(精确到毫秒),所以时间数据的表示范围是−838:59:59.000000～838:59:59.000000。

3. 时间戳类型

使用 TIMESTAMP 类型定义表的列,可以实现插入记录或更新记录时自动将该列的值刷新为系统当前日期时间的功能。

(1) 在插入记录或更新记录时都刷新时间戳列的值:TIMESTAMP DEFAULT CURRENT_TIMESTAMP ON UPDATE CURRENT_TIMESTAMP。

(2) 在插入记录时更新时间戳的值,而更新记录时不刷新:TIMESTAMP DEFAULT CURRENT_TIMESTAMP。

(3) 在插入记录时将时间戳的值设置为 0,更新记录时刷新时间戳的值:TIMESTAMP ON UPDATE CURRENT_TIMESTAMP。

(4) 在插入记录时将时间戳的值设置为给定值,更新记录时刷新时间戳的值:TIMPSTAMP DEFAULT 'yyyy-mm-dd hh:mm:ss' ON UPDATE CURRENT_TIMESTAMP。

5.1.4　Spatial 数据类型

Spatial 数据即空间数据,又称为几何数据,用来表示物体的位置、形态、大小分布等各方面的信息,是对现实世界中存在的具有定位意义的事物和现象的定量描述。

开放地理空间信息联盟简称为 OGC,发布了空间数据文档。遵循此文档,MySQL 实现了空间扩展。作为几何类型 SQL 环境的子集,该扩展空间实现了空间特性的生成、存储和分析。MySQL 包含的空间数据类型有几何体(GEOMETRY)、点(POINT)、线(LINESTRING)和多边形(POLYGON),其中几何体可以存储任何类型的几何数据,而其他三种只能存储对应类型的几何数据。

另外,MySQL 还包含其他集合类型的空间数据类型:多点(MULTIPOINT)、多线(MULTILINESTRING)、多边形(MULTIPOLYGON)以及几何集合(GEOMETRY-COLLECTION)。

5.1.5 JSON 数据类型

JSON 数据类型是一种轻量级的数据交换格式。MySQL 中,直至 5.7.8 版本才正式引入 JSON 数据类型。在此之前如果想在表中保存 JSON 格式类型的数据,则需要依靠 VARCHAR 或 TEXT 之类的数据类型。

JSON 数据类型存储时会做格式检验,不满足 JSON 格式会报错,JSON 数据类型默认值不允许为空。在低于 5.7.8 版本的数据库中使用 JSON 类型来建表,显然是不会成功的。

1. JSON 格式数据

JSON 格式数据包括 JSON 数组、JSON 对象、JSON 数组和对象的嵌套。

JSON 数组是包括在方括号"[]"之间,并以逗号","分隔开的值列表,例如:

```
["abc", 10, null, true, false]
```

JSON 对象是包括在大括号"{}"之间,并以逗号","分隔开的"名称/值"对(键值对)的集合,例如:

```
{"id":1,"name":"Tom"}
```

还允许在 JSON 数组元素和 JSON 对象键值内进行嵌套,例如:

```
[99, {"id": "HK500", "cost": 75.99}, ["hot", "cold"]]
{"k1": "value", "k2": [10, 20]}
```

在 MySQL 中,JSON 值是以字符串形式写入的,写入时,MySQL 会对字符串进行解析,以保证写入的格式正确无误。

2. JSON 函数

JSON 类型支持 SQL 函数,当前 MySQL 支持的 JSON 函数如表 5-8 所示。

表 5-8 JSON 函数

名 字	描 述	引 入	弃 用
—>	JSON 列路径运算符,即从 JSON 列返回值;相当于 JSON_EXTRACT()		
—>>	增强的 JSON 列路径运算符,即从 JSON 列返回值并取消引用;相当于 JSON_UNQUOTE(JSON_EXTRACT())	5.7.13	
JSON_ARRAY()	创建 JSON 数组		

续表

名　字	描　　述	引　入	弃　用
JSON_ARRAY_APPEND()	向 JSON 文档附加数据		
JSON_ARRAY_INSERT()	插入到 JSON 数组		
JSON_CONTAINS()	JSON 文档是否包含路径上的特定对象		
JSON_CONTAINS_PATH()	JSON 文档是否包含路径上的任何数据		
JSON_DEPTH()	JSON 文档的最大深度		
JSON_EXTRACT()	从 JSON 文档返回数据		
JSON_INSERT()	向 JSON 文档插入数据		
JSON_KEYS()	返回 JSON 文档的键数组		
JSON_LENGTH()	返回 JSON 文档的元素个数		
JSON_MERGE()	合并 JSON 文档,保留重复的键值。JSON_MERGE_PRESERVE()的弃用同义词		5.7.22
JSON_MERGE_PATCH()	合并 JSON 文档,替换重复的键值	5.7.22	
JSON_MERGE_PRESERVE()	合并 JSON 文档,保留重复的键值	5.7.22	
JSON_OBJECT()	创建 JSON 对象		
JSON_PRETTY()	以可读模式打印 JSON 文档	5.7.22	
JSON_QUOTE()	引用 JSON 文档		
JSON_REMOVE()	从 JSON 文档中删除数据		
JSON_REPLACE()	替换 JSON 文档中的值		
JSON_SEARCH()	JSON 文档中的值路径		
JSON_SET()	向 JSON 文档插入数据		
JSON_STORAGE_SIZE()	用于存储 JSON 文档的二进制表示的空间	5.7.22	
JSON_TYPE()	JSON 值的类型		
JSON_UNQUOTE()	取消引用 JSON 值		
JSON_VALID()	验证 JSON 值是否有效		

视频讲解

5.2　数据表操作

由于数据表是数据库中实际存储数据的对象,所以数据表操作是数据库操作中最基础和最重要的操作。表的质量直接影响着数据库的性能,并且表一旦创建就不应该随意修改,因此在创建表之前必须对表进行设计和评估。

5.2.1　表的概念

图 5-1 是图书销售数据库 booksale 中存放的图书表 books。

1. 表的结构

表的结构也称为"型"(Type),用于描述存储于表中的数据的逻辑结构和属性。定义表就是指定义表的结构,使用数据定义语言来实现。在定义表之前首先需要注意以下几个概念。

(1) 表名:在同一个数据库中,每一个表都应该有一个唯一的名称。表名和数据库的名字一样,都应该满足标识符命名规则。

bookid	title	isbn	author	unitprice	ctgcode
1	Web前端开发基础入门	978-7-3025-7626-6	张颖	65	computer
2	计算机网络（第7版）	978-7-1213-0295-4	谢希仁	49	computer
3	网络实验教程	978-7-1213-9039-5	张举	32	computer
4	Java编程思想	978-7-1112-1382-6	埃克尔	107	computer
5	托福词汇真经	978-7-5213-2173-9	刘洪波	65.9	language
6	好喝的粥	978-7-5184-1973-9	(Null)	60	life
7	环球国家地理百科全书	978-7-5502-7510-2	张越平	80	life
8	托福考试_冲刺试题	978-7-5619-3674-0	(Null)	40	language
9	狼图腾	978-7-535-42730-4	姜戎	32	fiction
10	战争与和平	978-7-5387-6100-9	列夫·托尔斯泰	188	fiction

图 5-1　图书表 books

（2）列名：从图 5-1 中可以看出，每个表由若干列组成，在同一个表中每个列的名字应该是唯一的，列的名字应该符合标识符命名规则。

（3）列的数据类型：表中的每个列都要定义一个数据类型。定义数据类型时需要慎重考虑，如果定义的范围太小，可能会造成无法存放某些数据，如果定义的范围太大可能会造成存储空间的浪费。存储空间的增加将增加系统的 I/O 操作量，从而降低系统的使用效率。

（4）列中是否允许有空值：表中的某些列可能严禁出现空值，例如，若要求每本图书都必须有图书编号，那么"图书编号"列就不允许有空值。某些列，例如"作者"列中可能会存在空值，也就是说某些图书没有明确作者或作者未知，这时这些列就应该定义成允许空值。

2．表中的数据

表中的数据也称为"值"（Value），是"型"的具体赋值。操纵表中的数据通过数据操纵语言实现。

（1）数据行：一个数据行也被称为一个元组或一条记录，是现实世界中一个物理或逻辑实体的数据描述形式。

（2）数据列：一个数据列也被称为一个属性或一个字段，是同一类型的所有实体在某个属性上的全部值的集合。列是表定义的基本对象，定义一个表的主要任务就是定义这个表中的各个列。

（3）主键：表的主键是表中的某个列或某几个列的组合，其值可以唯一标识表中的每个行。一个表只能定义一个主键，而且通常都应该定义一个主键。主键的值不能为空值，也不能重复。如果存在多个列或列组合同时满足作为主键的条件，则应该选择运算效率高的列或列组合作为表的主键。通常数值型的列比字符型的列运算效率高；如果同为字符型，则取值范围小的列的运算效率通常更高。

（4）自增列：又称标识列，可以将表中具有整数性质的某个列定义为自增列来唯一标识表中的每一行，定义的关键词为 AUTO_INCREMENT。一个表中最多只能有一个列被定义为自增列。自增列不允许为空值，也不允许重复，自增列必须是主键或主键的一部分。默认情况下自增列中的第一个值是 1，后续值自动加 1。如果用户设置了一个非 1 的初始值，后续值将在该值基础上自动加 1。

📖提示：系统数据库 information_schema 中的数据表为系统数据表，如：SCHEMATA 表（提供了当前 MySQL 实例中所有数据库的信息，SHOW DATABASES 的结果取自此表）、

TABLES 表(提供了关于数据库中的表的信息,详细表述了某个表属于哪个 schema、表类型、表引擎、创建时间等信息,SHOW TABLES FROM schemaname 的结果取自此表)、COLUMNS 表(提供了表中的列信息,详细表述了某张表的所有列以及每个列的信息,SHOW COLUMNS FROM schemaname. table_name 的结果取自此表)等。

5.2.2 表的创建

1. 创建表

创建表就是在数据库中建立新表。创建表的基本语法格式如下所示。

```
CREATE TABLE [IF NOT EXISTS] table_name(
    column1 DATETYPE [PRIMARY KEY] [AUTO_INCREMENT]
    [,] column2 DATETYPE  [NULL | NOT NULL]
    ......
    [,] columnn DATETYPE  [NULL | NOT NULL]
    [,] [PRIMARY KEY (column1 [, column2] [, ......])]
);
```

语法说明如下。

- table_name 是要定义的数据表的表名,可以是字母、数字和下画线组成的任意字符串。在同一数据库中数据表名是唯一的,不可与已经存在的数据表重名。
- IF NOT EXISTS 是可选选项。添加该选项,表示指定的数据表不存在时执行创建数据表操作,否则忽略此操作。
- column 是列的名字;DATATYPE 是该列的数据类型;NOT NULL 表示该列中不允许有空值,NULL 表示该列中允许有空值,为默认选项。
- PRIMARY KEY 用于定义主键。如果是某个列作为主键,则可以直接在该列上定义主键约束;如果由多个列组成主键,则必须定义表级主键约束,其形式为"PRIMARY KEY (column1 [, column2] [, …])"。
- AUTO_INCREMENT 表示将列定义为自增列。

【例 5-2】 在图书销售数据库 booksale 中创建图书表 books 用于存放图书的信息。

```
USE booksale;
CREATE TABLE books(
    bookid INT NOT NULL,
    title VARCHAR(50) NOT NULL,
    isbn CHAR(17) NOT NULL,
    author VARCHAR(50),
    unitprice DECIMAL(6,2),
    ctgcode VARCHAR(20));
```

定义列时使用 NOT NULL 表示这个列在存储数据时不允许出现空值,否则使用默认的属性 NULL,表示这个列在存储数据时允许出现空值。

如果数据表 books 已经存在,再运行上面的命令,系统会提示错误信息"Table 'books' already exists",为了防止这种错误发生,在创建数据表时可以在"数据表名称"前添加 IF NOT EXISTS,这样命令执行后,只是返回一条警告信息"Query OK, 0 rows affected, 1 warning（0.01 sec）"而已。

【例5-3】　在图书销售数据库booksale中创建顾客表customers用于存放顾客的信息。

```
CREATE TABLE customers(
    cstid INT PRIMARY KEY,
    cstname VARCHAR(20) NOT NULL,
    telephone CHAR(11) NOT NULL,
    postcode CHAR(6),
    address VARCHAR(50) NOT NULL,
    emailaddress VARCHAR(50) NOT NULL,
    password VARCHAR(50) NOT NULL);
```

定义列cstid时使用PRIMARY KEY表示将该列定义为表的主键。定义主键时系统自动将该列定义为NOT NULL,即不允许空。

【例5-4】　在图书销售数据库booksale中创建订单表orders用于存放订单的信息。

```
CREATE TABLE orders(
    orderid INT PRIMARY KEY AUTO_INCREMENT,
    orderdate TIMESTAMP DEFAULT current_timestamp,
    shipdate DATETIME,
    cstid INT NOT NULL);
```

定义列orderid时使用AUTO_INCREMENT表示将该列定义为自增列,系统会自动在该列中生成不重复的整数序列值。定义列的AUTO_INCREMENT属性时必须将该列定义为主键或主键的一部分。

定义列orderdate时使用数据类型TIMESTAMP,并且将默认值设置为current_timestamp,表示插入记录时系统会自动将系统当前日期时间存入该列中。默认值约束的设置见6.3.4节。

【例5-5】　在图书销售数据库booksale中创建订单项目表orderitems用于存放订单项目的信息。

```
CREATE TABLE IF NOT EXISTS orderitems(
    orderid INT NOT NULL,
    bookid INT NOT NULL,
    quantity INT NOT NULL,
    price DECIMAL(6,2),
    PRIMARY KEY (orderid, bookid));
```

该表的主键由两列组成,所以这里需要使用表级主键。因为主键所在列都不允许出现空值,所以即使定义主键所在列时没有使用NOT NULL,系统也会自动为该列增加非空属性。

添加IF NOT EXISTS参数,表示要创建的orderitems表只有在不存在时,才执行该创建表命令。

2. 创建带JSON类型的表

新的数据类型JSON的引用可以将复杂数据存储在一个数据列中,易于存储。

【例 5-6】 在图书销售数据库 booksale 中创建带有 JSON 类型的表 t_json 用于存放售货员信息,然后查看数据库中已经存在的数据表。

```
CREATE TABLE t_json(
    id INT NOT NULL AUTO_INCREMENT,
    json_col JSON,
    PRIMARY KEY (id));
SHOW TABLES FROM booksale;
```

该表的主键由一列组成,可以采用列级主键,也可以采用表级主键,这里使用的表级主键。因为主键所在列都不允许出现空值,所以无论该列是否定义 NOT NULL,系统都会自动为该列增加非空属性。

3. 表的复制

使用上述的 CREATE TABLE 命令可以根据实际需要创建表,是实际开发中较常用的方式。而 CREATE TABLE LIKE 命令则可以对源表的模式进行复制,从现有的数据表中精确地复制表的定义(不复制其数据),其创建的表除了表名和源表不一样外,其余所有的细节都是一样的。复制表的基本语法格式如下所示。

```
CREATE [TEMPORARY] TABLE [IF NOT EXISTS] table_name
    LIKE old_table_name | (LIKE old_table_name);
```

语法说明如下。

- table_name 是生成的新表名。
- TEMPORARY 是可选选项,用于创建临时表。临时表仅在当前会话中可见,并在会话关闭时自动丢弃。
- IF NOT EXISTS 是可选选项。添加该选项,表示指定的数据表不存在时执行数据表复制操作,否则忽略此操作。
- LIKE old_table_name 是基于表 old_table_name 的定义创建空表 table_name,包括原始表中定义的任何列属性和索引。该子句可加括号也可不加括号。

【例 5-7】 在图书销售数据库 booksale 中创建和图书表 books 一样结构的临时表图书备份表 booksbak。

```
CREATE TEMPORARY TABLE booksbak LIKE books;
```

booksbak 表和 books 表的结构一模一样。当退出 MySQL 再次登录后,该临时表将不再存在。SHOW TABLES 命令,不能看到临时表。

4. 查看表结构

查看表结构是指查看数据库中已存在的表的定义。查看表结构的语句包括 DESCRIBE 语句和 SHOW CREATE TABLE 语句,通过这两个语句,可以查看表的数据列名、数据列的数据类型和完整性约束条件等。

1) DESCRIBE 语句查看表定义

可以使用 DESCRIBE(可以缩写为 DESC)命令查看表的基本定义,包括数据列的列名、数据类型、是否为空、是否为主键、默认值、自增列等,其基本语法格式如下所示。

```
DESCRIBE | DESC table_name;
```

【例 5-8】 查看 orders 表的结构。

```
DESC orders;
```

执行结果如图 5-2 所示。

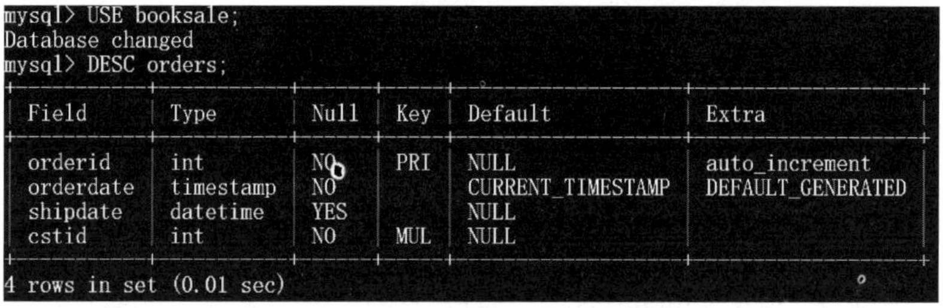

```
mysql> USE booksale;
Database changed
mysql> DESC orders;

+-----------+-----------+------+-----+-------------------+-------------------+
| Field     | Type      | Null | Key | Default           | Extra             |
+-----------+-----------+------+-----+-------------------+-------------------+
| orderid   | int       | NO   | PRI | NULL              | auto_increment    |
| orderdate | timestamp | NO   |     | CURRENT_TIMESTAMP | DEFAULT_GENERATED |
| shipdate  | datetime  | YES  |     | NULL              |                   |
| cstid     | int       | NO   | MUL | NULL              |                   |
+-----------+-----------+------+-----+-------------------+-------------------+
4 rows in set (0.01 sec)
```

图 5-2　查看 Orders 表的结构

2) SHOW CREATE TABLE 语句查看表详细定义

可以使用 SHOW CREATE 命令查看定义表的 SQL 语句,从而得到表的详细结构,包括列的名称、数据类型、是否为空、默认值、表的存储引擎、字符编码等,比使用 DESC 命令显示的信息要全面。SHOW CREATE TABLE 命令的基本语法格式如下所示。

```
SHOW CREATE TABLE table_name;
```

【例 5-9】 查看 books 表的结构。

```
SHOW CREATE TABLE books;
```

执行结果如图 5-3 所示。

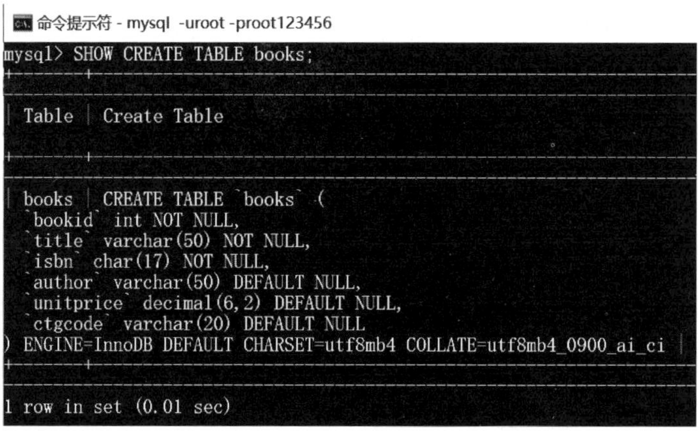

```
命令提示符 - mysql -uroot -proot123456

mysql> SHOW CREATE TABLE books;

+-------+----------------------------------------------------------+
| Table | Create Table                                             |
+-------+----------------------------------------------------------+
| books | CREATE TABLE `books` (
  `bookid` int NOT NULL,
  `title` varchar(50) NOT NULL,
  `isbn` char(17) NOT NULL,
  `author` varchar(50) DEFAULT NULL,
  `unitprice` decimal(6,2) DEFAULT NULL,
  `ctgcode` varchar(20) DEFAULT NULL
) ENGINE=InnoDB DEFAULT CHARSET=utf8mb4 COLLATE=utf8mb4_0900_ai_ci |
+-------+----------------------------------------------------------+

1 row in set (0.01 sec)
```

图 5-3　查看 books 表的结构

　　📖提示：图 5-3 是在命令提示符下显示的结果，在显示内容较长的情况下，使用"\G"
选项可以更好地显示结果。如果在客户端工具 Navicat 中，由于显示列宽度有限，可以将其
复制出来查看。

5.2.3　表的修改

　　修改表是指修改数据库中已存在的表的定义。表创建好以后，可以根据需要使用
ALTER TABLE 语句修改表的结构，包括在表中增加新列、修改列的属性以及删除列等。

1. 增加列

增加新列的基本语法格式如下所示。

```
ALTER TABLE table_name
    ADD [COLUMN] columndefinition [FIRST | AFTER columnname];
```

语法说明如下。
- table_name 是要修改的数据表的表名，该表必须是数据库中已经存在的表。
- ADD COLUMN 是增加新列的命令关键字，其中 COLUMN 关键字可以省略。
- columndefinition 是对新增加列的完整定义。
- FIRST 表示新增加的列作为表的第一列；也可以使用 AFTER columnname 的形式
  将新增加的列指定到 columnname 所表示的列之后；默认情况下，新增加的列是表
  的最后一列。

【例 5-10】　在图书表 books 中新增一个新列 press，用于存放出版社名称。该列数据类
型为 VARCHAR(50)，允许空值。

```
ALTER TABLE books ADD press VARCHAR(50) NULL;
```

　　关键词 NULL 表示该列允许空值，由于 NULL 是默认设置，所以该关键词可以省略。
也可以通过以下两条语句完成增加列操作。

```
ALTER TABLE books ADD press VARCHAR(50) FIRST;
```

　　多加了一个关键字 FIRST，表示 press 列在表中第一的位置。

```
ALTER TABLE books ADD press VARCHAR(50) AFTER author;
```

　　多加了一个关键字 AFTER，表示 press 列在 author 列的后面。
　　这三条命令添加的列名相同，实操操作完一个命令后，应先删除该列，再继续下一个
命令。
　　📖提示：如果表中已经有数据，那么在表中增加一个新列时，新列中是没有数据的，所
以如果将增加的新列设置成不允许有空值，必然产生错误。可以有两种方法解决这个问题，
一种是首先将新列定义成允许有空值，然后向新列中输入数据后再将这个列修改为不允许
有空值；另一种是在添加新列时为该列定义一个默认值。

2．修改列

修改列的基本语法格式如下所示。

```
♯ 语法 1
ALTER TABLE table_name
    MODIFY [COLUMN] columndefinition [ FIRST | AFTER columnname ];
```

语法说明如下。

- table_name 是要修改的数据表的表名，该表必须是数据库中已经存在的表。
- MODIFY COLUMN 是修改列的命令关键字，其中 COLUMN 关键字可以省略。
- columndefinition 是对修改列的完整定义。
- FIRST 表示将修改的列调整为表的第一列；也可以使用 AFTER columnname 的形式将修改的列指定到 columnname 所表示的列之后。

```
♯ 语法 2
ALTER TABLE table_name
    CHANGE [COLUMN] oldcolumnname columndefinition [ FIRST | AFTER columnname ];
```

语法说明如下。

- oldcolumnname 是要修改列的列名。
- columndefinition 是对修改列的完整定义，该定义中列名可以重新命名。

📖提示：通过该语句不仅可以修改列的属性，也可以修改列的名称。

【例 5-11】　修改图书表 books 中的出版社列 press，将数据类型修改为 VARCHAR(20)，不允许空值，并将位置修改为位于作者列 author 之后。

```
ALTER TABLE books MODIFY press VARCHAR(20) NOT NULL AFTER author;
```

【例 5-12】　修改图书表 books，将图书编号列 bookid 修改为自增、主键列。

```
ALTER TABLE books MODIFY bookid INT PRIMARY KEY AUTO_INCREMENT;
```

【例 5-13】　修改订单表 orders，删除订单编号列 orderid 的自增属性。

```
ALTER TABLE orders MODIFY orderid INT;
```

订单编号列 orderid 的为空性属性和主键属性不变。

【例 5-14】　将图书表 books 中的出版社列 press 的名称改为 publisher，其他属性不变。

```
ALTER TABLE books CHANGE press publisher VARCHAR(20) NOT NULL;
```

3．删除列

删除列的基本语法格式如下所示。

```
ALTER TABLE table_name
    DROP [COLUMN] columnname;
```

语法说明如下。

- table_name 是要修改的数据表的表名,该表必须是数据库中已经存在的表。
- DROP COLUMN 是删除列的命令关键字,其中 COLUMN 关键字可以省略。
- columnname 是要删除列的列名。

【例 5-15】 删除图书表 books 中的出版社列 publisher。

```
ALTER TABLE books DROP publisher;
```

4. 重命名表

数据库系统通过表名来区分不同的表,表名在同一个数据库中唯一标识一张表。重命名表的基本语法格式如下所示。

```
ALTER TABLE table_name
    RENAME [TO] new_table_name;
```

语法说明如下。

- table_name 是要修改的数据表的表名,该表必须是数据库中已经存在的表。
- RENAME[TO]是重命名表的命令关键字,其中 TO 关键字可以省略。
- new_table_name 是数据表修改后的新表名,该表名在数据库中不能存在。

【例 5-16】 将顾客表 customers 的名称重命名为 users。

```
ALTER TABLE customers RENAME users;
```

数据库 booksale 中 customers 表已经不存在了,取而代之的是 users 表。

5.2.4 表的删除

删除表是指删除数据库中已存在的表。删除表将同时删除表中的数据。因此,删除表操作要想好了再做。创建表时可能存在外键约束,被关联的父表删除比较复杂。这里只讲没有关联的普通表的删除,关联表的删除在讲解外键约束时再讲解。

删除表的基本语法格式如下所示。

```
DROP TABEL [IF EXISTS] table_name[,table_name...]
    [RESTRICT | CASCADE];
```

语法说明如下。

- table_name 是要删除的数据表的表名,可以一次性删除多个数据表。
- IF EXISTS 是可选选项。添加该选项,表示指定的数据表存在时执行删除数据表操作,否则忽略此操作。
- RESTRICT | CASCADE 是可选选项。RESTRICT 是确保只有不存在相关视图和完整性约束的表才能删除。CASCADE 是任何相关视图和完整性约束一并被删除。

【例 5-17】　删除顾客表 users。

```
DROP TABLE users;
```

数据库 booksale 中 users 表必须存在,否则命令执行将提示错误信息"ERROR 1051 (42S02):Unknown table 'booksale. ***'"。

5.3　数据操作

视频讲解

创建表只是创建表的结构,其中并不包含数据,所以表是空的。可以通过 INSERT 语句向表中插入数据,如果数据有错误,还可以使用 UPDATE 语句更新数据,如果某些行是多余的,可以通过 DELETE 语句将其删除。

5.3.1　数据插入

数据插入是常见的数据操作,可以向表中增加新的数据记录。在 MySQL 中使用 INSERT 语句向表中插入行。INSERT 语句的基本语法格式如下所示。

```
INSERT [INTO] table_name [(columnlist)]
VALUES ({expression | NULL} [,...n] ) [,...n];
```

语法说明如下。
- table_name 是要插入数据的数据表的表名。
- columnlist 是表中列的列表,用来指定要向其中插入数据的列,列与列之间用逗号分开。如果向表中所有列插入值,则可以省略列的列表。
- VALUES 用于指出要插入的数据。NULL 表示列中保持空(前提是该列允许空); expression 是数据表达式,表示将表达式的结果插入到列中,多个数据项之间用逗号分开。可以同时向表中插入多行数据。

向表中插入数据时需要注意以下几点。
- 数据表达式的数据值应该与列表 columnlist 中的列一一对应,并且数据类型也应该兼容。
- 必须为表中所有定义为 NOT NULL 的列提供值,定义为 NULL 的列可以提供值,也可以不提供值。
- 如果表中存在自增列,则系统可以自动维护自增列中的值,不需要向自增列中插入值。
- 主键所在列的值不允许重复,也不允许出现空值。

1. 插入完整数据记录

插入数据记录时可以一次插入一条完整的数据记录。

【例 5-18】　向订单表 orders 中插入第 1 条订单记录。

```
INSERT INTO orders (orderid,orderdate,shipdate,cstid)
    VALUES (1,'2021 - 4 - 14','2021 - 4 - 17',3);
```

📖 提示：字符型数据和日期时间型数据需要使用单引号(')括起来。

记录插入后,可输入查询语句"SELECT ＊ FROM orders;"进行验证。

【例 5-19】 向订单表 orders 中插入第 2 条订单记录。

```
INSERT INTO orders VALUES (2,'2021 - 4 - 15','2021 - 4 - 18',1);
```

由于每个列都提供了值,所以可以省略列的列表。

2. 插入多条完整数据记录

插入数据记录时除了可以一次插入一条数据记录外,还可以一次插入多条数据记录。

【例 5-20】 向订单表 orders 中插入第 3~6 条记录。

```
INSERT INTO orders VALUES
    (3,'2021 - 4 - 21','2021 - 4 - 22',1),(4,'2021 - 5 - 13','2021 - 5 - 14',2),
    (5,'2021 - 5 - 15',NULL,3),(6,DEFAULT,NULL,1);
```

由于第 5 和第 6 张订单还未发货,因此没有发货日期。在插入数据时,需要为该列提供 NULL 表示空。第 6 张订单的订购日期列的数据类型为时间戳且设置了默认值,需要为该 列提供 DEFAULT 表示默认值,则在插入记录时,时间戳列的值自动存入。

【例 5-21】 向图书表 books 中插入前两条记录。

```
INSERT INTO books VALUES
    (NULL,'Web前端开发基础入门', '978 - 7 - 3025 - 7626 - 6', '张颖', 65.00, 'computer'),
    (NULL,'计算机网络(第 7 版)', '978 - 7 - 1213 - 0295 - 4', '谢希仁', 49.00, 'computer');
```

由于书号 bookid 是自增列,所以即使在插入语句中没有为该列提供值,系统也自动定 义第一本书书号为 1,第二本书书号为 2。若书号为 2 的记录删除后再添加记录,自增列的 编号为 3,书号 2 不再出现。

3. 插入部分数据记录

插入数据记录时除了可以插入完整数据记录外,还可以插入指定列的部分数据记录。

【例 5-22】 向订单表 orders 中插入第 7 条订单记录。

```
INSERT INTO orders (orderid, orderdate, cstid) VALUES (7,'2021 - 5 - 16',4);
```

该订单还未发货,因此没有发货日期,且该列可以为空,录入时可选择不录入该列,该列 系统自动存入 NULL 值。

📖 提示：未指定的列必须是可以为空的列或非空列但设置了默认值的列。若省略的 列中包含非空列,且没有设置默认值,则系统将提示错误信息"ERROR 1136 (21S01): Column count doesn't match value count at row 1"。

4. 插入多条部分数据记录

插入数据记录时还可以一次插入多条指定列的部分数据记录。

【例 5-23】 向图书表 books 中插入两条记录。

```
INSERT INTO books(title, isbn) VALUES
    ('德语词汇联想与速记', '978 - 7 - 5213 - 2183 - 8'),('奇妙博物馆', '978 - 7 - 5596 - 5308 - 6');
```

books 数据表中只有图书编号 bookid、书名 title 和图书国际标准书号 isbn 三个列是非空列，插入记录时必须输入。其中 bookid 是自增列，系统会自动为其赋值，因此也可以不输入。未输入的列系统自动存入 NULL 值。

5. 插入 JSON 结构的数据记录

【例 5-24】 向表 t_json 插入一条记录。

```
INSERT INTO t_json(json_col) VALUES ('{"name":"王平","gender":"女","regular":true}');
```

JSON 值是以字符串形式写入的，写入时 MySQL 会对字符串进行解析，如果不符合 JSON 格式，将无法写入。在 Navicat 中无法查看 JSON 类型列的值，可输入以下查询语句进行验证。

```
SELECT * FROM t_json;
```

执行结果如图 5-4 所示。

```
+----+-----------------------------------------------+
| id | json_col                                      |
+----+-----------------------------------------------+
|  1 | {"name": "王平", "gender": "女", "regular": true} |
+----+-----------------------------------------------+
1 row in set (0.00 sec)
```

图 5-4 向 t_json 表插入记录

5.3.2 数据更新

数据更新是常见的数据操作，可以更新表中已经存在数据记录中的值。在 MySQL 中使用 UPDATE 语句更新表中的数据。UPDATE 语句的基本语法格式如下所示。

```
UPDATE table_name
    SET columnname = {expression | NULL} [ ,…n]
    [WHERE searchcondition];
```

语法说明如下。

- table_name 是要更新数据的数据表的表名。
- SET 子句中的 columnname 是要更新数据列的列名。expression 是指将表达式的值更新到该列中；NULL 是指将该列设置为空值，即删除该列中的值。另外，在一个 UPDATE 语句中，可以同时更新多个列中的值。
- WHERE 子句是可选选项，其中的 searchcondition 是一个对行进行筛选的表达式，指定要更新哪些行中的数据。如果省略 WHERE 子句，将更新表中所有的行。

1. 更新特定数据记录

根据筛选条件可以将特定的数据记录的列值进行更新。

【例 5-25】 更新图书表 books 中编号为 1 的图书的作者和类别编号。

```
UPDATE books SET author = '张影',ctgcode = 'information'  WHERE bookid = 1;
```

2. 更新所有数据记录

不加筛选条件时可以将所有数据记录的列值进行更新。

【例 5-26】 将所有图书的单价调低为 9 折以后的价格。

```
UPDATE books SET unitprice = unitprice * 0.9;
```

books 表中的 unitprice 列中的值均修改为原有值×0.9后的值。

3. 更新 JSON 结构的数据记录

可通过 JSON 函数更新 JSON 数据记录,常用的函数有 JSON_ARRAY_APPEND、JSON_ARRAY_INSERT、JSON_INSERT、JSON_MERGE、JSON_MERGE_PATCH、JSON_MERGE_PRESERVE、JSON_REMOVE、JSON_REPLACE、JSON_SET 等。

【例 5-27】 将表 t_json 中 id 为 1 的记录性别修改为"男"。

```
UPDATE t_json SET json_col = JSON_REPLACE(json_col, '$.gender', '男') WHERE id = 1;
```

5.3.3　数据删除

数据删除可以删除表中已经存在的数据记录,可一次删除一行或多行数据。但在删除记录前应进行数据备份,以避免数据的丢失。在 MySQL 中可以用 DELETE 语句删除表中的特定记录或所有记录,也可以用 TRUNCATE TABLE 删除表中的所有记录。

1. 删除特定数据记录

DELETE 语句的基本语法格式如下所示。

```
DELETE FROM table_name
    [WHERE searchcondition];
```

语法说明如下。

- table_name 是要删除数据的数据表的表名。需要特别注意的是,DELETE 语句删除的对象以行为单位,即一次至少删除一行数据。
- WHERE 子句是可选选项,其中的 searchcondition 是一个对行进行筛选的表达式,指定要删除哪些行。如果省略 WHERE 子句,将删除表中所有的行。

【例 5-28】 删除图书表中编号为 1 的图书记录。

```
DELETE FROM books WHERE bookid = 1;
```

2. 删除所有数据记录

TRUNCATE TABLE 语句的基本语法格式如下所示。

```
TRUNCATE TABLE table_name;
```

 提示：TRUNCATE TABLE 和 DELETE 的区别是：DELETE 是一条一条删除表中的数据。TRUNCATE TABLE 是删除原来的表再重新创建一个表,而不是逐行删除表中的数据。其删除速度比 DELETE 快,但该语句不能被撤销。

在实际开发中很少使用 DELETE 语句。删除有物理删除和逻辑删除,其中逻辑删除可以通过给表添加一列(isDel),若值为 1,代表删除；若值为 0,代表没有删除。此时,对数据的删除操作就变成了 UPDATE 操作。这样可以更好地保护数据安全。

【例 5-29】 删除所有的订单记录。

```
TRUNCATE TABLE orders;
-- 等价于
DELETE FROM orders;
```

5.4 可视化操作指导

 注意：删除数据库 booksale 并重新创建该数据库,然后打开 Navicat for MySQL,连接到数据库服务器。表的结构请参考附录 A。

1. 表的定义

1) 定义图书表 books

(1) 打开 Navicat for MySQL,连接到数据库服务器,右击 booksale 数据库,在弹出的快捷菜单中选择"打开数据库"命令,右击"表"节点,在弹出的快捷菜单中选择"新建表"命令,打开新建表工作页。

(2) 在新打开的工作页中首先给出表中各个列的名称、数据类型以及是否允许空值。

(3) 单击图书编号列 bookid 前面的选择按钮选择该列,单击"主键"按钮 主键,将该列设置为表的主键；单击选中"自动递增"复选按钮,使该列的值可以自增,如图 5-5 所示。

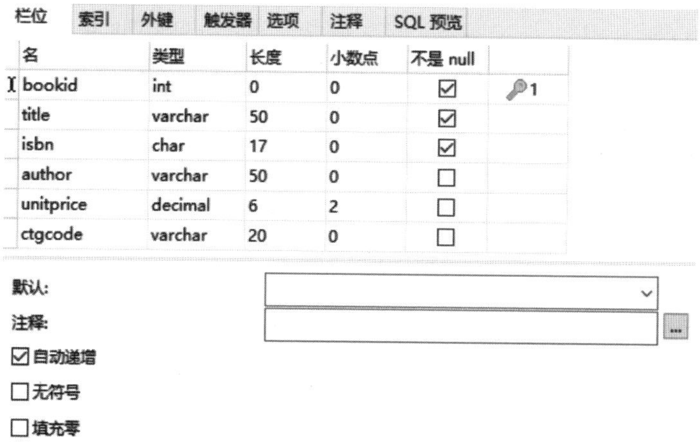

图 5-5 创建图书表 books

（4）单击"保存"按钮，在弹出的"表名"对话框中将表命名为 books，单击"确定"按钮保存该表。

（5）关闭创建图书表 books 的工作页。

📖提示：如果要修改表的结构，在左侧窗口中右击要修改的表，在弹出的快捷菜单中选择"设计表"命令，打开定义表结构工作页，在该工作页中直接修改表结构即可。修改表结构以后单击"保存"按钮保存对表的修改，然后关闭该工作页。

如果要删除表，在左侧窗口中右击要删除的表，在弹出的快捷菜单中选择"删除表"命令，弹出"确认删除"对话框，在该对话框中单击"删除"按钮，该表被删除。

2）定义订单项目表 orderitems

（1）在 booksale 数据库中右击"表"节点，在弹出的快捷菜单中选择"新建表"命令，打开新建表工作页。

（2）在新打开的工作页中首先给出表中各个列的名称、数据类型以及是否允许空值。该表的主键由订单编号 orderid 和图书编号 bookid 共同组成，所以分别选中两列后单击"主键"按钮设置主键，如图 5-6 所示。

栏位	索引	外键	触发器	选项	注释	SQL 预览	
名	类型		长度	小数点	不是 null		
▶ orderid	int		11	0	☑	🔑1	
bookid	int		11	0	☑	🔑2	
quantity	int		11	0	☑		
price	decimal		6	2	☐		

图 5-6 创建订单项目表 orderitems

（3）单击"保存"按钮，在弹出的"表名"对话框中将表命名为 orderitems，单击"确定"按钮保存该表。

（4）关闭创建订单项目表 orderitems 的工作页。

2. 数据操作

（1）展开 booksale 数据库中的"表"节点，在 books 表上右击选择"打开表"命令，打开编辑表数据工作页。

（2）表中第一列 bookid 是标识列，不需要输入数据，所以将光标置于 title 列，输入"Web 前端开发基础入门"，按 Tab 键或单击鼠标移动到下一个列，在 isbn 列中输入"978-7-3025-7626-6"，在 author 列中输入"张颖"，在 unitprice 列中输入"65.00"，在 ctgcode 列中输入"computer"，按 Tab 键转换到第二行时，第一行记录的输入完成，此时系统自动为第一本书添加书号"1"。

（3）继续录入其他记录，直到完成所有记录的添加。

（4）关闭编辑图书表 books 中数据的工作页，在弹出的"确认"对话框中单击"保存"按钮，保存对数据的编辑。

📖提示：在输入数据的过程中，如果想要删除当前行中某个列的数据，可以单击 Esc 键，该列中显示 NULL，表示该列的数据已经被删除。如果在显示 NULL 的列中再次单击 Esc 键则会取消整条记录的输入。

若打开的数据表为空（没有记录）可直接进行记录输入；若打开的数据表已经存在部分

记录,此时需要单击编辑表数据工作页左下角的"＋"(新建记录)来人工添加一条记录后,完成相应记录的输入。

更新表中的数据非常简单,只需要直接修改列中的数据就可以了。如果要删除一条记录,首先单击该记录前面的按钮以选中整条记录,在该行上右击,在弹出的快捷菜单中选择"删除记录"命令(或单击要删除的记录,再单击编辑数据表数据工作页左下角的"-"删除记录),在弹出的警告"确认删除"对话框中单击"删除一条记录"按钮将删除相应的记录。

5.5 实践练习

1. 定义表

📖注意:运行脚本文件 Ex-Chapter5-Database.sql 创建数据库 teachingsys,并在该数据库下完成练习。

(1) 创建系部表 departments,该表的结构见附录 B 中表 B-7(此处不需要定义唯一性约束)。

(2) 修改系部表 departments,增加一列 dptlocation 表示系部地址,数据类型为 VARCHAR(50),允许空值。

(3) 创建班级表 classes,该表的结构见附录 B 中表 B-8(此处不需要定义唯一性约束和外键约束)。

(4) 修改班级表 classes,将班级名称列 classname 的数据类型修改为 VARCHAR(20),允许空值。

(5) 创建学生表 students,该表的结构见附录 B 中表 B-9(此处不需要定义默认值约束和外键约束)。

(6) 修改学生表 students,将学生出生日期列 dob 的名称修改为 birthday,并且移动到性别列 gender 之后。

(7) 创建教师表 teachers,该表的结构见附录 B 中表 B-10(此处不需要定义外键约束)。

(8) 修改教师表 teachers,删除表示教师职称的列 protitle。

(9) 创建课程表 courses,该表的结构见附录 B 中表 B-11(此处不需要定义唯一性约束)。

(10) 创建选修表 studying,该表的结构见附录 B 中表 B-12(此处不需要定义外键约束)。

2. 操作表中数据

📖注意:运行脚本文件 Ex-Chapter5-Table.sql 重新创建数据库 teachingsys 及相关数据表,并在该数据库下完成练习。

(1) 使用一个 INSERT 语句向班级表 classes 中插入 4 条记录,数据见附录 B 中表 B-2。

(2) 向学生表 students 中插入最后 1 条记录,数据见附录 B 中表 B-3。

(3) 将教师表 teachers 中教师编号 tchid 为 2 的教师的职称 protitle 修改为"教授"。

(4) 将课程表 courses 中编号 crsid 为 1 的课程的名称 crsname 修改为"mysql 数据库实现与维护",并将学分 credit 修改为 4。

(5) 将选修表 studying 中所有没有成绩的选修成绩 mark 修改为 0 分。

(6) 将教师表 teachers 中教师编号 tchid 为 4 的教师记录删除。

(7) 删除选修表 studying 中的所有记录。

第 6 章

MySQL索引与完整性约束

本章要点

- 理解索引的作用、特点及分类。
- 理解索引的存储类型。
- 掌握创建索引的方法。
- 理解数据完整性的基本概念、类型及作用。
- 掌握各种约束的创建方法，包括主键约束（PRIMARY KEY）、唯一性约束（UNIQUE）、外键约束（FOREIGN KEY）、默认值约束（DEFAULT）、非空约束（NOT NULL）、自增特性（AUTO_INCREMENT）和检查约束（CHECK）。
- 掌握各种约束的删除方法。

📖注意：运行脚本文件 Chapter6-booksale. sql 创建数据库 booksale 及相关数据表。本章例题均在该数据库下运行。

在前面的章节中我们已经学习了数据表的创建以及数据的增删改操作，掌握了对数据表进行基本操作的方法，但是经过一段时间使用后会发现许多问题，例如按照书目价格检索比较快但按照书名检索会比较慢，图书的书名不可能没有但是却录入了许多 NULL 值到书名中，图书的 ISBN 不应该重复但是可插入重复的 ISBN。在数据库系统中解决这些问题的方法是索引和约束，索引用来提高数据的检索速度，约束用来保证数据的完整性。

6.1 索引的定义

视频讲解

数据库系统中的索引与图书的目录类似。数据库应用程序可以通过索引快速找到所需数据，如同读者通过目录可以快速查找到所需内容。图书中的目录是内容和相应页码的列表清单。数据库中的索引是表中的关键值和关键值映射到指定数据的存储位置的列表。合理地使用索引能够极大地提高数据的检索速度，改善数据库的性能，因此索引的管理在数据库使用中至关重要。

6.1.1 索引的概念

索引（Index）是帮助 MySQL 高效获取数据的数据结构，它是依赖于表建立的。一个表的存储是由两部分组成的，一部分是用来存放表的数据页面，另一部分是用来存放索引的索引页面。通常，索引页面相对于数据页面来说小得多。索引页面保存着表中排序的索引列，并且记录了索引列在数据表中的物理存储位置。当进行数据检索时,系统先搜索索引页面,从中找到所需数据的指针,再直接通过指针从数据页面中读取数据。从某种程度上,可以把数据库看作一本书,把索引看作书的目录,通过目录查找书中的信息,显然较没有目录的书方便、快捷。例如:在图书种类表 categories 的 ctgcode 列上创建的索引,如图 6-1 所示。

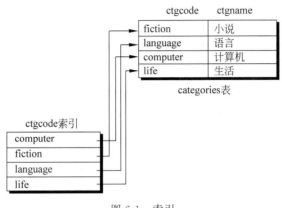

图 6-1　索引

　　📖**提示**:如果在某个列上创建索引,那么该列就称为索引列。索引列中的值称为关键字值。

1. 使用索引的意义

索引可以大大提高系统的性能,在数据库中具有十分重要的意义,具体表现如下。

1) 优点

(1) 索引可以大大提高数据的检索速度,这是创建索引的最主要原因。

(2) 索引可以加快表与表之间的连接速度,特别是在实现数据的参照完整性方面有特别的意义。例如:在实现数据的参照完整性时,可以将表的外键制作成索引,这样可以使表和表之间的连接速度加快。

(3) 在使用排序(ORDER BY)子句或分组(GROUP BY)子句进行数据检索时,索引可以减少排序和分组的时间。

(4) 唯一性索引可以保证每行记录的唯一性,从而确保表数据的实体完整性。

2) 缺点

虽然索引具有如此多的优点,但索引的存在也让系统付出了一定的代价,具体表现如下。

(1) 具有索引的表在数据库中占用更多的物理空间,因为除了数据表占用空间之外,索引也需要一定的物理空间。

(2) 创建索引和维护索引需要耗费时间,这种时间会随着数据量的增加而增加。

(3) 建立索引加快了数据检索速度,却减慢了数据更新(插入、修改、删除)速度。因为每当用户执行一次数据的插入、删除或修改操作,就要动态维护索引,否则索引的作用就会下降。对建立了索引的表执行修改操作要比未建立索引的表所花的时间更长,因此,修改的数据越多,涉及维护索引的开销也就越大。

因此,选择使用索引时,需要综合考虑索引的优点和缺点。

2. 索引的特点

所有 MySQL 列类型均可以被索引。

(1) 根据存储引擎定义每个表的最大索引数和最大索引长度。所有存储引擎支持每个表至少 16 个索引,总索引长度至少为 256 字节。大多数存储引擎有更高的限制。存储引擎的相关概念见 12.1 节。

(2) 索引的存储类型目前只有两种:B 树(B-Tree)索引和哈希(Hash)索引。MyISAM 和 InnoDB 存储引擎支持 B-Tree 索引,MEMORY 存储引擎支持 Hash 索引和 B-Tree 索引,默认情况 MEMORY 存储引擎使用 Hash 索引。

(3) 对于 CHAR 和 VARCHAR 列,可以索引列的前缀,这样更快并且比索引整个列需要更少的磁盘空间。对于 BLOB 和 TEXT 列,则必须索引列的前缀,而不能索引列的全部。

(4) MySQL 能在多个列上创建索引。一个索引可以由最多 15 个列组成。在 CHAR 和 VARCHAR 列上,也可以使用列的前缀作为一个索引的部分。

(5) MySQL 从 8.0 版开始真正地支持降序索引,但只有 InnoDB 存储引擎支持降序索引,且只支持 B-Tree 降序索引。在之前的版本中虽然支持降序索引的定义,但实际上在查询时服务器会忽略这个定义,创建的还是升序索引。

(6) MySQL 从 8.0.13 版开始支持在索引中使用函数的值,即可以使用函数(表达式)的值来进行索引,同样这个索引支持降序索引以及 JSON 数据的索引。对于函数索引来说它的本质就是基于虚拟列(又称虚拟计算列)来实现的。

(7) MySQL 8.0 支持隐藏索引(Invisible Index),即不可见索引。隐藏索引不会被优化器使用,但需要维护。例如软删除功能,就是将删除索引分两步完成,第一步是隐藏索引,即先把要删除的索引给隐藏掉,这样查询优化器就不会使用该索引了,但操作数据时仍会被维护;第二步是物理删除,即真正将该索引删除。

3. 索引的分类

MySQL 的索引包括以下几种。

1) 普通索引

普通索引是由关键字 KEY 或 INDEX 定义的索引,它的唯一任务是加快对数据的访问速度。因此,应该只为那些最经常出现在查询条件(WHERE column =)或排序条件(ORDER BY column)中的数据列创建索引。索引的列可以包括重复的值。例如:在 author 列上建立一个普通索引,查询作者时,就会根据该索引进行查询,该索引允许作者同名。

2) 唯一性索引

如果能确定某个数据列将只包含彼此各不相同的值,在为这个数据列创建索引的时候,就应该用关键字 UNIQUE 把它定义为一个唯一性索引。例如:在图书的 isbn 列上建立唯一性索引,则每本书的 isbn 都是唯一的。这么做的好处是:①简化了 MySQL 对这个索引的管理工作,这个索引也因此而变得更有效率;②MySQL 会在有新记录插入数据表时,自动检查新记录的这个列的值是否已经在某个记录的这个列里出现过了,如果是,MySQL 将拒绝插入那条新记录。唯一性索引保证了索引列不包含重复的值,但允许有空值。对于多列唯一性索引,它保证值的组合不重复,也就是说,唯一性索引可以保证数据记录的唯一性。因此,人们创建唯一性索引往往不是为了提高访问速度,而是为了避免数据出现重复。

3）主键索引

主键索引是为主键列建立的索引,该索引是特殊的唯一性索引。主键索引与唯一性索引的区别是:前者在定义时使用的关键字是 PRIMARY 而不是 UNIQUE,且不允许有空值。当为数据表设置主键时该索引由系统自动创建。

4）全文索引

全文索引是使用 FULLTEXT 参数设置的索引。MySQL 数据库从 3.23.23 版开始支持全文索引,但只有 MyISAM 存储引擎支持全文索引,并且只能创建在 CHAR、VARCHAR、TEXT 类型列上。MySQL 5.6.4 里才添加了 InnoDB 引擎的全文索引支持。全文索引对整个列进行,不支持前缀索引。全文索引是专门为了模糊查询提供的,可以对整篇文章预先按照词进行索引,搜索效率高,能够支持百万级的数据检索。

5）单列索引

单列索引是在表中的单个列上创建索引,单列索引只根据该列进行索引。单列索引可以是普通索引、唯一性索引、主键索引或全文索引。

6）复合索引

复合索引是在表中的多个列上创建一个索引。该索引指向创建时对应的多个列,可以通过这几个列进行查询。只有在查询条件中使用了创建索引时的第一个列,索引才会被使用。使用复合索引时遵循最左前缀集合。例如:创建一个 index(A,B,C)索引,相当于创建了下面三组索引 index(A),index(A,B)和 index(A,B,C),只要查询条件中用到了 A 列,索引就可以被引用。

7）空间索引

空间索引是对空间数据类型的列建立的索引,MySQL 中的空间数据类型有四种,分别是 GEOMETRY、POINT、LINESTRING、POLYGON。使用 SPATIAL 关键字进行扩展,就可以用创建正规索引类型的语法创建空间索引。创建空间索引的列,必须将其声明为NOT NULL。MySQL 5.7.5 开始,MyISAM 存储引擎和 InnoDB 存储引擎均支持空间索引。空间索引对整个列进行,不支持前缀索引。

4. 建立索引的原则

数据表不是必须创建索引,索引的合理使用能够提高整个数据库的性能,相反,不适宜的索引也会降低系统的性能。因此,在创建索引时,哪些列适合创建索引,哪些列不适合创建索引,需要进行一番判断考察,具体有以下几点原则。

(1)定义为主键的数据列要建立索引,且应建立主键索引。因为主键可以加速定位到表中的某一行。

(2)需要唯一值的列要创建唯一性索引,可以更快速地通过该索引确定特定记录,且保证录入时值的唯一性。

(3)对于经常查询的数据列最好建立索引,包括经常需要在指定范围内快速或频繁查询的数据列和经常用在 WHERE 子句中的数据列。

(4)对于经常需要排序(ORDER BY)、分组(GROUP BY)、去重(DISTINCT)和联合(UNION)操作的列建立索引,这样可以提高效率。

(5)控制索引的数量。索引不是越多越好。建立索引会产生一定的存储开销,维护索引也要花费时间和空间。MySQL 在生成一个执行计划时,要考虑到各个索引,这也要花费时间。因此,没有必要对表中的所有列都建立索引,要选择性地创建索引。只保持所需的索引有利于查询优化。

(6)尽量使用前缀索引(短索引)。如果索引列的值很长,最好使用值的前缀索引,指定一个前缀长度。例如:如果有一个 CHAR(255)的列,如果在前 10 个或 20 个字符内,多数值是唯一的,那么就不要对整个列进行索引。前缀索引不仅可以提高查询速度,而且可以节省磁盘空间和 I/O 操作。

(7)利用最左前缀。在创建一个 n 列的索引时,实际是创建了 MySQL 可利用的 n 个索引。复合索引可以起到几个索引的作用,因为可利用索引中最左边的列来匹配行,这样的列集称为最左前缀。

(8)尽量使用数据量少的索引。索引值过长,会影响查询的速度,因此应该尽量选择索引值较短的列建立索引。

(9)删除不再使用或很少使用的索引。数据库管理员应该定期找出不再需要的索引,将它们删除,从而减少索引对更新操作的影响。

5. 索引的存储类型

索引的存储类型目前只有两种: B 树(B-Tree)索引和哈希(Hash)索引。

B-Tree 索引是 MySQL 数据库中使用最为频繁的索引类型。不仅在 MySQL 中是如此,在其他的很多数据库管理系统中 B-Tree 索引也同样是最主要的索引类型,这主要是因为 B-Tree 索引的存储结构在数据库的数据检索中有着非常优异的表现。一般来说,MySQL 中的 B-Tree 索引的物理文件大多是以 B 树的结构来存储的,也就是所有实际需要的数据都存放于树的叶节点,而且到任何一个叶节点的最短路径的长度都是完全相同的,所以把它称为 B-Tree 索引。

Hash 索引由于其结构的特殊性,其检索效率非常高,索引的检索可以一次定位,不像 B-Tree 索引需要从根节点到枝节点,最后才能访问到页节点这样需要多次 I/O 访问,所以 Hash 索引的查询效率要远高于 B-Tree 索引。

Hash 索引也有缺点,主要如下。

(1)由于 Hash 索引比较的是 Hash 运算之后的 Hash 值,所以 Hash 索引仅支持"="“<=>”以及 IN 操作,不能使用范围查询。

(2)Hash 索引无法通过操作索引来排序。由于 Hash 索引中存放的是经过 Hash 计算之后的 Hash 值,而且 Hash 值的大小关系并不一定和 Hash 运算前的键值完全一样,所以无法排序。

(3)在复合索引里,无法对部分使用索引。对于复合索引,Hash 索引在计算 Hash 值的时候是复合索引键合并后再一起计算 Hash 值,而不是单独计算 Hash 值,所以通过复合索引的前面一个或几个索引键进行查询的时候,Hash 索引也无法被利用。

(4)Hash 索引在任何时候都不能避免表扫描。Hash 索引是将索引键通过 Hash 运算之后,将 Hash 运算结果的 Hash 值和所对应的行指针信息存放于一个 Hash 表中,由于不同索引键存在相同 Hash 值,所以即使取出满足某个 Hash 键值的数据的记录条数,也无法从 Hash 索引中直接完成查询,还是要通过访问表中的实际数据进行相应的比较,才能得到相应的结果。

(5)Hash 索引遇到大量 Hash 值相等的情况时,Hash 索引的效率会变低,性能并不一定比 B-Tree 索引高。

6.1.2 查看索引

索引创建完成后,可以利用 SHOW INDEX 语句查看表中创建的索引。查看索引的基本语法格式如下所示。

```
SHOW INDEX FROM table_name [FROM db_name];
```

语法说明如下。

- table_name 是要查看索引的数据表名。
- db_name 是要查看索引的数据表所在的数据库名,该参数可选。

6.1.3 创建索引

系统提供两种方式创建索引:直接方式和间接方式。

直接方式是指使用命令直接创建索引。间接方式是通过创建其他对象而附加创建了索引,例如:系统为了维护数据完整性,创建了主键约束,创建约束的同时系统将自动创建索引。

直接方式创建索引有三种方法:创建表时创建索引、使用 CREATE INDEX 语句创建索引、使用 ALTER TABLE 语句创建索引。

1. 创建表时创建索引

创建表时可以直接创建索引,这方法最简单,其基本语法格式如下所示。

```
CREATE TABLE table_name(
    column1 DATETYPE [PRIMARY KEY] [AUTO_INCREMENT]
    [,] column2 DATETYPE [NULL | NOT NULL]
    ……
    [,] columnn DATETYPE [NULL | NOT NULL]
    [,][UNIQUE | FULLTEXT | SPATIAL] INDEX | KEY [index_name](column_name [(length)] [ASC |
DESC])[INVISIBLE | VISIBLE]
    );
```

语法说明如下。

- INDEX｜KEY 是用来设定索引的命令关键字,二选一即可,索引类型包括以下 3 种选项。
  - ➤ UNIQUE 是可选选项,表示唯一性索引。
  - ➤ FULLTEXT 是可选选项,表示全文索引。
  - ➤ SPATIAL 是可选选项,表示空间索引。
- index_name 是可选选项,用于指定创建的索引的名称,如果不指定,MySQL 默认 column_name 为索引名。
- column_name 是需要创建索引的列,该列必须从数据表中定义的多个列中选择。
- length 是可选选项,用来设定索引的长度,只有字符串类型的列才可使用该参数。
- ASC｜DESC 是可选选项,用于设定索引列排列顺序,ASC 表示升序排列,为默认选项;DESC 表示降序排列。

- INVISIBLE │ VISIBLE 是可选选项,用来设定索引的可见性,INVISIBLE 表示不可见,VISIBLE 表示可见,该参数省略时表示可见。

【例 6-1】 在图书销售数据库 booksale 中创建顾客表 customers1,为 cstid 列设置主键,为 emailaddress 列创建普通索引,该索引长度设为 10;然后查看 customers1 表的索引情况;使用 EXPLAIN 语句查看索引是否被使用。

```
USE booksale;
CREATE TABLE customers1(
    cstid INT PRIMARY KEY,
    cstname VARCHAR(20) NOT NULL,
    telephone CHAR(11) NOT NULL,
    postcode CHAR(6) NULL,
    address VARCHAR(50) NOT NULL,
    emailaddress VARCHAR(50) NOT NULL,
    password VARCHAR(50) NOT NULL,
    INDEX (emailaddress(10)));
SHOW INDEX FROM customers1;
```

查看索引命令,执行结果如图 6-2 所示。

Table	Non_unique	Key_name	Seq_in_index	Column_name	Collation	Cardinality	Sub_part	Packed	Null	Index_type
customers1	0	PRIMARY	1	cstid	A	0	(Null)	(Null)		BTREE
customers1	1	emailaddress	1	emailaddress	A	0	10	(Null)		BTREE

图 6-2　查看 customers1 表的索引情况

创建 customers1 表的同时创建了两个索引,一个是创建主键时系统自动创建的主键索引 PRIMARY,一个是手工创建的普通索引 emailaddress,这两个索引都没有人为指定索引名,索引名为默认值。索引列 emailaddress 后省略了 ASC 仍然表示升序排列;emailaddress 列长度为 50,而设定的索引长度为 10,即表示只对 emailaddress 列的前 10 位进行比较,这样做是为了提高查询速度。对于字符型的数据,可以不用查询全部信息,而只查询其前面的若干字符信息。

```
EXPLAIN SELECT * FROM customers1 WHERE emailaddress like 'a%';
```

执行结果如图 6-3 所示。

id	select_type	table	partitions	type	possible_keys	key	key_len	ref	rows	filtered	Extra
1	SIMPLE	customers1	(Null)	range	emailaddress	emailaddress	32	(Null)	1	100	Using where

图 6-3　查看 customers1 表的索引是否被使用

使用 EXPLAIN 语句可以查看索引是否被使用。possible_keys 列和 key 列的值都是 emailaddress,说明 emailaddress 索引已经存在,而且已经开始起作用。

【例 6-2】 在图书销售数据库 booksale 中创建图书类别表 categories1,为 ctgcode 列创建唯一性索引,索引名为 UN_cgtcode,该索引按 ctgcode 列降序排列。

```
CREATE TABLE categories1(
    ctgcode VARCHAR(20) NOT NULL,
    ctgname VARCHAR(50) NOT NULL,
    UNIQUE INDEX UN_ctgcode(ctgcode DESC));
```

使用 UNIQUE 参数定义唯一性索引,使用 DESC 表示降序,唯一性索引指定了索引名 UN_ctgcode。创建唯一性索引的同时,系统将自动创建唯一性约束。

【例 6-3】 在图书销售数据库 booksale 中创建图书表 books1,为 bookid 列设置主键,为 title 列创建全文索引,索引名为 FT_title。

```
CREATE TABLE books1(
    bookid INT PRIMARY KEY,
    title VARCHAR(50) NOT NULL,
    isbn CHAR(17) NOT NULL,
    author VARCHAR(50),
    unitprice DECIMAL(6,2),
    ctgcode VARCHAR(20),
    FULLTEXT INDEX FT_title (title));
```

使用 FULLTEXT 参数定义全文索引,全文索引只能创建在 CHAR、VARCHAR 或 TEXT 类型的列上。MySQL 5.6.4 之后 InnoDB、MyISAM 引擎均支持全文索引。MySQL 默认存储引擎为 InnoDB,这里创建表的时候也可修改表的存储引擎为 MyISAM。全文索引对整个列进行,不支持前缀索引,因此不能设置长度。

【例 6-4】 在图书销售数据库 booksale 中创建订单项目表 orderitems1,在表中的 orderid 和 bookid 列上建立名为 FH_orderid_bookid 的唯一复合索引,然后查看 orderitems1 表的索引情况。

```
CREATE TABLE orderitems1(
    orderid INT NOT NULL,
    bookid INT NOT NULL,
    quantity INT NOT NULL,
    price DECIMAL(6,2),
    UNIQUE INDEX FH_orderid_bookid (orderid, bookid));
SHOW INDEX FROM orderitems1;
```

查看索引命令,执行结果如图 6-4 所示。

Table	Non_unique	Key_name	Seq_in_index	Column_name	Collation	Cardinality	Sub_part	Packed	Null	Index_type
orderitems1	0	FH_orderid_bookid	1	orderid	A	0	(Null)	(Null)		BTREE
orderitems1	0	FH_orderid_bookid	2	bookid	A	0	(Null)	(Null)		BTREE

图 6-4 查看 orderitems1 表的索引情况

结果显示在 orderid 和 bookid 列上建立了名为 FH_orderid_bookid 的复合索引。Seq_in_index 列为复合索引的索引排列顺序。多列索引中,只有查询条件中使用了这些列中的第一个列(即 Seq_in_index 为 1 的列)时,索引才会被使用。

【例 6-5】　在图书销售数据库 booksale 中创建表 test1,只包含一个 GEOMETRY 类型的列 g,在该列上创建空间索引,索引名为 spatIdx。

```
CREATE TABLE test1(
    g GEOMETRY NOT NULL,
    SPATIAL KEY spatIdx(g)
) ENGINE = MyISAM;
```

空间数据类型很少用到。MySQL 默认存储引擎为 InnoDB,这里创建表的时候也可修改表的存储引擎为 MyISAM。

【例 6-6】　在图书销售数据库 booksale 中创建表 comments1,为 cstid 列创建不可见索引,索引名为 IN_cstid,然后查看 comments1 表的索引情况。

```
CREATE TABLE comments1(
    cmmid INT NOT NULL PRIMARY KEY AUTO_INCREMENT,
    cstid INT NOT NULL,
    rating TINYINT NOT NULL,
    comment VARCHAR(200) NOT NULL,
    bookid INT NOT NULL,
    INDEX IN_cstid(cstid) INVISIBLE);
SHOW INDEX FROM comments1;
```

查看索引命令,执行结果如图 6-5 所示。

信息	结果1	概况	状态											
Table	Non_unique	Key_name	Seq_in_index	Column_name	Collation	Cardinality	Sub_part	Packed	Null	Index_type	Comment	Index_comment	Visible
comments1	0	PRIMARY	1	cmmid	A	0	(Null)	(Null)		BTREE			YES
comments1	1	IN_cstid	1	cstid	A	0	(Null)	(Null)		BTREE			NO

图 6-5　查看 comments1 表的索引情况

默认情况下索引是可见的。不可见索引适用于除主键以外的索引,从显示结果中的 Visible 列可以看出索引的可见性。创建 comments1 表的同时创建了两个索引,一个主键索引,索引名为 PRIMARY,该索引为可见的;一个普通索引,索引名为 IN_cstid,该索引为不可见的。

2. 使用 CREATE INDEX 语句创建索引

在已存在的表上,可以通过 CREATE INDEX 语句直接为表上的一个或几个列创建索引,其基本语法格式如下所示。

```
CREATE [UNIQUE | FULLTEXT | SPATIAL] INDEX index_name
    ON table_name ( column_name [(length)] [ASC | DESC]);
```

语法说明:所有关键字和参数同创建表时创建索引的语法保持一致。

【例 6-7】　在图书销售数据库 booksale 的 books 表中,为 unitprice 列创建普通索引,索引名为 IN_unitprice,该索引按 unitprice 列降序排列。

```
CREATE INDEX IN_unitprice ON books(unitprice DESC);
```

【例 6-8】 在图书销售数据库 booksale 的 books 表中,为 isbn 列创建唯一性索引,索引名为 UN_isbn,该索引按 isbn 列升序排列。

```
CREATE UNIQUE INDEX UN_isbn ON books(isbn);
```

【例 6-9】 在图书销售数据库 booksale 的 books 表中,为 title 列创建全文索引,索引名为 FT_title。

```
CREATE FULLTEXT INDEX FT_title ON books(title);
```

【例 6-10】 在图书销售数据库 booksale 的 books 表中,为 isbn 列的前 12 个字符和 unitprice 列创建复合索引,索引名为 FH_isbn_unitprice,该索引按 isbn 列的前 12 个字符升序排列,值相同时再按 unitprice 列降序排列。

```
CREATE INDEX FH_isbn_unitprice ON books(isbn(12),unitprice DESC);
```

books 表现存在如下索引:PRIMARY 是主键索引,UN_isbn 是唯一性索引,IN_unitprice 是普通索引,FH_isbn_unitprice 是复合索引,FT_title 是全文索引。

【例 6-11】 在图书销售数据库 booksale 的 test 表中,为 g 列创建空间索引,索引名为 SP_g。

```
CREATE SPATIAL INDEX SP_g ON test(g);
```

【例 6-12】 在图书销售数据库 booksale 的 comments1 表中,为 bookid 列创建不可见索引,索引名为 IN_bookid。

```
CREATE INDEX IN_bookid ON comments1(bookid) INVISIBLE;
```

【例 6-13】 在图书销售数据库 booksale 的 orders 表中,为 orderdate 列创建函数索引,当按月份检索时,可以使用索引提高检索效率,索引名为 fun_orderdate,然后查看 orders 表的索引情况;使用 EXPLAIN 语句查看索引是否被使用。

```
CREATE INDEX fun_orderdate ON orders((MONTH(orderdate)));
SHOW INDEX FROM orders;
```

查看索引命令,执行结果如图 6-6 所示。

函数索引实际上是通过隐藏的虚拟列来实现的,函数 MONTH(orderdate)的结果即为虚拟列,按该虚拟列的值建立索引,索引名为 fun_orderdate。只有在列上可以使用的函数才被允许构建函数索引,且主键、空间索引和全文索引不能被包含在函数索引中。

信息	结果1	概况	状态

Table	Non_unique	Key_name	Seq_in_index	Column_name	Collation	Cardinality	Sub_part	Packed	Null	Index_type	Comment	Index_comment	Visible	Expression
orders	0	PRIMARY	1	orderid	A	6	(Null)	(Null)		BTREE			YES	(Null)
orders	1	fun_orderdate	1	(Null)	A	2	(Null)	(Null)	YES	BTREE			YES	month(`orderdate`)

图 6-6　查看 orders 表的索引情况

```
EXPLAIN SELECT * FROM orders WHERE MONTH(orderdate) = 4;
```

　　EXPLAIN 命令的执行结果中,possible_keys 列和 key 列的值都是 fun_orderdate,说明 fun_orderdate 索引已经存在,而且已经开始起作用。

3. 使用 ALTER TABLE 语句创建索引

　　在已存在的表上,可以通过 ALTER TABLE 语句为表上的一个或几个列创建索引。其基本语法格式如下所示。

```
ALTER TABLE table_name
ADD [UNIQUE | FULLTEXT | SPATIAL] INDEX [index_name](column_name [(length)] [ASC | DESC]);
```

　　语法说明: 所有关键字和参数同创建表时创建索引的语法保持一致。

　　【例 6-14】　在图书销售数据库 booksale 的 customers 表中,为 emailaddress 列创建普通索引,只索引 emailaddress 列的前 10 个字符,索引名为 IN_emailaddress。

```
ALTER TABLE customers ADD INDEX IN_emailaddress(emailaddress(10));
```

　　【例 6-15】　在图书销售数据库 booksale 的 categories 表中,为 ctgcode 列创建唯一性索引,索引名为 UN_cgtcode,该索引按 ctgcode 列降序排列。

```
ALTER TABLE categories ADD UNIQUE INDEX UN_ctgcode(ctgcode DESC);
```

　　【例 6-16】　在图书销售数据库 booksale 的 customers 表中,为 cstname 列创建全文索引,索引名为 FT_cstname。

```
ALTER TABLE customers ADD FULLTEXT INDEX FT_cstname(cstname);
```

　　【例 6-17】　在图书销售数据库 booksale 的 books1 表中,为 ctgcode 列、unitprice 列和 author 列创建复合索引,索引名为 FH_ctgcode_unitprice_author。该索引按 ctgcode 列降序排列,ctgcode 相同的按 unitprice 列升序排列,unitprice 列相同的按 author 列升序排列。

```
ALTER TABLE books1
    ADD INDEX FH_ctgcode_unitprice_author(ctgcode DESC,unitprice ASC,author);
```

　　【例 6-18】　在图书销售数据库 booksale 的 test2 表中,为 g 列创建空间索引,索引名为 SP_g。

```
ALTER TABLE test2 ADD SPATIAL INDEX SP_g(g);
```

【例 6-19】　在图书销售数据库 booksale 的 comments1 表中，为 rating 列创建不可见索引，索引名为 IN_rating。

```
ALTER TABLE comments1 ADD INDEX IN_rating (rating) INVISIBLE;
```

【例 6-20】　在图书销售数据库 booksale 的 categories 表中，为 ctgcode 列创建函数索引，当通过该列检索时，无论值为大写还是小写均可检索，索引名为 fun_ctgcode。使用 EXPLAIN 语句查看索引是否被使用。

```
ALTER TABLE categories ADD INDEX fun_ctgcode((UPPER(ctgcode)));
EXPLAIN SELECT * FROM categories WHERE UPPER(ctgcode) = 'COMPUTER';
```

possible_keys 列和 key 列的值都是 fun_ctgcode，说明 fun_ctgcode 索引已经存在，而且已经开始起作用。

6.1.4　修改索引可见性

MySQL 8.0 版本支持不可见索引(Invisible Indexes)，也就是优化器未使用的索引，无法使用不可见索引对查询进行优化。在一张大表上创建和删除索引是有高额成本的，有时候需要测试一个索引是否有效，这时可以临时删除索引，对比索引存在与否对查询的性能影响。使用索引不可见的特性，就能避免索引被真正删除，在需要的时候，把索引设置为可见即可，避免了索引真正删除和再次创建带来的影响。

默认情况下，索引可见。修改索引可见性的基本语法格式如下所示。

```
ALTER TABLE table_name
    ALTER INDEX index_name INVISIBLE | VISIBLE;
```

语法说明如下。
- table_name 是要修改索引的数据表名。
- index_name 是要修改的索引的索引名。
- INVISIBLE | VISIBLE 用来设定索引的可见性，INVISIBLE 表示不可见，VISIBLE 表示可见。

【例 6-21】　在图书销售数据库 booksale 的 comments1 表中，将名为 IN_rating 的索引改为可见索引。

```
ALTER TABLE comments1 ALTER INDEX IN_rating VISIBLE;
```

【例 6-22】　在图书销售数据库 booksale 的 customers 表中，将名为 IN_emailaddress 的索引改为不可见索引。

```
ALTER TABLE customers ALTER INDEX IN_emailaddress INVISIBLE;
```

6.1.5　删除索引

在数据库调优过程中,可能会发现某些索引从未被使用过,或极少被使用,而这些索引会降低表的更新速度,为了提高数据库性能,需要将这些索引删除。删除索引可以收回索引所占用的存储空间。删除索引有两种方法:使用 DROP INDEX 语句删除索引、使用 ALTER TABLE 语句删除索引。

1. 使用 DROP INDEX 语句删除索引

对于已经存在的索引,可以通过 DROP INDEX 语句直接删除索引,其基本语法格式如下所示。

```
DROP INDEX index_name ON table_name;
```

语法说明如下。
- index_name 是要删除的索引的索引名。
- table_name 是索引所在的数据表的表名。

【例 6-23】　在图书销售数据库 booksale 中,先查看 books1 表的索引情况,然后删除名为 FH_ctgcode_unitprice_author 的索引,再次查看 books1 表的索引情况并进行对比。

```
SHOW INDEX FROM books1;
DROP INDEX FH_ctgcode_unitprice_author ON books1;
SHOW INDEX FROM books1;
```

删除前查看索引命令,结果显示有三个索引,一个是名为 PRIMARY 的主键索引,一个是名为 FT_title 的全文索引,一个是名为 FH_ctgcode_unitprice_author 的索引。删除指定索引后再查看索引,结果只有前两个索引了,可以看出指定索引被成功删除了。

2. 使用 ALTER TABLE 语句删除索引

在已存在的表上,可以通过 ALTER TABLE 语句删除表上各种类型的索引。其基本语法格式如下所示。

```
ALTER TABLE table_name
    DROP INDEX index_name;
```

语法说明如下。
- table_name 是索引所在的数据表的表名。
- index_name 是要删除的索引的索引名。

【例 6-24】　在图书销售数据库 booksale 的 categories 表中,删除名为 UN_ctgcode 的索引。

```
ALTER TABLE categories DROP INDEX UN_ctgcode
```

如果从表中删除了列,则索引可能会受到影响。如果所删除的列为索引的组成部分,则该列也会从索引中删除。如果组成索引的所有列都被删除,则整个索引将被删除。

视频讲解

6.2　数据完整性

6.2.1　数据完整性定义

数据完整性就是指存储在数据库中的数据的准确性和一致性。数据库中的数据是由外界输入的,由于各种原因,数据的输入可能不符合要求,这样可能会造成数据不正确或不一致。强制数据完整性可保证数据库中数据的质量。

例如:如果输入了顾客编号 cstid 值为 1 的顾客,则数据库不允许其他顾客拥有同值的编号;如果图书国际标准书号 isbn 列必须输入,则数据库将不接受空值的录入;如果表有一个存储图书类别编号的 ctgcode 列,则数据库应只允许接受有效的图书类别编号的值。

📖 提示:如果数据库中存储了不正确的数据值,则称该数据库已丧失数据完整性。

6.2.2　数据完整性类型

系统提供了数据完整性设计,按照其作用的对象和范围的不同,数据完整性分为四种类型:实体完整性、域完整性、参照完整性和用户定义完整性。

1. 实体完整性

实体完整性(Entity Integrity)也称为行完整性。实体完整性将行定义为特定表的唯一实体,要求表中不能有重复的行存在。强制实体完整性可以通过以下方法实现。

(1) 主键约束(PRIMARY KEY)。例如:在图书表 books 中,图书号 bookid 列取值唯一且非空,通过该方法可以保证 bookid 列唯一标识表中的每条信息。

(2) 唯一性约束(UNIQUE)。例如:在图书表 books 中,图书国际标准书号 isbn 列取值唯一但可为空,通过该方法可以保证 isbn 列的取值在每个记录中的唯一性。

(3) 自增约束(AUTO_INCREMENT)。例如:在图书表 books 中,书号 bookid 列可以由系统自动生成唯一的 ID。

2. 域完整性

域完整性(Domain Integrity)也称为列完整性。域完整性是指给限定列输入时的有效性限制,它反映了特定域(也就是特定的列)的规则。强制域完整性可以通过以下方法实现。

(1) 数据类型。例如:在订单表 orders 中,订购日期 orderdate 列定义为 datatime 类型,通过该方法可以限制数据的类型,从而控制数据输入的有效性。

(2) 检查约束(CHECK)。例如:在图书表 books 中,单价 unitprice 列要求的取值范围为 0~200,通过该方法可以限制列的取值范围。

(3) 默认值约束(DEFAULT)。例如:在顾客表 customers 中,登录密码 password 列默认值设为 12345678,通过该方法可以初始化列。

(4) 非空约束(NOT NULL)。例如:在图书表 books 中,书名 title 列不允许输入 NULL 值,通过该方法可以控制数据的取值非空。

3. 参照完整性

参照完整性(Referential Integrity)也称为引用完整性。参照完整性用于保证相关数据表中数据的一致性,进而保证主键(在被参考表中)和外键之间的关系总能得到维护。强制参照完整性可以通过以下方法实现。

(1) 外键约束(FOREIGN KEY)。例如：图书表 books 中的类别代号 ctgcode 列的取值要参照图书种类表 categories 中的 ctgcode 列，如图 6-7 所示，通过该方法可以保证数据的一致性。

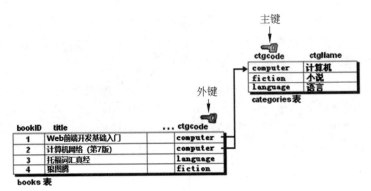

图 6-7　参照完整性

如果被参考表中的一行被一个外键所参考，那么这一行数据便不能直接被删除，用户也不能直接修改主键值。例如：如果图书种类表 categories 中的类别代号 ctgcode 列中的某个值被图书表 books 中 ctgcode 列所参考，图书种类表 categories 中的 ctgcode 列被引用的值就不能修改，该记录也不能被删除。

(2) 存储过程。例如：定义一个存储过程，删除订单表 orders 中指定订单时，订单项目表 orderitems 中该订单的所有记录同步删除，这样可以实现级联删除，保证两表数据的一致性。

(3) 触发器。例如：定义一个触发器，触发条件是当向图书表 books 插入记录时，新记录的类别代号 ctgcode 必须在类别表 categories 中存在，这样可以保证图书表的类别代码和类别表的类别代码的数据一致性。

4. 用户定义完整性

以上三种数据完整性约束能够实现数据库中大部分数据完整性，但总有一些约束条件是不能用以上三种数据完整性约束来实现的，因此用户需根据实际应用中的需求而自行定义的数据完整性，称为用户定义完整性(User-defined Integrity)。所有完整性类别都支持用户定义完整性，这包括 CREATE TABLE 中所有列级约束和表级约束、存储过程以及触发器。

视频讲解

6.3　约束

约束从字面上来看就是受到限制，它是附加在表上，通过限制列中、行中、表之间数据来保证数据完整性的一种数据库对象。

在 MySQL 中，有多种约束，可按以下不同方式进行分类。

* 按约束的应用范围不同，约束可分为列级约束和表级约束。列级约束是数据表中列定义的一部分，只能作用于表中的一列；表级约束独立于列定义之外，作用于表中

的多列。当一个约束中必须包含多个列时,必须使用表级约束。

- 按约束的作用不同,约束可分为主键约束(PRIMARY KEY)、唯一性约束(UNIQUE)、外键约束(FOREIGN KEY)、默认值约束(DEFAULT)、非空约束(NOT NULL)、自增特性(AUTO_INCREMENT)和检查约束(CHECK)。

　　📖提示:给约束定义的名称,称之为约束名。约束名可以由用户自己指定,也可由系统指定。对于约束名的命名推荐为 type_table_column,其中 type 表示约束的类型,table 为表名,column 为列名,例如:PK_books_bookID 表示在图书表 books 的 bookID 列上创建了主键约束。

　　约束创建的时机,分为以下两种。

(1) 在建表的同时创建约束。

(2) 建表后(修改表)创建约束。

6.3.1　主键约束

　　主键约束(PRIMARY KEY)是在表中定义一个主键来唯一确定表中的每一行记录。主键可以定义在单列上,也可以定义在多列上。该约束通过主键索引来强制实体完整性。

　　主键约束具有以下特点。

- 每个表最多只能定义一个主键约束,外键约束使用它作为维护数据完整性的参考点。
- 主键约束所在列不允许输入重复值。如果主键约束由两个或两个以上的列组成,则该组合的取值不重复。
- 在主键约束中定义的所有列都必须定义为非空(NOT NULL)。
- 主键约束名总为 PRIMARY,所以不需要指定约束名。
- 主键约束在指定的列上创建了一个主键索引,索引名默认为 PRIMARY。
- 关系模型理论要求为每个表定义一个主键,但 MySQL 并没有这样的要求,可以创建一个没有主键的表,但是从安全角度考虑应该为每个表指定一个主键。

　　当在一个已经存放了数据的表上增加主键约束时,MySQL 会自动对表中的数据进行检查,以确保这些数据能够满足主键约束的要求,即设定主键约束的列的所有数据值必须唯一,否则系统会返回错误信息,并拒绝执行增加约束的操作。

　　主键约束的基本语法格式如下所示。

```
PRIMARY KEY[(column[,...n])]
```

　　语法说明如下。

- 如果定义的是列级约束,则不需要指定列名 column,只需在列定义的后面加上 PRIMARY KEY。
- 如果定义的是表级约束,则需要指定主键所在列名,在表定义语句后,加上该子句。

　　📖提示:创建主键约束时系统会自动创建一个主键索引,该索引不同于手工创建的索引,不能使用 DROP INDEX 语句直接删除,只有删除主键约束,才能删除其相应的索引。

　　如果有外键约束正在参考主键约束中的数据,那么这些主键约束中的数据便不能被修改,也不能被删除。但是,如果在创建外键约束时,指定了级联操作子句,就可以修改或删除主键约束中的数据了。

1. 创建数据表时添加主键约束

在创建数据表时可以将一列或多列的组合设置为主键约束,该约束由系统提供主键约束名 PRIMARY,因此即便人工设置约束名的命令可以成功运行,但系统仍然将 PRIMARY 作为主键约束名。

【例 6-25】 在图书销售数据库 booksale 中创建图书表 books2,其中将 bookid 列设置为主键,然后查看约束信息及索引情况。

```
CREATE TABLE books2(
    bookid INT PRIMARY KEY,
    title VARCHAR(50) NOT NULL,
    isbn CHAR(17) NOT NULL,
    author VARCHAR(50),
    unitprice DECIMAL(6,2),
    ctgcode VARCHAR(20));
SELECT * FROM information_schema.TABLE_CONSTRAINTS WHERE TABLE_NAME = 'books2';
SHOW INDEX FROM books2;
```

可以从 information_schema 架构下的系统表查看约束。其中 CONSTRAINT_NAME 列为约束名,CONSTRAINT_TYPE 列为约束类型。创建 books2 表的同时创建了一个主键约束,这个主键约束是一个列级约束,默认的主键约束名为 PRIMARY,约束类型为 PRIMARY KEY。创建该主键约束的同时还创建了一个主键索引,索引和约束同名为 PRIMARY,索引关键字是 bookid。

输入以下数据进行验证。

```
INSERT INTO books2 VALUES (1, 'Web前端开发基础入门', '978 - 7 - 3025 - 7626 - 6', '张颖', 65.00,
'computer');
```

数据正常插入,再输入以下数据进行验证。

```
INSERT INTO books2 VALUES (1, '计算机网络(第 7 版)', '978 - 7 - 1213 - 0295 - 4', '谢希仁', 49.00,
'computer');
```

插入失败,提示错误信息: [Err] 1062-Duplicate entry '1' for key 'books2. PRIMARY'。因为 bookid 的值"1"是重复的,违反了主键约束。

【例 6-26】 在图书销售数据库 booksale 中创建订单项目表 orderitems2,该表的主键约束设置在 orderid 和 bookid 两列上,然后查看约束信息及索引情况。

```
CREATE TABLE orderitems2(
    orderid INT NOT NULL,
    bookid INT NOT NULL,
    quantity INT NOT NULL,
```

```
    price DECIMAL(6,2),
    PRIMARY KEY(orderid, bookid));
SELECT * FROM information_schema.TABLE_CONSTRAINTS WHERE TABLE_NAME = 'orderitems2';
SHOW INDEX FROM orderitems2;
```

创建 orderitems2 表的同时创建了一个主键约束,这个主键约束是一个表级约束,默认的主键约束名为 PRIMARY,约束类型为 PRIMARY KEY。创建该主键约束的同时还创建了一个主键索引,索引和约束同名为 PRIMARY,索引第一关键字是 orderid,第二关键字是 bookid。

输入以下数据进行验证。

```
INSERT INTO orderitems2 VALUES (1, 1, 1, 60.00);
INSERT INTO orderitems2 VALUES (1, 2, 1, 45.50);
```

插入成功,因为主键建立在 orderid 和 bookid 两列上,因此只有 orderid 列值相同或 bookid 列值相同不违反主键约束,只有 orderid 和 bookid 两列上的值都重复时,才会违反主键约束,导致插入失败。

2. 修改数据表时添加主键约束

如果创建数据表时没有指定主键约束,可以在修改数据表时设置主键约束。

【例 6-27】　在图书销售数据库 booksale 的表 categories 中,为 ctgcode 列添加主键约束。

```
ALTER TABLE categories ADD PRIMARY KEY(ctgcode);
```

系统默认的主键约束名为 PRIMARY。若 categories 表的 ctgcode 列所有取值均唯一,则主键约束可以成功建立,否则将会创建失败。

📖提示:在修改表时添加主键需要注意,由于表中已经存在数据,若设置主键的列存在违反实体完整性的情况,则主键约束无法创建成功。

3. 删除主键约束

一个表只允许有一个主键约束,对于已存在的主键约束,可以修改或删除它。例如:要将其他列或列组合设为主键约束,必须先删除现有的主键约束,然后再重新创建。

【例 6-28】　在图书销售数据库 booksale 的表 categories 中,删除现有的主键约束。

```
ALTER TABLE categories DROP PRIMARY KEY;
```

主键约束删除的同时,自动生成的主键索引也同步删除。

6.3.2　唯一性约束

唯一性约束(UNIQUE)是用来保证数据表中的一列或多列中的数据是唯一的。该约束通过唯一性索引来强制实体完整性。当表中已经存在主键约束时,如果需要在其他列上实现实体完整性,由于一个表中只能有一个主键约束,因此可以通过创建唯一性约束来实现。

当在一个已经存放了数据的表上增加唯一性约束时，MySQL 会自动对表中的数据进行检查，以确保这些数据能够满足唯一性约束的要求，即设定唯一性约束的列除 NULL 外，所有数据的值必须唯一，否则系统会返回错误信息，并拒绝执行增加约束的操作。

唯一性约束具有以下特点。

- 每个表可以定义多个唯一性约束，且多个唯一性约束的列可以重合。
- 唯一性约束所在列不允许输入重复值。如果唯一性约束由两个或两个以上的列组成，则该组合的取值不重复。
- 唯一性约束所在列允许取空值，但必须用 NULL 声明。不过，当和参与唯一性约束的任何值一起使用时，每列只允许一个空值。
- 唯一性约束在指定的列上创建了一个唯一性索引。

📖 提示：主键约束和唯一性约束的区别是：一个表只允许建立一个主键约束，而唯一性约束可以建立多个；主键约束的关键列不允许取空值，而唯一性约束的关键列允许取空值；主键约束默认创建的是主键索引，唯一性约束默认创建的是唯一性索引。

唯一性约束的基本语法格式如下所示。

```
[CONSTRAINT [constraint_name]] UNIQUE (column[,...n])
```

语法说明如下。

- constraint_name 是可选选项，用于指定约束的名称。如果用户没有提供约束名称，系统将会自动生成一个以被约束列名命名的约束名称。约束名称最大长度为 64 个字符，而且区分大小写。
- UNIQUE 是定义唯一性约束的命令关键字。
- 如果定义的是列级约束，且不需要指定约束名，则不需要指定列名 column，只需在列定义的后面加上 UNIQUE。
- 如果定义的是表级约束，或是列级约束但要指定约束名，则需要指定唯一性约束所在列名，在表定义语句后，加上该子句。

1. 创建数据表时添加唯一性约束

在创建数据表时可以为一列或多列的组合设置唯一性约束，该约束可由系统提供唯一性约束名，也可由用户指定唯一性约束名。

【例 6-29】 在图书销售数据库 booksale 中创建图书类别表 categories2，为 ctgcode 列创建唯一性约束，然后查看约束信息及索引情况。

```
CREATE TABLE categories2(
    ctgcode VARCHAR(20) NOT NULL UNIQUE,
    ctgname VARCHAR(50) NOT NULL);
SELECT * FROM information_schema.TABLE_CONSTRAINTS WHERE TABLE_NAME = 'categories2';
SHOW INDEX FROM categories2;
```

创建 categories2 表的同时创建了一个唯一性约束，这个唯一性约束是一个列级约束，默认的约束名为被约束列名 ctgcode，约束类型为 UNIQUE。创建该唯一性约束的同时还创建了一个唯一性索引，索引和约束同名为 ctgcode，索引关键字是 ctgcode。

输入以下数据进行验证。

```
INSERT INTO categories2 VALUES ('computer', '计算机');
```

数据正常插入,再输入以下数据进行验证。

```
INSERT INTO categories2 VALUES ('computer', '信息');
```

插入失败,提示错误信息:

```
[Err] 1062 - Duplicate entry 'computer' for key 'categories2.ctgcode'
```

因为 ctgcode 的值'computer'是重复的,违反了唯一性约束。

【例 6-30】　在图书销售数据库 booksale 中创建顾客表 customers2,为 emailaddress 列设置唯一性约束,约束名为 UN_customers2_emailaddress,然后查看约束信息及索引情况。

```
CREATE TABLE customers2(
    cstid INT PRIMARY KEY,
    cstname VARCHAR(20) NOT NULL,
    emailaddress VARCHAR(50) NOT NULL ,
    password VARCHAR(50) NOT NULL,
    CONSTRAINT UN_customers2_emailaddress UNIQUE(emailaddress));
SELECT * FROM information_schema.TABLE_CONSTRAINTS WHERE TABLE_NAME = 'customers2';
SHOW INDEX FROM customers2;
```

创建 customers2 表的同时创建了一个主键约束和一个唯一性约束,这两个约束都是列级约束,主键约束名为系统默认的约束名 PRIMARY,约束类型为 PRIMARY KEY,唯一性约束名为指定的约束名 UN_customers2_emailaddress,约束类型为 UNIQUE。创建该主键约束的同时还创建了一个主键索引,索引和约束同名为 PRIMARY,索引关键字是 cstid。创建该唯一性约束的同时还创建了一个唯一性索引,索引和约束同名为 UN_customers2_emailaddress,索引关键字是 emailaddress。

2. 修改数据表时添加唯一性约束

如果创建数据表时没有指定唯一性约束,可以在修改数据表时设置唯一性约束。

【例 6-31】　在图书销售数据库 booksale 的表 books2 中,为 isbn 列设置唯一性约束。

```
ALTER TABLE books2 ADD CONSTRAINT UNIQUE(isbn);
SELECT * FROM information_schema.TABLE_CONSTRAINTS WHERE TABLE_NAME = 'books2';
```

默认的约束名为被约束列名 isbn。若 books2 表的 isbn 列所有取值均唯一,则唯一性约束可以成功建立,否则将会创建失败。

📖提示:在修改表时添加唯一性约束需要注意,由于表中已经存在数据,若设置唯一性约束的列存在违反实体完整性的情况,则唯一性约束无法创建成功。

3. 删除唯一性约束

一个表可以含有多个唯一性约束,对于已存在的唯一性约束,可以修改或删除它。若要修改唯一性约束,必须先删除现有的唯一性约束,然后再重新创建。

【例 6-32】 在图书销售数据库 booksale 的表 books2 中,删除唯一性约束。

```
ALTER TABLE books2 DROP INDEX isbn;
```

唯一性约束删除的同时,自动生成的唯一性索引也同步删除。

6.3.3　外键约束

外键约束(FOREIGN KEY)是指用于建立和加强两个表之间的连接的一列或多列,即在某一列或多列的组合上定义外键约束,这些列值参考某个表中的主键约束列。该约束强制参考完整性。

定义主键约束的表称之为主键表或父表,定义外键约束的表称之为外键表或子表,外键表的被约束列的取值必须是主键表的被约束列的值或为空。

外键约束具有以下特点。

- 每个表可以定义多个外键约束。
- 临时表不能创建外键约束。
- 外键表中被约束的列必须和主键表中被约束的列数据类型一致、长度一致。
- 外键约束将自动创建索引。
- 外键约束的主要目的是控制可以存储在外键表中的数据,但它还可以控制对主键表中数据的更改。
- 根据参照动作,可以控件父表数据的删除。

外键约束的基本语法格式如下所示。

```
[CONSTRAINT [constraint_name]]
FOREIGN KEY [index_name](column[,...n]) REFERENCES ref_table(ref_col[,...n])
    [ON DELETE {RESTRICT | CASCADE | SET NULL | NO ACTION | SET DEFAULT}]
    [ON UPDATE {RESTRICT | CASCADE | SET NULL | NO ACTION | SET DEFAULT}]
```

语法说明如下。

- constraint_name 是可选选项,用于指定约束的名称。如果用户没有提供约束名称,系统将会自动生成一个以表名开头、加上"_ibfk_"以及一个数字编号(1,2,3,…)组成的约束名字。约束名称最大长度为 64 个字符,而且区分大小写。
- FOREIGN KEY 是定义外键约束的命令关键字。
- REFERENCES 用于指定该外键参考哪个父表中的哪个主键列或候选键列。
- ON DELETE 和 ON UPDATE 选项是通过使用级联参照完整性约束,定义当用户试图删除或更新现有外键指向的键时,数据库引擎将执行以下操作。
  - ➢ RESTRICT 表示拒绝对父表进行删除或更新操作。
  - ➢ CASCADE 表示如果在父表中删除或更新了一行,则将在引用表中删除或更新相应的行,即级联删除或级联更新。如果 timestamp 列是外键或被引用键的一部分,则不能指定 CASCADE。
  - ➢ SET NULL 表示如果删除或更新了父表中的相应行,则会将构成外键的所有值设置为 NULL。若要执行此约束,外键列必须可为空值。

➤ NO ACTION 与 RESTRICT 的作用相同,它是标准的 SQL 关键字。

➤ SET DEFAULT 表示如果删除或更新了父表中的相应行,则会将构成外键的所有值
设置为它们的默认值。若要执行此约束,外键列必须具有默认值定义。如果某个列
可为空值,并且未设置显式的默认值,则会使用 NULL 作为该列的隐式默认值。

1. 创建数据表时添加外键约束

在创建数据表时可以添加外键约束。

【例 6-33】 在图书销售数据库 booksale 中创建评论表 comments2,为 cstid 列添加外
键约束,该列的取值要参考 customers 表中的 cstid 列,为 bookid 列添加外键约束,该列的
取值要参考 books 表中的 bookid 列,该约束名为 FK_books_comments2_bookid,然后查看
约束和索引的情况。

```
CREATE TABLE comments2(
    cmmid INT NOT NULL,
    cstid INT NOT NULL REFERENCES customers(cstid),
    rating TINYINT NOT NULL,
    comment VARCHAR(200) NOT NULL,
    bookid INT NOT NULL,
    CONSTRAINT FK_books_comments2_bookid FOREIGN KEY(bookid) REFERENCES books(bookid)
);
SELECT * FROM information_schema.TABLE_CONSTRAINTS WHERE TABLE_NAME = 'comments2';
SHOW INDEX FROM comments2;
```

📖注意:必须先创建父表 books,且 books 表的 bookid 列是主键,再创建子表 comments2。
对外键约束来说,虽然支持列级约束的创建语法,但实际上没有效果,因此在 cstid 列上
创建外键约束的写法无法成功地创建外键约束,而在 bookid 列上创建外键约束的写法可以
成功地创建外键约束。因此在创建 comments2 表的同时创建了一个外键约束,这个外键约
束的约束名为指定约束名 FK_books_comments2_bookid,约束类型为 FOREIGN KEY。

创建该外键约束的同时还创建了一个索引,索引名同约束名为 FK_books_comments2_
bookid,索引关键字是 bookid。

2. 修改数据表时添加外键约束

如果创建数据表时没有指定外键约束,可以在修改数据表时设置外键约束。如果已经
创建了外键约束,但是没有加上级联功能,则需要先将该外键约束删除,然后重新建立外键
约束时添加级联功能。

【例 6-34】 在图书销售数据库 booksale 的表 comments2 中,为 cstid 列添加外键约束,
该列的取值要参考 customers 表中的 cstid 列。如果删除或更新了 customers 表中的一条
记录,则 comments2 表相关的记录也相应删除或更新,然后查看约束和索引的情况。

```
ALTER TABLE comments2
    ADD CONSTRAINT FOREIGN KEY(cstid) REFERENCES customers (cstid)
    ON DELETE CASCADE ON UPDATE CASCADE;
SELECT * FROM information_schema.TABLE_CONSTRAINTS WHERE TABLE_NAME = 'comments2';
SHOW INDEX FROM comments2;
```

命令中未指定约束名,因此约束名由系统自动生成,名为"comments2_ibfk_1"。创建该外键约束的同时还创建了一个索引,当不指定约束名时自动生成的索引名为外键约束的列名 cstid,索引关键字是 cstid。

3. 删除外键约束

一个表可以含有多个外键约束,对于已存在的外键约束,可以修改或删除它。若要修改外键约束,必须先删除现有的外键约束,然后再重新创建。

【例 6-35】 在图书销售数据库 booksale 的表 comments2 中,删除约束名为"comments2_ibfk_1"的外键约束。查看约束和索引的情况。

```
ALTER TABLE comments2 DROP FOREIGN KEY comments2_ibfk_1;
SELECT * FROM information_schema.TABLE_CONSTRAINTS WHERE TABLE_NAME = 'comments2';
SHOW INDEX FROM comments2;
```

指定的外键约束已经删除,但外键约束创建时生成的索引不会自动删除。

6.3.4 默认值约束

默认值约束(DEFAULT)通过设置默认值来强制域完整性。在表中的某个列上定义了默认约束后,当插入新的数据行时,如果没有为该列指定数据,则系统将默认值赋值给该列。

默认值约束具有以下特点。

- 表中的每个列上只能定义一个默认约束。
- 默认值只能是常量值和 CURRENT_TIMESTAMP(返回当前的日期和时间)。
- 默认值不能参照于其他列或其他表的值。

默认值约束的基本语法格式如下所示。

```
[SET] DEFAULT constant_expression
```

语法说明如下。

- SET 是可选选项,当向已有的表中添加默认值约束时使用的命令关键字;新建表中添加默认值约束时不用该关键字。
- DEFAULT 是定义默认值约束的命令关键字。
- constant_expression 是默认值的常量表达式。此表达式若为文本字符串,请用单引号(')将值括起来。
- 该约束只能为列级约束,只需在列定义的后面加上该子句。

1. 创建数据表时添加默认值约束

在创建数据表时可以为指定列设置默认值约束。

【例 6-36】 在图书销售数据库 booksale 中创建评论表 comments3,为 comment 列添加一个默认值约束,默认值设为 good。

```
CREATE TABLE comments3(
    cmmid INT NOT NULL,
    cstid INT NOT NULL,
```

```
        rating TINYINT NOT NULL,
        comment VARCHAR(200) NOT NULL DEFAULT 'good',
        bookid INT NOT NULL);
```

输入以下数据进行验证。

```
INSERT INTO comments3 VALUES (1, 1, 5, '', 1);
INSERT INTO comments3(cmmid, cstid, rating, bookid) VALUES (2, 2, 4, 2);
SELECT * FROM comments3;
```

第一条语句的 comment 列输入的空字符串（' '），所以显示为空白；第二条语句的 comment 列没有输入值，但是显示记录中该列的值为 good，说明该记录自动使用了 comment 列的默认值。

【例 6-37】 在图书销售数据库 booksale 中创建订单表 orders2，为 orderdate 列添加一个默认值约束，默认值设为创建时间。

```
CREATE TABLE orders2(
        orderid INT NOT NULL,
        orderdate TIMESTAMP DEFAULT CURRENT_TIMESTAMP,
        shipdate DATETIME DEFAULT NULL,
        cstid INT NOT NULL);
```

默认值只能是常量值和 CURRENT_TIMESTAMP，且 CURRENT_TIMESTAMP 只适合 timestamp 数据类型。创建 orders2 表的同时创建了两个默认值约束，orderdate 列设置默认值为 CURRENT_TIMESTAMP，shipdate 列设置默认值为空。

输入以下数据进行验证。

```
INSERT INTO orders2(orderid, cstid) VALUES (1, 3);
SELECT * FROM orders2;
```

order2 表中，orderdate 列显示当前系统日期，而 shipdate 列为空。

2. 修改数据表时添加默认值约束

如果创建数据表时没有指定默认值约束，可以在修改数据表时设置默认值约束。

【例 6-38】 在图书销售数据库 booksale 的表 customers 表中，为 password 列添加一个默认值约束，默认值设为"12345678"，然后查看表结构。

```
ALTER TABLE customers ALTER COLUMN password SET DEFAULT '12345678';
DESC customers;
```

3. 删除默认值约束

一个表可以含有多个默认值约束，对于已存在的默认值约束，可以修改或删除它。若要修改默认值约束，必须先删除现有的默认值约束，然后再重新创建。

【例 6-39】 在图书销售数据库 booksale 的表 comments3 表中，删除建立在 comment 列上的默认值约束。

```
ALTER TABLE comments3 ALTER comment DROP DEFAULT;
```

6.3.5 非空约束

非空约束(NOT NULL)将保证所有记录中该列都有值。在表中的某列上定义了非空约束后,当插入新数据行时,如果没有为该列指定数据,则数据库系统会报错。

非空约束具有以下特点。

- 列级约束,只能使用列级约束语法定义。
- 确保列值不允许为空。

📖提示：所有数据类型的值都可以是 NULL 值；空字符串不等于 NULL,0 也不等于 NULL。

非空约束的基本语法格式如下所示。

```
NOT NULL
```

语法说明如下。

- NOT NULL 是设置非空约束的命令关键字。
- 该约束只能为列级约束,只需在列定义的后面直接添加该关键字,不添加该关键字时默认为 NULL。

1. 创建数据表时添加非空约束

在创建数据表时可以为指定列设置非空约束。

【例 6-40】 在图书销售数据库 booksale 中创建图书类别表 categories3,为 ctgcode 列创建非空约束。

```
CREATE TABLE categories3(
    ctgcode VARCHAR(20) NOT NULL,
    ctgname VARCHAR(50));
```

输入以下数据进行验证。

```
INSERT INTO categories3 VALUES (NULL, '计算机');
```

插入失败,提示错误信息：[Err] 1048-Column 'ctgcode' cannot be null。因为 ctgcode 列的值是 NULL,违反了非空约束。

2. 修改数据表时添加非空约束

如果创建数据表时没有指定非空约束,可以在修改数据表时设置非空约束。

【例 6-41】 在图书销售数据库 booksale 的表 categories3 中,为 ctgname 列创建非空约束。

```
ALTER TABLE categories3 MODIFY ctgname VARCHAR(50) NOT NULL;
```

该方法既可改变列的数据类型,又可为列添加非空约束。

3. 删除非空约束

删除非空约束的方法其实就是修改数据表,为列设置属性 NULL。

【例 6-42】　在图书销售数据库 booksale 的表 categories3 中,删除 ctgname 列上的非空约束。

```
ALTER TABLE categories3 MODIFY ctgname VARCHAR(50) NULL;
```

6.3.6　自增约束

自增约束(AUTO_INCREMENT)是 MySQL 数据库中一个特殊的约束,其主要用于为表中插入的新记录自动生成唯一的 ID。

自增约束具有以下特点。

- 一个表只能有一个列使用自增约束,且该列必须是主键或主键的一部分。
- 自增列必须具备 NOT NULL 属性。
- 自增约束的列可以是任何整数类型(TINYINT、SMALLINT、INT、BIGINT 等)。
- 默认情况下自增列中的第一个值是 1,后续值自动加 1。如果用户设置了一个非 1 的初始值,后续值将在该值基础上自动加 1。
- 自增数据列序号的最大值受该列的数据类型约束,如 TINYINT 数据列的最大编号是 127,若加上 UNSIGNED,则最大为 255。一旦达到上限,自增就会失效。

自增约束的基本语法格式如下所示。

```
AUTO_INCREMENT [AUTO_INCREMENT = n]
```

语法说明如下。

- AUTO_INCREMENT 是设置自增约束的命令关键字,在列的后面直接添加该关键字。
- AUTO_INCREMENT＝n 是可选选项,用于设置自增的初始值,设置在表结构的外面。省略时表示从 1 开始自增。

1. 创建数据表时添加自增约束

在创建数据表时可以为主键或主键的部分列设置自增约束。

【例 6-43】　在图书销售数据库 booksale 中创建评论表 comments4,为 cmmid 列添加主键约束和自增约束,设置自增的初始值为 100。

```
CREATE TABLE comments4(
    cmmid INT NOT NULL PRIMARY KEY AUTO_INCREMENT,
    cstid INT NOT NULL,
    rating TINYINT NOT NULL,
    comment VARCHAR(200) NOT NULL,
    bookid INT NOT NULL) AUTO_INCREMENT = 100;
```

cmmid 列的自动增长值为 100、101、102 等,以 100 为起始值间隔为 1 这样增长。

2. 修改数据表时添加自增约束

如果创建数据表时没有指定自增约束,可以在修改数据表时设置自增约束。

【例 6-44】　在图书销售数据库 booksale 的表 books2 中,为 bookid 列创建自增约束。

```
ALTER TABLE books2 MODIFY bookid INT AUTO_INCREMENT;
```

前提是 bookid 列是主键或主键的一部分。

3. 删除自增约束

删除自增约束的方法其实就是修改数据表,去掉 AUTO_INCREMENT。

【例 6-45】　在图书销售数据库 booksale 的表 books2 中,删除 bookid 列上的自增约束。

```
ALTER TABLE books2 MODIFY bookid INT;
```

6.3.7　检查约束

检查约束(CHECK)是用来验证用户输入某一列的数据的有效性。该约束通过列中的值来强制域的完整性,它用来指定某列可取值的集合或范围。

检查约束具有以下特点。

- 每个表可以定义多个检查约束。
- 检查约束可以参考本表中的其他列。例如: 在订单表 orders 中,shipdate(发货日期)列可以引用 orderdate(订购日期)列,使得 shipdate 列的数据大于 orderdate 列的数据。
- 检查约束不能放在 AUTO_INCREMENT 属性的列上或数据类型为 timestamp 的列上,因为这两种列都是自动插入数据的。
- 当向设有检查约束的表中插入记录或更新记录时,该记录中的被约束列的值必须满足检查约束条件,否则无法录入。
- 可以为列级完整性约束,也可以为表级完整性约束。
- 检查约束在 MySQL 8.0.16 版本中才实现了自动对写入的数据进行约束检查。

检查约束的基本语法格式如下所示。

```
[CONSTRAINT [constraint_name]] CHECK (expr) [[NOT] ENFORCED]
```

语法说明如下。

- constraint_name 是可选选项,用于指定约束的名称。如果用户没有提供约束名称,系统将会自动生成一个以表名开头、加上"_chk_"以及一个数字编号(1,2,3,…)组成的约束名字。约束名称最大长度为 64 个字符,而且区分大小写。
- CHECK 是定义检查约束的命令关键字。
- expr 是一个布尔表达式,用于指定约束的条件。表中的每行数据都必须满足 expr 的结果为 TRUE 或 UNKNOWN(NULL)。如果表达式的结果为 FALSE,将会违反约束。
- ENFORCED 是可选的子句,用于指定是否强制该约束: 如果忽略或指定了 ENFORCED,创建并强制该约束; 如果指定了 NOT ENFORCED,创建但是不强制该约束,这也意味着约束不会生效。

1. 创建数据表时添加检查约束

在创建数据表时可以添加检查约束。

【例 6-46】 在图书销售数据库 booksale 中创建图书表 books3,其中 unitprice 列的取值范围在 0～200 元,ctgcode 列的取值只能是 computer 和 language。

```
CREATE TABLE books3(
    bookid INT PRIMARY KEY,
    title VARCHAR(50) NOT NULL,
    isbn CHAR(17) NOT NULL,
    author VARCHAR(50),
    unitprice DECIMAL(6,2) CHECK(unitprice BETWEEN 0 AND 200),
    ctgcode VARCHAR(20),
    CHECK(ctgcode IN('computer', 'language')));
SELECT * FROM information_schema.TABLE_CONSTRAINTS WHERE TABLE_NAME = 'books3';
```

创建 books3 表的同时创建了一个主键约束和两个检查约束,unitprice 列上的检查约束是一个列级约束,默认的约束名为 books3_chk_1,约束类型为 CHECK;ctgcode 列上的检查约束是一个表级约束,默认的约束名为 books3_chk_2,约束类型为 CHECK。

输入以下数据进行验证。

```
INSERT INTO books3 VALUES (1, 'Web 前端开发基础入门', '978 - 7 - 3025 - 7626 - 6', '张颖', 165.00,
'computer');
```

数据正常插入,再输入以下数据进行验证。

```
INSERT INTO books3 VALUES (2, '计算机网络(第 7 版)', '978 - 7 - 1213 - 0295 - 4', '谢希仁', 249.00,
'computer');
```

插入失败,提示错误信息:［Err］3819-Check constraint 'books3_chk_1' is violated.。因为 unitprice 列的值 249.00 不满足检查约束的表达式,违反了检查约束。

2. 修改数据表时添加检查约束

如果创建数据表时没有指定检查约束,可以在修改数据表时设置检查约束。

【例 6-47】 在图书销售数据库 booksale 的表 orders2 中,约定发货日期 shipdate 要在订购日期 orderdate 之后,因此为这两列设置检查约束。

```
ALTER TABLE orders2 ADD CONSTRAINT CHECK(shipdate > = orderdate);
```

若 books2 表的 shipdate 列取值均大于或等于 orderdate 列的取值,则检查约束可以成功建立,否则将会创建失败。

输入以下数据进行验证。

```
INSERT INTO orders2 VALUES (2, '2021 - 04 - 15 00:00:00', '2021 - 04 - 18 00:00:00', 1);
```

数据正常插入,再输入以下数据进行验证。

```
INSERT INTO orders2 VALUES (2, '2021 − 04 − 15 00:00:00', '2021 − 04 − 14 00:00:00', 1);
```

插入失败,提示错误信息:[Err] 3819 - Check constraint 'orders2_chk_1' is violated.。因为 shipdate 列的值"2021-04-14"小于 orderdate 列的值"2021-04-15",不满足检查约束的表达式,违反了检查约束。

3. 删除检查约束

一个表可以含有多个检查约束,对于已存在的检查约束,可以修改或删除它。若要修改检查约束,必须先删除现有的检查约束,然后再重新创建。

【例 6-48】　在图书销售数据库 booksale 的表 books3 中,删除建立在 ctgcode 列上的检查约束。

```
ALTER TABLE books3 DROP CHECK books3_chk_2;
```

6.4　可视化操作指导

📖注意:删除数据库 booksale 并重新创建该数据库。然后打开 Navicat for MySQL,连接到数据库服务器。表的结构请参考附录 A。

1. 索引的定义

定义图书表 books,在 bookid 列上创建主键索引、在 unitprice 列上创建普通索引,在 isbn 列上创建唯一性索引,在 title 列上创建全文索引,在 ctgcode 和 author 列上创建复合索引。

(1) 右击 booksale 数据库,在弹出的快捷菜单中选择"打开数据库"命令,右击"表"节点,在弹出的快捷菜单中选择"新建表"命令,打开新建表工作页。

(2) 在新打开的工作页中,单击"栏位"选项卡,在工作页中输入表的各个列的名称、数据类型以及是否允许空值。

(3) 单击图书编号列 bookid 前面的选择按钮选择该列,单击"主键"按钮 🔑 主键 ,将该列设置为表的主键,如图 6-8 所示,系统将自动在 bookid 列上创建主键索引。

栏位	索引	外键	触发器	选项	注释	SQL 预览

名	类型	长度	小数点	不是 null	
bookid	int	0	0	☑	🔑1
title	varchar	50	0	☑	
isbn	char	17	0	☑	
author	varchar	50	0	☐	
unitprice	decimal	6	2	☐	
ctgcode	varchar	20	0	☐	

图 6-8　图书表 books 设置主键

(4) 单击"索引"选项卡,在工作页中添加普通索引:在"名"中输入索引名 IN_unitprice,在"栏位"中单击,再单击右侧的按钮 ⋯ ,弹出对话框,单击选中 unitprice 列前面的复选按钮,单击"确定"按钮返回索引创建界面,在"索引类型"下拉列表中选择 Normal,在

"索引方法"中选择 BTREE,则在 unitprice 列上创建了普通索引,如图 6-9 所示。

栏位	索引	外键	触发器	选项	注释	SQL 预览
名		栏位		索引类型		索引方法
I IN_unitprice		unitprice		Normal		BTREE

图 6-9　创建普通索引

(5) 单击"添加索引"按钮 添加索引,在新添加的一行中设置唯一性索引:在"名"中输入索引名 UN_isbn,在"栏位"中单击,再单击右侧的按钮 …,在弹出的对话框中单击选中 isbn 列前面的复选按钮,单击"确定"按钮返回索引创建界面,在"索引类型"下拉列表中选择 Unique,在"索引方法"中选择 BTREE,则在 isbn 列上创建了唯一性索引。

(6) 单击"添加索引"按钮 添加索引,在新添加的一行中设置复合索引:在"名"中输入索引名 FH_ctgcode_author,在"栏位"中单击,再单击右侧的按钮 …,在弹出的对话框中单击选中 author 列和 ctgcode 列前面的复选按钮,选择 author 行,单击对话框下面的调整顺序按钮 ,将 author 列放置在 ctgcode 列的下方,如图 6-10 所示,单击"确定"按钮返回索引创建界面,在"索引类型"下拉列表中选择 Normal,在"索引方法"中选择 BTREE,则在 ctgcode 列和 author 列上创建了复合索引,第一索引关键字为 ctgcode 列。

图 6-10　设置索引关键字的顺序

(7) 单击"添加索引"按钮 添加索引,在新添加的一行中设置全文索引:在"名"中输入索引名 FT_title,在"栏位"中单击,再单击右侧的按钮 …,在弹出的对话框中单击选中 title 列前面的复选按钮,单击"确定"按钮返回索引创建界面,在"索引类型"下拉列表中选择 Full Text,则在 title 列上创建了全文索引。

(8) 创建的索引如图 6-11 所示。单击"保存"按钮,在弹出的"表名"对话框中将表命名为 books,单击"确定"按钮保存该表。

(9) 关闭创建图书表 books 的工作页。

提示:如果要修改表中的索引,在左侧窗口中右击要修改索引的表,在弹出的快捷菜单中选择"设计表"命令,打开定义表结构工作页,选择"索引"选项卡,在该工作页中直接修改索引即可。修改索引以后单击"保存"按钮保存对表的修改,然后关闭该工作页。

栏位	索引	外键	触发器	选项	注释	SQL 预览

名	栏位	索引类型	索引方法
IN_unitprice	unitprice	Normal	BTREE
UN_isbn	isbn	Unique	BTREE
FH_ctgcode_author	ctgcode, author	Normal	BTREE
FT_title	title	Full Text	

图 6-11　创建的各种索引

如果要删除索引,在左侧窗口中右击要删除索引的表,在弹出的快捷菜单中选择"设计表"命令,打开定义表结构工作页,选择"索引"选项卡,在该工作页中选择要删除的索引所在行,单击"删除索引"按钮,在弹出的"确认删除"对话框中单击"删除"按钮,该索引被删除,删除索引以后单击"保存"按钮保存对表的修改,然后关闭该工作页。

2. 约束的定义

(1) 定义顾客表 customers,在 cstid 列上创建主键约束、非空约束和自增约束;在 emailaddress 列上创建唯一性约束;在 password 列上创建默认约束。

① 右击 booksale 数据库,在弹出的快捷菜单中选择"打开数据库"命令,右击"表"节点,在弹出的快捷菜单中选择"新建表"命令,打开新建表工作页。

② 在新打开的工作页中,单击"栏位"选项卡,在工作页中输入表的各个列的名称、数据类型以及是否允许空值。

③ 单击顾客编号列 cstid 所在行的"不是 null"中的复选按钮,则在 cstid 列上创建了非空约束。

④ 单击顾客编号列 cstid 前面的选择按钮选择该列,单击"主键"按钮 🔑 主键 ,将该列设置为表的主键,则在 cstid 列上创建了主键约束(同时也创建了主键索引)。

⑤ 单击顾客编号列 cstid 前面的选择按钮选择该列,单击选中"自动递增"复选按钮,使该列的值可以自增,则在 cstid 列上创建了自增约束,如图 6-12 所示。

栏位	索引	外键	触发器	选项	注释	SQL 预览

名	类型	长度	小数点	不是 null	
cstid	int	11	0	☑	🔑1
cstname	varchar	20	0	☑	
cellphone	char	11	0	☑	
postcode	char	6	0	☐	
address	varchar	50	0	☑	
emailaddress	varchar	50	0	☑	
password	varchar	50	0	☑	

默认:　
注释:　
☑ 自动递增

图 6-12　创建顾客表 customers

⑥ 单击登录密码列 password 前面的选择按钮选择该列,在"默认"文本框中输入默认值"12345678",则在 password 列上创建了默认约束。

⑦ 单击"索引"选项卡,在工作页中添加唯一性索引,系统将自动添加唯一性约束:在"名"中输入索引名 UN_emailaddress,在"栏位"中单击,再单击右侧的按钮🔲,在弹出的对

话框中单击选中 emailaddress 列前面的复选按钮,单击"确定"按钮返回索引创建界面,在"索引类型"下拉列表中选择 Unique,在"索引方法"中选择 BTREE,则在 emailaddress 列上创建了唯一性约束。

⑧ 单击"保存"按钮,在弹出的"表名"对话框中将表命名为 customers,单击"确定"按钮保存该表。

⑨ 关闭创建顾客表 customers 的工作页。

(2) 定义评论表 comments,在 cstid 列定义外键约束。

① 右击 booksale 数据库,在弹出的快捷菜单中选择"打开数据库"命令,右击"表"节点,在弹出的快捷菜单中选择"新建表"命令,打开新建表工作页。

② 在新打开的工作页中,单击"栏位"选项卡,在工作页中输入表的各个列的名称、数据类型以及是否允许空值,如图 6-13 所示。

名	类型	长度	小数点	不是 null	
cmmid	int	11	0	☑	🔑1
cstid	int	11	0	☑	
rating	tinyint	4	0	☑	
comment	varchar	200	0	☑	
bookid	int	11	0	☑	

图 6-13　创建评论表 comments

③ 单击"外键"选项卡,在工作页中添加外键约束:在"名"中输入外键约束名 FK_cstid,在"栏位"中单击,再单击右侧的按钮,在弹出的对话框中单击选中 cstid 列前面的复选按钮,单击"确定"按钮返回索引创建界面,在"参考数据库"下拉列表中选择"booksale",在"被参考表"中选择 customers,在"参考栏位"中单击,再单击右侧的按钮,在弹出的对话框中单击选中 cstid 列前面的复选按钮,单击"确定"按钮返回索引创建界面,在"删除时"下拉列表中选择 CASCADE,在"更新时"下拉列表中选择 CASCADE。

6.5　实践练习

📖**注意**:运行脚本文件 Ex-Chapter6-Database.sql 创建数据库 teachingsys 及相关数据表,并在该数据库下完成练习。表的结构请参考附录 B。

1. 定义索引

(1) 创建系部表 departments,该表的结构见附录 B 中表 B-7,为 dptcode 列创建主键索引,为 dptname 列创建唯一性索引,索引名为 UN_dptname,然后查看 departments 表的索引情况。

(2) 修改学生表 students,使用 ALTER TABLE 语句创建索引,为 dob 列创建普通索引,为 stdname 列创建全文索引,索引名为 FT_stdname,然后查看 students 表的索引情况。

(3) 使用 CREATE INDEX 语句给学生表 students 的 dptcode 和 classcode 列创建复合索引,索引名为 FH_dptcode_classcode,然后查看 students 表的索引情况。

(4) 创建空间表 space,只包含一个 GEOMETRY 类型的列 column1,在该列上创建空间索引,然后查看 space 表的索引情况。

(5) 将学生表 students 的复合索引 FH_dptcode_classcode 改为不可见索引。

(6) 将学生表 students 的复合索引 FH_dptcode_classcode 改为可见索引。

(7) 删除学生表 students 的复合索引 FH_dptcode_classcode,然后查看 students 表的索引情况。

2. 定义约束

(1) 创建选修表 studying,该表的结构见附录 B 中表 B-12(此处不需要定义外键约束),在 stdid 和 crsid 列上添加主键约束,然后查看约束信息。

(2) 删除系部表 departments 的主键约束。

(3) 修改系部表 departments,为 dptcode 列添加主键约束,为 dptname 列添加唯一性约束,约束名为 UN_departments_dptcode,然后查看约束信息。

(4) 删除系部表 departments 的名为 UN_departments_dptcode 的唯一性约束,然后查看约束信息。

(5) 修改学生表 students,删除 stdid 列上的自增约束。

(6) 修改学生表 students,为 stdid 列添加自增约束,为 gender 列添加默认约束,默认值设为“男”,为 gender 列添加检查约束,取值只能为“男”和“女”,然后查看约束情况及索引情况。

(7) 修改教师表 teachers,为 protitle 列添加非空约束。

(8) 修改选修表 studying,为 stdid 列添加外键约束,该列的取值要参考 students 表中的 stdid 列,拒绝对父表进行删除或更新操作,然后查看约束情况及索引情况。

(9) 修改选修表 studying,为 crsid 列添加外键约束,该列的取值要参考 courses 表中的 crsid 列,如果删除或更新了 courses 表中的一条记录,则 studying 表相关的记录也相应删除或更新,然后查看约束情况及索引情况。

(10) 修改选修表 studying,删除约束名为 studying_ibfk_1 的外键约束。

第7章

MySQL查询和视图

本章要点

- 掌握 SELECT 查询语句的基本格式。
- 掌握简单查询、复杂查询、联合查询、多表查询、子查询的方法。
- 掌握常见聚合函数的使用方法。
- 理解外连接、左外连接、右外连接、全连接的作用。
- 理解视图的概念以及视图与表之间的关系。
- 掌握视图的创建和管理方法。
- 掌握通过视图操纵数据的方法。

📖**注意**：运行脚本文件 Chapter7-booksale.sql 创建数据库 booksale 及相关数据表。本章例题均在该数据库下运行。

MySQL 有四种基本的数据操作语句，分别是增（INSERT）、删（DELETE）、改（UPDATE）、查（SELECT）。其中数据查询是数据库应用中最常见的操作之一。以数据库方式管理数据，提供的最大方便在于能够快速、简单、方便地获取数据。数据查询是对数据最频繁的操作。MySQL 提供了 SELECT 语句用于从数据库中检索数据，并将结果集以行和列的形式返回给用户。视图（View）是一个存储指定查询语句的虚拟表，它的数据来源是视图定义中引用的表，因此表中数据发生变化，视图中的数据也随之变化。

7.1 基本查询语句

视频讲解

SELECT 语句具有灵活的使用方式和丰富的操作功能。完整的 SELECT 语句的语法格式比较复杂，它由一些主要的子句构成。SELECT 语句的基本语法格式如下所示。

```
SELECT
    [ALL | DISTINCT | DISTINCTROW] select_expr [,select_expr...]
    [INTO OUTFILE file_name | INTO DUMPFILE file_name | INTO var_name [, var_name]]
    FROM table_references
    [WHERE where_definition]
    [GROUP BY {col_name | expr | position}, ... [WITH ROLLUP]]
    [HAVING where_condition]
    [ORDER BY {col_name | expr | position}, ... [ASC | DESC]]
    [LIMIT {[offset,] row_count | row_count OFFSET offset}];
```

语法说明如下。

- SELECT 是查询语句的命令关键字,用于指定查询结果集的列。
- ALL 为默认显示全部记录,包括重复的;DISTINCT ｜ DISTINCTROW 为去掉重复的记录。
- select_expr 是要查询的列或表达式。
- INTO 是可选选项,用于保存查询结果。INTO OUTFILE 用于将查询结果全部保存到文件 file_name 中;INTO DUMPFILE 用于将查询结果的一行保存到文件 file_name 中;INTO var_name 用于将查询结果保存到变量 var_name 中。
- FROM 用于指定查询的数据源,table_references 可以是表或视图。
- WHERE 是可选选项,用于指定查询的条件,只有符合条件的行才向结果集提供数据。where_definition 为限制返回某些行数据所要满足的条件表达式。
- GROUP BY 是可选选项,用于指定查询的结果集分组汇总,只返回汇总数据。{col_name｜expr｜position}执行分组的可以是列名、表达式或列名在查询列表中的次序。
- WITH ROLLUP 为分类汇总。
- HAVING 是可选选项,用于指定分组后的结果的再查询条件。HAVING 子句要与 GROUP BY 子句一起使用。
- ORDER BY 是可选选项,用于指定查询结果集的行排列顺序。{col_name｜expr｜position}执行排序的可以是列名、表达式或列名在查询列表中的次序;ASC 关键字指明查询结果集按照升序排序,为默认选项,DESC 关键字指明查询结果集按照降序排序。
- LIMIT 是可选选项,用于限定查询结果集的行数。offset 为偏移量,当 offset 为 0 时,表示从查询结果的第 1 条记录开始。row_count 为要显示的记录总数。

视频讲解

7.2　单表查询

单表查询是指从一张表中查询所需要的数据。

7.2.1　查询所有列数据

查询所有列数据是指查询表或视图中所有列的数据。选择表或视图的所有列时,既可以明确地指明各列的列名,也可以使用关键字星号(＊)来代表所有的列名。查询所有列的基本语法格式如下所示。

```
SELECT * FROM 表名;
```

【例 7-1】　在图书销售数据库 booksale 中查询图书表 books 中所有图书的信息。

```
SELECT * FROM books;
-- 等价于
SELECT bookid,title,isbn,author,unitprice,ctgcode FROM books;
```

用"＊"来表示所有列时,查询出来的列顺序和表中列顺序一致。如果想要让显示的列顺序与表中列顺序不一致,只能用后面一种方法实现。

7.2.2　查询指定列数据

查询指定列数据是指查询表或视图中指定列的数据,只需要明确地指明各列的列名,列名之间以",",分隔。查询指定列的基本语法格式如下所示。

```
SELECT 列名[,列名...] FROM 表名;
```

【例 7-2】　在图书销售数据库 booksale 中查询图书表 books 中图书的作者及书名。

```
SELECT author,title FROM books;
```

可根据要输出的列的顺序显示,只需要明确地指明各列的列名及顺序即可。

7.2.3　去掉重复记录

如果希望查询结果没有重复记录,可以使用 DISTINCT 关键字或 DISTINCTROW 关键字来修饰列名。去掉重复记录的基本语法格式如下所示。

```
SELECT DISTINCT | DISTINCTROW 列名 FROM 表名;
```

【例 7-3】　在图书销售数据库 booksale 中查询订单项目表 orderitems 中已被购买的图书的编号。

```
SELECT bookid FROM orderitems;
-- 等价于
SELECT ALL bookid FROM orderitems;
```

执行结果如图 7-1 所示。

【例 7-4】　在图书销售数据库 booksale 中查询订单项目表 orderitems 中已被购买的图书的编号,去掉重复记录。

```
SELECT DISTINCT bookid FROM orderitems;
-- 等价于
SELECT DISTINCTROW bookid FROM orderitems;
```

执行结果如图 7-2 所示。

图 7-1　未去重的图书编号　　　图 7-2　去重的图书编号

7.2.4 表达式查询

指定列或表达式均可作为查询结果,默认情况下,结果集显示的列标题就是查询列的列名或表达式,也可以自定义列标题,可在列名或表达式之后使用 AS 语句。表达式查询的基本语法格式如下所示。

```
SELECT 表达式 [AS] 别名 [,表达式 [AS] 别名...] FROM 表名;
```

【例 7-5】 在图书销售数据库 booksale 中查询订单项目表 orderitems 的每一个订单的总价。

```
SELECT orderid,bookid,price * quantity FROM orderitems;
```

执行结果如图 7-3 所示。

【例 7-6】 在图书销售数据库 booksale 中查询订单项目表 orderitems 的每一个订单的总价,并且在查询结果中的列名称使用中文,分别为订单编号、图书编号及总价。

```
SELECT orderid AS 订单编号,bookid AS 图书编号,price * quantity AS '总    价' FROM orderitems;
-- 等价于
SELECT orderid 订单编号,bookid 图书编号,price * quantity '总    价' FROM orderitems;
```

执行结果如图 7-4 所示。

orderid	bookid	price*quantity
1	1	60.00
1	2	45.50
2	7	960.00
3	9	25.60
3	10	138.40
4	1	120.00
4	2	455.00
4	5	111.20
4	10	138.40
5	4	1500.00
6	7	400.00

图 7-3 表达式查询

订单编号	图书编号	总 价
1	1	60.00
1	2	45.50
2	7	960.00
3	9	25.60
3	10	138.40
4	1	120.00
4	2	455.00
4	5	111.20
4	10	138.40
5	4	1500.00
6	7	400.00

图 7-4 使用别名查询

当自定义的列标题中含有空格时,必须使用单引号(')括起来,如例 7-6 中"总价"中间加了空格。

自定义列标题即起别名时 AS 关键字可以省略。

7.2.5 查询指定记录

数据库中包含大量的数据,大多数情况下不需要获取全部数据,这样不利于快速找到所需要的记录。为了获取所需数据,通常会指定查询条件,那么查询语句就不只是 SELECT 和 FROM 子句,还要加上 WHERE 子句说明查询条件。查询指定记录的基本语法格式如下所示。

```
SELECT 输出列表 FROM 表名 WHERE 条件表达式;
```

语法说明如下。
- 条件表达式是由运算符和列名、常量、变量、函数及子查询组成。
- 使用的运算符包括比较运算符、逻辑运算符,以及 IN、LIKE、BETWEEN…AND、IS NULL 等运算符。

1. 带比较运算符的查询

比较运算符是比较两个数的大小,其结果是一个逻辑值,即 TRUE 或 FALSE。

常用的比较运算符如表 7-1 所示。

表 7-1　常用比较运算符

比较运算符	说　　明	比较运算符	说　　明
=	等于	>	大于
<>	不等于	>=	大于或等于
!=	不等于	<	小于
<=>	相等或都等于空	<=	小于或等于

使用比较运算符限定条件的基本语法格式如下所示。

```
WHERE 表达式1 比较运算符 表达式2
```

【例 7-7】　在图书销售数据库 booksale 中查询图书表 books 中计算机类图书的书名、作者、类型。

```
SELECT title,author,ctgcode FROM books WHERE ctgcode = 'computer';
```

【例 7-8】　在图书销售数据库 booksale 中查询图书表 books 中价格不低于 100 元的图书信息。

```
SELECT * FROM books WHERE unitprice >= 100;
```

2. 带 IN 关键字的查询

IN 关键字用于判断某列的值是否在指定集合中。如果列的值在集合中,则满足查询条件,该记录显示输出;如果列的值不在集合中,则不满足查询条件,该记录不显示输出。使用 IN 关键字限定条件的基本语法格式如下所示。

```
WHERE 列名 [NOT] IN (元素1, 元素2,…, 元素n)
```

语法说明如下。
- NOT 是可选选项,表示不在指定集合中。
- 元素若为字符型要用单引号(')括起来。

【例 7-9】　在图书销售数据库 booksale 中查询订单 orders 表中顾客编号为 1 和 2 的顾客订单信息。

```
SELECT * FROM orders WHERE cstid IN(1,2);
-- 等价于
SELECT * FROM orders WHERE cstid = 1 OR cstid = 2;
```

📖提示：使用 IN 关键字的表达式等价于多个由 OR 运算符连接的表达式。

【例 7-10】　在图书销售数据库 booksale 中查询订单 orders 表中顾客编号不为 1 和 2 的顾客订单信息。

```
SELECT * FROM orders WHERE cstid NOT IN(1,2);
-- 等价于
SELECT * FROM orders WHERE cstid <> 1 AND cstid <> 2;
```

📖提示：使用 NOT IN 关键字的表达式等价于多个由 AND 运算符连接的表达式。

3. 带 BETWEEN…AND 关键字的查询

BETWEEN…AND 关键字用于判断某列的值是否在指定范围中。如果列的值在指定范围中，则满足查询条件，该记录显示输出；如果列的值不在指定范围中，则不满足查询条件，该记录不显示输出。使用 BETWEEN…AND 关键字限定条件的基本语法格式如下所示。

```
WHERE 列名 [NOT] BETWEEN 值 1 AND 值 2
```

语法说明如下。

- NOT 是可选选项，表示不在指定范围中。
- 范围是闭区间，包括值 1 和值 2。

【例 7-11】　在图书销售数据库 booksale 中查询图书表 books 中价格在 50～100 元的图书信息。

```
SELECT * FROM books WHERE unitprice BETWEEN 50 AND 100;
-- 等价于
SELECT * FROM books WHERE unitprice >= 50 AND unitprice <= 100;
```

📖提示：使用 BETWEEN…AND 关键字的表达式等价于两个由 AND 运算符连接的表达式。

【例 7-12】　在图书销售数据库 booksale 中查询图书表 books 中价格在 50 元以下或 100 元以上的图书信息。

```
SELECT * FROM books WHERE unitprice NOT BETWEEN 50 AND 100;
-- 等价于
SELECT * FROM books WHERE unitprice < 50 OR unitprice > 100;
```

📖提示：使用 NOT BETWEEN…AND 关键字的表达式等价于两个由 OR 运算符连

接的表达式。

4. 带 IS NULL 关键字的查询

IS NULL 关键字用于判断某列的值是否为空值(NULL)。如果列的值是空值,则满足查询条件,该记录显示输出;如果列的值不是空值,则不满足查询条件,该记录不显示输出。使用 IS NULL 关键字限定条件的基本语法格式如下所示。

```
WHERE 表达式 IS [NOT] NULL
```

语法说明:NOT 是可选选项,表示不是空值。

【例 7-13】 在图书销售数据库 booksale 中查询订单表 orders 中没有发货日期的订单信息。

```
SELECT * FROM orders WHERE shipdate IS NULL;
```

📖提示:一个列的值是否为空,要表示为"IS NULL",不能表示为"=NULL",如果这样写系统虽然不会报错,但运行结果为空表,因为系统认为该表达式为假。

【例 7-14】 在图书销售数据库 booksale 中查询订单表 orders 中已经有发货日期的订单信息。

```
SELECT * FROM orders WHERE shipdate IS NOT NULL;
```

📖提示:一个列的值不为空,要表示为"IS NOT NULL",不能表示为"<> NULL"或"!=NULL",如果这样写系统虽然不会报错,但运行结果为空表,因为系统认为该表达式为假。

5. 带 LIKE 关键字的查询

关系运算符"="可以判断两个字符串是否相等,这种匹配属于精确匹配,但有时我们需要对字符串进行模糊匹配,例如:查询图书表 books 中 author 列的值以"张"开头的记录。为实现此功能,MySQL 提供了 LIKE 关键字,以实现模糊匹配。使用 LIKE 关键字限定条件的基本语法格式如下所示。

```
WHERE 列名 [NOT] LIKE '匹配字符串' [ESCAPE '转义字符串']
```

语法说明如下。
- NOT 是可选选项,表示查询与指定字符串不匹配的记录。
- 匹配字符串指定用来匹配的字符串,可以是一个普通的字符串,也可以是包含通配符的字符串。字符串默认不区分大小写。通配符如表 7-2 所示。

表 7-2 通配符

通配符	含 义	示 例
%	表示任意长度(0 个或多个)的字符串	a%表示以 a 开头的任意长度的字符串
_	表示任意单个字符	a_表示以 a 开头的长度为 2 的字符串

【例 7-15】 在图书销售数据库 booksale 中查询图书表 books 中姓"张"的作者出版的

图书信息。

```
SELECT * FROM books WHERE author LIKE '张%';
```

'张%'表示第一个字符是"张",后面包含0个或多个字符。

【例7-16】 在图书销售数据库booksale中查询图书表books中图书名含有"网络"的图书信息。

```
SELECT * FROM books WHERE title LIKE '%网络%';
```

'%网络%'表示"网络"前面包含0个或多个字符,"网络"后面也包含0个或多个字符。

【例7-17】 在图书销售数据库booksale中查询图书表books中图书名第三个字是"国"的图书信息。

```
SELECT * FROM books WHERE title LIKE '__国%';
```

'__国%'中包含两个下画线"_",表示"国"的前面有2个字符,"国"的后面包含0个或多个字符。

【例7-18】 在图书销售数据库booksale中查询图书表books中图书名包含"_"的图书信息。

```
SELECT * FROM books WHERE title LIKE '%\_%';
-- 等价于
SELECT * FROM books WHERE title LIKE '%&_%' ESCAPE '&';
```

'%_%'中的"\"为默认的转义字符,和其后的"_"连在一起(_)表示字符"_",此时的"_"不再表示占位符。如果使用其他转义字符时,需要加关键字ESCAPE,如'%&_%' ESCAPE '&',明确标明"&"为转义字符。

6. 带AND关键字的多条件查询

为了使查询更精确,可以使用多个查询条件。使用AND关键字可以连接两个或多个查询条件,只有当多个条件都满足时,该记录显示输出。使用AND关键字限定条件的基本语法格式如下所示。

```
WHERE 条件表达式1 AND 条件表达式2 [...AND 条件表达式n]
```

【例7-19】 在图书销售数据库booksale中查询图书表books中价格不低于50元的计算机类图书信息。

```
SELECT * FROM books WHERE unitprice >= 50 AND ctgcode = 'computer';
```

7. 带OR关键字的多条件查询

为了使查询更精确,可以使用多个查询条件。使用OR关键字可以连接两个或多个查询条件,多个条件中只要有一个条件满足,则该记录显示输出。使用OR关键字限定条件的基本语法格式如下所示。

```
WHERE 条件表达式 1 OR 条件表达式 2 [...OR 条件表达式 n]
```

【例 7-20】　在图书销售数据库 booksale 的查询图书表 books 的书名中含有"平",或价格低于 40 元的,或语言类图书的信息。

```
SELECT * FROM books WHERE title LIKE '% 平 %' OR unitprice < 40 OR ctgcode = 'language';
```

执行结果如图 7-5 所示。

bookid	title	isbn	author	unitprice	ctgcode
3	网络实验教程	978-7-1213-9039-5	张苹	32	computer
5	托福词汇真经	978-7-5213-2173-9	刘洪波	65.9	language
8	托福考试_冲刺试题	978-7-5619-3674-0	(Null)	40	language
9	狼图腾	978-7-535-42730-4	姜戎	32	fiction
10	战争与和平	978-7-5387-6100-9	列夫·托尔斯泰	188	fiction

图 7-5　带 OR 关键字的多条件查询

bookid 为 3 和 9 的记录是满足价格低于 40 元的图书,bookid 为 5 和 8 的记录是满足语言类条件的图书,bookid 为 10 的记录是满足书名中含有"平"的图书。这三个条件只要满足其中一个就会被显示输出。

8. OR 关键字和 AND 关键字混用的多条件查询

OR 关键字和 AND 关键字一起使用时,要注意 AND 的优先级高于 OR,因此当两个关键字在一起使用时,应该先运算 AND 连接的表达式,再运算 OR 两边的表达式。也可用括号改变其运算顺序。

【例 7-21】　在图书销售数据库 booksale 中查询图书表 books 中姓"刘"的作者出版的价格高于 60 元的图书或生活类图书的信息。

```
SELECT * FROM books WHERE author LIKE '刘 %' AND unitprice > 60 OR ctgcode = 'life';
```

执行结果如图 7-6 所示。

bookid	title	isbn	author	unitprice	ctgcode
5	托福词汇真经	978-7-5213-2173-9	刘洪波	65.9	language
6	好喝的粥	978-7-5184-1973-9	(Null)	60	life
7	环球国家地理百科全书	978-7-5502-7510-2	张越平	80	life

图 7-6　多条件查询 1

bookid 为 5 的记录是满足价格高于 60 元并且是刘姓作者出版的图书,bookid 为 6 和 7 的记录是满足生活类条件的图书。

【例 7-22】　在图书销售数据库 booksale 中查询图书表 books 中姓"刘"的作者出版的价格高于 60 元的图书,或姓"刘"的作者出版的生活类图书的信息。

```
SELECT * FROM books WHERE author LIKE '刘 %' AND (unitprice > 60 OR ctgcode = 'life');
```

执行结果如图 7-7 所示。

bookid	title	isbn	author	unitprice	ctgcode
5	托福词汇真经	978-7-5213-2173-9	刘洪波	65.9	language

图 7-7 多条件查询 2

bookid 为 5 的记录是满足价格高于 60 元并且是刘姓作者出版的图书。

7.2.6 带聚合函数的查询

在实际应用中,经常需要对某些数据进行统计,例如:统计某列的最大值、最小值、平均值等。MySQL 提供了聚合函数来实现数据统计,常用的聚合函数如表 7-3 所示。

表 7-3 聚合函数

函 数 名 称	作 用	函 数 名 称	作 用
COUNT()	返回某列的行数	MAX()	返回某列的最大值
SUM()	返回某列值的和	MIN()	返回某列的最小值
AVG()	返回某列的平均值		

1. COUNT()函数

COUNT()函数用来统计满足条件的记录的行数或总行数,若找不到匹配的行返回 0,其基本语法格式如下所示。

```
COUNT([ALL | DISTINCT] 表达式 | * )
```

语法说明如下。

- ALL | DISTINCT 是可选选项。ALL 表示对所有值进行统计,包括重复的,但不包括 NULL 值,为默认选项;DISTINCT 表示去掉重复记录后进行统计,但不包括 NULL 值。
- 表达式的数据类型是除 BLOB 或 TEXT 外的任何类型。
- "*"表示返回所有行的总行数,包括 NULL 值。

【例 7-23】 在图书销售数据库 booksale 中查询图书表 books 的记录总数。

```
SELECT COUNT( * ) FROM books;
```

执行结果如图 7-8 所示。

采用聚合函数的列如果不起别名,显示输出为聚合函数,为了方便用户查看,建议为列起别名。

【例 7-24】 在图书销售数据库 booksale 中查询订单表 orders 中购买图书的顾客数量。

```
SELECT COUNT(DISTINCT cstid) AS 顾客人数 FROM orders;
```

执行结果如图 7-9 所示。

2. SUM()和 AVG()函数

SUM()函数用来统计表达式中所有值的总和。AVG()函数用来统计表达式中所有值

图 7-8 COUNT()函数查询 1   图 7-9 COUNT()函数查询 2

的平均值。

其基本语法格式如下所示。

SUM｜AVG([ALL｜DISTINCT]表达式)

【例 7-25】 在图书销售数据库 booksale 中查询订单项目表 orderitems 的订购数量总和。

SELECT SUM(quantity) AS 订购总数 FROM orderitems;

【例 7-26】 在图书销售数据库 booksale 中查询订单项目表 orderitems 的平均订购数量。

SELECT AVG(quantity) AS 平均订购数 FROM orderitems;

3. MAX()和 MIN()函数

MAX()函数用来统计表达式中所有值的最大值。MIN()函数用来统计表达式中所有值的最小值。

其基本语法格式如下所示。

MAX｜MIN([ALL｜DISTINCT]表达式)

【例 7-27】 在图书销售数据库 booksale 中查询订单项目表 orderitems 的最多订购数量。

SELECT MAX(quantity) AS 最多订购数 FROM orderitems;

【例 7-28】 在图书销售数据库 booksale 中查询订单项目表 orderitems 的最少订购数量。

SELECT MIN(quantity) AS 最少订购数 FROM orderitems;

7.2.7 分组查询

对表中数据进行统计时，有时需要按照某列数据的值进行分组，在分组的基础上再进行统计，例如：统计不同类型的图书各有多少册。MySQL 提供了 GROUP BY 子句。分组查询的基本语法格式如下所示。

```
GROUP BY 列名 | 表达式 | 列在查询列表中的次序,... [WITH ROLLUP]
      [HAVING 条件表达式]
```

语法说明如下。

- WITH ROLLUP 是可选选项,用于对分组的数据进行统计汇总。
- HAVING 是可选选项,用于对分组后的结果集进行再筛选。

【例 7-29】 在图书销售数据库 booksale 中查询图书表 books 中不同类型的图书各有多少册。

```
SELECT ctgcode,COUNT( * ) AS 册数 FROM books GROUP BY ctgcode;
```

【例 7-30】 在图书销售数据库 booksale 中查询订单项目表 orderitems 中每一个订单的销售总价。

```
SELECT orderid,SUM(price * quantity) AS price FROM orderitems GROUP BY orderid;
-- 等价于
SELECT orderid,SUM(price * quantity) AS price FROM orderitems GROUP BY 1;
```

执行结果如图 7-10 所示。

聚合函数的参数可以是列,也可以是由列组成的表达式。orderid 列在 orderitems 表中的次序为 1,因此分组时可用 1 这个位置来代替 orderid 列。

【例 7-31】 在图书销售数据库 booksale 中查询图书表 books 中不同类型的图书各有多少册,以及总册数。

```
SELECT  ctgcode, COUNT( * ) AS count FROM books GROUP BY ctgcode WITH ROLLUP;
```

执行结果如图 7-11 所示。

结果集的最后一行就是总册数,其中 ctgcode 为 NULL,count 为 10。

【例 7-32】 在图书销售数据库 booksale 中查询图书表 books 中不同类型的图书各有多少册,以及总册数,总册数行不显示 NULL,而是显示"总册数"。

```
SELECT coalesce(ctgcode, '总册数') AS ctgcode, COUNT( * ) AS count
    FROM books GROUP BY ctgcode WITH ROLLUP;
```

执行结果如图 7-12 所示。

信息	结果1	概况

orderid	price
1	105.50
2	960.00
3	164.00
4	824.60
5	1500.00
6	400.00

ctgcode	count
computer	4
fiction	2
language	2
life	2
(Null)	10

ctgcode	count
computer	4
fiction	2
language	2
life	2
总册数	10

图 7-10　分组查询 1　　　图 7-11　分组查询 2　　　图 7-12　分组查询 3

结果集的最后一行就是总册数,其中 ctgcode 为总册数,count 为 10。

引入 coalesce()函数,该函数可将空值替换成指定值,coalesce(ctgcode,'总册数')就是将 ctgcode 列中为 NULL 的列值替换成总册数。

【例 7-33】 在图书销售数据库 booksale 中查询图书表 books 中超过 3 册的图书类型及册数。

```
SELECT ctgcode,COUNT( * ) AS 册数 FROM books GROUP BY ctgcode HAVING 册数> 3;
```

执行结果如图 7-13 所示。

7.2.8 排序查询

对表中数据进行查询后,如果能按照某列或某几列数据的值进行排序输出,用户的体验度将会更好,MySQL 提供了 ORDER BY 子句。排序查询的基本语法格式如下所示。

图 7-13 分组查询 4

```
ORDER BY 列名 | 表达式 | 列在查询列表中的次序,... [ASC | DESC]
```

语法说明:ASC | DESC 是可选选项,ASC 关键字指明查询结果集按照升序排序,为默认选项;DESC 关键字指明查询结果集按照降序排序。

【例 7-34】 在图书销售数据库 booksale 中查询订单项目表 orderitems 中订单编号是 4 的订单明细,结果按数量降序输出。

```
SELECT * FROM orderitems WHERE orderid = 4 ORDER BY quantity DESC;
```

【例 7-35】 在图书销售数据库 booksale 中查询订单项目表 orderitems 中订单编号是 4 的订单明细,结果按数量降序,价格升序输出。

```
SELECT * FROM orderitems WHERE orderid = 4 ORDER BY quantity DESC , price;
-- 等价于
SELECT * FROM orderitems WHERE orderid = 4 ORDER BY 3 DESC , 4;
```

可按单列排序,也可按多列排序。结果先按数量降序排列,当数量相同时再按价格升序排列,ASC 表示升序可以省略。quantity 列在 orderitems 表中的次序为 3,price 列在 orderitems 表中的次序为 4,因此排序时可用 3 这个位置来代替 quantity 列,用 4 这个位置来代替 price 列。

【例 7-36】 在图书销售数据库 booksale 中查询图书表 books 中单价在 50～100 元的图书信息,结果按书名升序输出。

```
SELECT * FROM books WHERE unitprice BETWEEN 50 AND 100 ORDER BY title;
```

执行结果如图 7-14 所示。

数据表的字符集是 utf8,当排序的列为中文时,默认不会按照中文拼音的顺序排序。那么在不改变数据表结构的情况下,可以使用"CONVERT(列名 USING gbk)"函数强制让指

bookid	title	isbn	author	unitprice	ctgcode
1	Web前端开发基础入门	978-7-3025-7626-6	张颖	65	computer
6	好喝的粥	978-7-5184-1973-9	(Null)	60	life
5	托福词汇真经	978-7-5213-2173-9	刘洪波	65.9	language
7	环球国家地理百科全书	978-7-5502-7510-2	张越平	80	life

图 7-14　多列排序查询 1

定的列按中文拼音排序。

修改代码如下。

```
SELECT * FROM books WHERE unitprice BETWEEN 50 AND 100 ORDER BY CONVERT(title USING gbk);
```

执行结果如图 7-15 所示。

bookid	title	isbn	author	unitprice	ctgcode
1	Web前端开发基础入门	978-7-3025-7626-6	张颖	65	computer
6	好喝的粥	978-7-5184-1973-9	(Null)	60	life
7	环球国家地理百科全书	978-7-5502-7510-2	张越平	80	life
5	托福词汇真经	978-7-5213-2173-9	刘洪波	65.9	language

图 7-15　多列排序查询 2

7.2.9　限制结果数量查询

对表中数据进行查询后,默认将所有满足条件的记录全部显示输出,但用户可能只需要部分记录,这时可限制查询结果的数量。MySQL 提供了 LIMIT 子句。限制结果数量查询的基本语法格式如下所示。

```
LIMIT [起始记录,] 记录数 | 记录数 OFFSET 起始记录
```

语法说明:起始记录是可选选项,默认为 0,表示从查询结果的第一条记录开始,省略时即表示 0。

【例 7-37】　在图书销售数据库 booksale 中查询订单项目表 orderitems 中同一订单编号的订单的平均价格,结果按平均价格降序输出。

```
SELECT orderid,AVG(price) AS avgprice FROM orderitems
    GROUP BY orderid ORDER BY avgprice DESC;
```

信息	结果1	概况	状态

orderid	avgprice
5	100
3	82
2	80
6	80
4	74.875
1	52.75

图 7-16　限定数量查询之前

执行结果如图 7-16 所示。

排序列可为普通列,也可为聚合函数列,上述命令中的聚合函数 AVG(price),起别名为 avgprice,排序时可直接使用该别名。

【例 7-38】　在图书销售数据库 booksale 中查询订单项目表 orderitems 中同一订单编号的订单的平均价格,结果显示平均价格最高的三条信息。

```
SELECT orderid,AVG(price) AS avgprice FROM orderitems
    GROUP BY orderid ORDER BY avgprice DESC LIMIT 3;
```

执行结果如图 7-17 所示。

【例 7-39】 在图书销售数据库 booksale 中查询订单项目表 orderitems 中同一订单编号的订单的平均价格,结果显示平均价格由高到低第 3 到第 5 条信息。

```
SELECT orderid,AVG(price) AS avgprice FROM orderitems
    GROUP BY orderid ORDER BY avgprice DESC LIMIT 2,3;
-- 等价于
SELECT orderid,AVG(price) AS avgprice FROM orderitems
    GROUP BY orderid ORDER BY avgprice DESC LIMIT 3 OFFSET 2;
```

执行结果如图 7-18 所示。

起始位置为 2,记录从 0 开始,因此 2 就是第 3 条。

信息	结果1	概况	状态
orderid	avgprice		
5	100		
3	82		
2	80		

图 7-17 限定数量查询之后 1

信息	结果1	概况	状态
orderid	avgprice		
2	80		
6	80		
4	74.875		

图 7-18 限定数量查询之后 2

7.2.10 输出到文件

对表中数据进行查询后,结果默认显示在界面上,如果希望将查询结果导出到指定文件或变量中,可以通过 MySQL 提供的 INTO 子句。INTO 子句的基本语法格式如下所示。

```
INTO OUTFILE 目标文件名 | INTO DUMPFILE 目标文件名 | INTO 变量名 [,变量名]
```

语法说明如下。

- INTO OUTFILE 用于将查询结果全部保存到文件中,并且列和行终止符都可以作为格式输出。
- INTO DUMPFILE 用于将查询结果的一行保存到文件中,并且输出中不存在任何格式。因此查询结果应为一条记录,如果结果为多行,文件中只保留一行数据,并提示错误信息。
- INTO 用于将查询结果保存到变量中。
- 目标文件名不能是一个已经存在的文件。

【例 7-40】 将图书销售数据库 booksale 的图书表 books 中的所有图书信息存储到 E:\tb_books.txt 文件中。

```
SELECT * FROM books INTO OUTFILE 'E:/tb_books.txt';
```

导出文件失败,提示错误信息:［Err］1290 - The MySQL server is running with the --

secure-file-priv option so it cannot execute this statement。因为 MySQL 的 secure_file_priv 选项没有开启，系统对服务器没有文件导入导出的权限。

输入 SHOW 命令查看 secure_file_priv 的当前值。

```
SHOW VARIABLES LIKE '%secure%';
```

结果显示 secure_file_priv 的值为 NULL，即禁止文件的导入导出。可将 secure_file_priv 的值设为空字符串('')，这样就可以进行文件的导入导出操作了。secure_file_priv 的取值不同，文件导入导出的权限也不同，具体见 10.3.1 节。

修改数据库配置文件 my.ini，[mysqld]组下加入以下变量声明。

```
#允许导入文件
secure_file_priv = ''
```

重启 MySQL 服务器，再次输入导出命令。

```
SELECT * FROM books INTO OUTFILE 'E:/tb_books.txt';
```

导出成功，查看导出的文本文件内容，如图 7-19 所示。

	tb_books.txt - 记事本				− □ ×
	文件(F) 编辑(E) 格式(O) 查看(V) 帮助(H)				
1	Web前端开发基础入门	978-7-3025-7626-6张颖	65.00	computer	
2	计算机网络 (第7版)	978-7-1213-0295-4谢希仁	49.00	computer	
3	网络实验教程	978-7-1213-9039-5张举	32.00	computer	
4	Java编程思想	978-7-1112-1382-6埃克尔	107.00	computer	
5	托福词汇真经	978-7-5213-2173-9刘洪波	65.90	language	
6	好喝的粥 978-7-5184-1973-9\N		60.00	life	
7	环球国家地理百科全书	978-7-5502-7510-2张越平	80.00	life	
8	托福考试_冲刺试题 978-7-5619-3674-0\N		40.00	language	
9	狼图腾 978-7-535-42730-4姜戎		32.00	fiction	
10	战争与和平	978-7-5387-6100-9列夫·托尔斯泰	188.00	fiction	
	第6行，第21列	100%	Unix (LF)	UTF-8	

图 7-19 导出的文本文件

【例 7-41】 将图书销售数据库 booksale 的图书表 books 中图书编号为 1 的图书信息存储到 E:\tb_books1.txt 文件中。

```
SELECT * FROM books WHERE bookid = 1 INTO DUMPFILE 'E:/tb_books1.txt';
```

视频讲解

7.3 多表查询

在实际应用中，单表查询应用范围相对较少，因为用户需要的数据往往存储在多个不同的表中，这时需要进行多表查询。多表查询是通过多表之间的相关列，从多个表中检索出所需数据。一个数据库中的多个表之间一般存在着某种内在联系或是相关属性，用户通过连接运算就可以把多张表连接成一张表，这样又回到了之前的简单查询，从而查询的范围可以扩展到多表。

多表查询的基本语法格式如下所示。

```
SELECT [ ALL | DISTINCT ] select_expr [ ,select_expr … ]
    FROM table1 [table_alias] JOIN_TYPE table2 [table_alias]
    [ON join_condition]
    [WHERE where_definition...];
```

语法说明如下。

- JOIN_TYPE 是连接运算符,用于指定连接类型,包括内连接(INNER JOIN 或 JOIN)、外连接(OUTER JOIN)和交叉连接(CROSS JOIN)。
- ON 用于设置连接条件,join_condition 是连接条件表达式。
- 由于连接查询涉及多个表,所以列的引用必须明确,重复的列名必须使用表名加以限定。为了增加可读性,建议使用表名限定列名,格式为"表名.列名"。

1. 连接条件

连接条件是通过两张表的相关属性(一般情况下是外键)来实现的,多表连接需要两两连接。从下面两个方面实现连接查询。

- 找到要连接的表中用于连接的列。典型的连接条件是:找到两张表是否存在主外键关系,即一张表有与另一张表的主键存在参照关系的外键。
- 指定用于比较各列值的逻辑运算符(如=或<>),其中等值连接比较常见。

2. 连接的类型

连接查询是关系数据库中多表查询的主要形式,分为三种类型:交叉连接、内连接和外连接。为了便于理解各种类型的连接运算,假设两个表 R 和 S,R 和 S 中存储的数据如图 7-20 所示。

1) 交叉连接

交叉连接是指返回连接的两个表的笛卡儿积,即结果集中包含两个表中所有行的全部组合。

交叉连接的运算符是 CROSS JOIN。表 R 和表 S 进行交叉连接的结果集如图 7-21 所示。

R CROSS S

A	B	C	A	D
1	2	3	1	2
1	2	3	3	4
1	2	3	5	6
4	5	6	1	2
4	5	6	3	4
4	5	6	5	6

R

A	B	C
1	2	3
4	5	6

S

A	D
1	2
3	4
5	6

图 7-20　表 R 和表 S 的数据　　　　图 7-21　表 R 和表 S 交叉连接的结果集

2) 内连接

内连接是指用比较运算符设置连接条件,返回符合连接条件的数据行。内连接包括三种类型:等值连接、自然连接和不等值连接。

- 等值连接：在连接条件中使用等号(＝)比较连接的列,返回符合连接条件的行。结果集中包括重复列,显示两次连接列。
- 自然连接：与等值连接的运算规则相同。但结果集中不包括重复列,只显示一次连接列。自然连接的连接列符合典型的连接条件,是具有内在连接的主键和外键列。
- 不等值连接：在连接条件中使用除去等号以外的其他运算符(>、<、>=、<=、!=)比较连接的列。

内连接运算符是 INNER JOIN 或 JOIN。表 R 和表 S 进行内连接的结果集如图 7-22 所示。

R JOIN S(R.A=S.A)

R.A	B	C	S.A	D
1	2	3	1	2

R JOIN S

R.A	B	C	D
1	2	3	2

R JOIN S(R.A>S.A)

R.A	B	C	S.A	D
4	5	6	1	2
4	5	6	3	4

图 7-22　表 R 和表 S 内连接的结果集

3) 外连接

外连接是指返回的结果集除了包括符合连接条件的行以外,还返回至少一个连接表的其他行。外连接包括三种类型：左外连接、右外连接和全外连接。

- 左外连接：是指通过左向外连接返回左表的所有行,右表中不符合连接条件的行设置为 NULL。运算符是 LEFT OUTER JOIN 或 LEFT JOIN。
- 右外连接：是指通过右向外连接返回右表的所有行,左表中不符合连接条件的行设置为 NULL。运算符是 RIGHT OUTER JOIN 或 RIGHT JOIN。
- 全外连接：是指返回两个表的所有行,两个表中不符合连接条件的行分别设置为 NULL。

表 R 和表 S 进行外连接的结果集如图 7-23 所示。

R LEFT JOIN S(R.A=S.A)

R.A	B	C	S.A	D
1	2	3	1	2
4	5	6	NULL	NULL

R RIGHT JOIN S(R.A=S.A)

R.A	B	C	S.A	D
1	2	3	1	2
NULL	NULL	NULL	3	4
NULL	NULL	NULL	5	6

R FULL JOIN S(R.A=R.S)

R.A	B	C	S.A	D
1	2	3	1	2
4	5	6	NULL	NULL
NULL	NULL	NULL	3	4
NULL	NULL	NULL	5	6

图 7-23　表 R 和表 S 外连接的结果集

7.3.1　内连接

内连接是一种常见的连接查询。内连接使用比较运算符对两个表中的数据进行比较,并列出与连接条件匹配的数据行,即只返回满足连接条件的数据行。两个表连接时,连接列的名称可以不同,但要求连接列必须具有相同的数据类型、长度和精度,且表达同一意义。一般情况下,连接列是数据表的主键和外键。内连接查询的基本语法格式如下所示。

```
#语法1:
SELECT 列名 [,列名...]
```

```
    FROM 表 1 [别名 1] [INNER] JOIN 表 2 [别名 2] ON 表 1.列名 比较运算符 表 2.列名;
# 语法 2:
SELECT 列名 [,列名...]
    FROM 表 1 [别名 1],表 2 [别名 2]
    WHERE 表 1.列名 比较运算符 表 2.列名;
```

语法说明如下。

- 内连接有两种语法格式,分别是:在 FROM 子句中定义连接、在 WHERE 子句中定义连接。
- 内连接是默认连接,可以省略 INNER 关键字。
- 内连接包括三种类型:等值连接、自然连接和不等值连接。等值连接的比较运算符是"=";不等值连接的比较运算符是">、>=、<、<=、!=";自然连接是不包含重复列的特殊等值连接。

【例 7-42】 在图书销售数据库 booksale 中查询图书表 books 中所有图书的信息。

```
SELECT title,isbn,author,ctgname FROM books INNER JOIN categories
    ON books.ctgcode = categories.ctgcode;
-- 等价于
SELECT title,isbn,author,ctgname FROM books,categories
    WHERE books.ctgcode = categories.ctgcode;
-- 等价于
SELECT title,isbn,author,ctgname FROM books INNER JOIN categories USING(ctgcode);
```

执行结果如图 7-24 所示。

title	isbn	author	ctgname
Web前端开发基础入门	978-7-3025-7626-6	张颖	计算机
计算机网络 (第7版)	978-7-1213-0295-4	谢希仁	计算机
网络实验教程	978-7-1213-9039-5	张举	计算机
Java编程思想	978-7-1112-1382-6	埃克尔	计算机
狼图腾	978-7-535-42730-4	姜戎	小说
战争与和平	978-7-5387-6100-9	列夫·托尔斯泰	小说
托福词汇真经	978-7-5213-2173-9	刘洪波	语言
托福考试_冲刺试题	978-7-5619-3674-0	(Null)	语言
好喝的粥	978-7-5184-1973-9	(Null)	生活
环球国家地理百科全书	978-7-5502-7510-2	张越平	生活

图 7-24 内连接查询

如果要连接的表的连接条件中列名是同名,可以将 ON 条件换成 USING() 子句;

【例 7-43】 在图书销售数据库 booksale 中查询图书表 books 中所有图书的信息。

```
SELECT b.bookid,title,cstname,orderdate,quantity
    FROM books AS b JOIN orderitems AS oi JOIN orders AS o JOIN customers AS c
    ON b.bookid = oi.bookid AND oi.orderid = o.orderid AND o.cstid = c.cstid
    WHERE quantity > 10;
-- 等价于
SELECT b.bookid,title,cstname,orderdate,quantity
```

```
    FROM books AS b,orderitems AS oi,orders AS o ,customers AS c
    WHERE b.bookid = oi.bookid AND oi.orderid = o.orderid AND o.cstid = c.cstid
    AND quantity > 10;
-- 等价于
SELECT b.bookid,title,cstname,orderdate,quantity
    FROM books AS b JOIN orderitems AS oi USING(bookid)
    JOIN orders AS o USING(orderid) JOIN customers AS c USING(cstid)
    WHERE quantity > 10;
```

输出的列如果是两个表中都有的列,则必须在输出的列名前加上表名进行区分,用“表名.列名”,如上面命令中的 b.bookid;其他输出列都是表中不重复的列,所以直接写列名即可。多表连接时,先将两表连接成一张表,再拿连接成的这张表和下一张表连接,以此类推。

7.3.2　外连接

内连接只返回满足连接条件和查询条件的数据行。但在实际应用中,有时需要以某一个表为参考表,显示和这个表连接的多个表的信息,参考表需要显示所有行。需要全记录显示的这个表可以是左表(左外连接)、右表(右外连接)或两个表(全外连接)。外连接查询的基本语法格式如下所示。

```
SELECT 列名 [,列名...]
    FROM 表1 [别名1] [LEFT | RIGHT] JOIN 表2 [别名2] ON 表1.列名 = 表2.列名;
```

语法说明如下。
- LEFT JOIN 是左外连接,查询记录时以 LEFT JOIN 左边的表为参考表,查询结果包含参考表里所有的记录,如果左表的某行在右表里没有匹配的行,则在右表的输出列上显示空值。
- RIGHT JOIN 是右外连接,查询记录时以 RIGHT JOIN 右边的表为参考表,查询结果包含参考表里所有的记录,如果右表的某行在左表里没有匹配的行,则在左表的输出列上显示空值。
- 可将相同两个表的左外连接和右外连接使用 UNION 关键字进行合并连接,间接实现全外连接。

【例 7-44】　在图书销售数据库 booksale 中查询图书表 books 中所有图书的销售情况。

```
SELECT * FROM books AS b LEFT JOIN orderitems AS oi ON b.bookid = oi.bookid;
-- 等价于
SELECT * FROM books AS b LEFT JOIN orderitems AS oi USING(bookid);
```

执行结果如图 7-25 所示。
这个查询为左外连接查询。books 是左边的表,所以 books 表中所有记录都会显示,orderitems 是右边的表,当没有匹配内容时显示空值 NULL。

【例 7-45】　在图书销售数据库 booksale 中查询图书表 books 中所有图书的评价情况。

bookid	title	isbn	author	unitprice	ctgcode	orderid	bookid1	quantity	price
1	Web前端开发基础入门	978-7-3025-7626-6	张颖	65	computer	1	1	1	60
1	Web前端开发基础入门	978-7-3025-7626-6	张颖	65	computer	4	1	2	60
2	计算机网络 (第7版)	978-7-1213-0295-4	谢希仁	49	computer	1	2	1	45.5
2	计算机网络 (第7版)	978-7-1213-0295-4	谢希仁	49	computer	4	2	10	45.5
3	网络实验教程	978-7-1213-9039-5	张举	32	computer	(Null)	(Null)	(Null)	(Null)
4	Java编程思想	978-7-1112-1382-6	埃克尔	107	computer	5	4	15	100
5	托福词汇真经	978-7-5213-2173-9	刘洪波	65.9	language	4	5	2	55.6
6	好喝的粥	978-7-5184-1973-9	(Null)	60	life	(Null)	(Null)	(Null)	(Null)
7	环球国家地理百科全书	978-7-5502-7510-2	张越平	80	life	2	7	12	80
7	环球国家地理百科全书	978-7-5502-7510-2	张越平	80	life	6	7	5	80
8	托福考试_冲刺试题	978-7-5619-3674-0	(Null)	40	language	(Null)	(Null)	(Null)	(Null)
9	狼图腾	978-7-535-42730-4	姜戎	32	fiction	3	9	1	25.6
10	战争与和平	978-7-5387-6100-9	列夫托	188	fiction	3	10	1	138.4
10	战争与和平	978-7-5387-6100-9	列夫托	188	fiction	4	10	1	138.4

图 7-25　左外连接查询

```
SELECT * FROM comments AS c RIGHT JOIN books AS b ON c.bookid = b.bookid;
-- 等价于
SELECT * FROM comments AS c RIGHT JOIN books AS b USING(bookid);
```

执行结果如图 7-26 所示。

cmmid	cstid	rating	comment	bookid	bookid1	title	isbn	author	unitprice	ctgcode
1	1	5	内容非常全面	1	1	Web前端开发基础入门	978-7-3025-7626-6	张颖	65	computer
2	2	4	感觉有些难	2	2	计算机网络 (第7版)	978-7-1213-0295-4	谢希仁	49	computer
(Null)	(Null)	(Null)	(Null)	(Null)	3	网络实验教程	978-7-1213-9039-5	张举	32	computer
(Null)	(Null)	(Null)	(Null)	(Null)	4	Java编程思想	978-7-1112-1382-6	埃克尔	107	computer
(Null)	(Null)	(Null)	(Null)	(Null)	5	托福词汇真经	978-7-5213-2173-9	刘洪波	65.9	language
(Null)	(Null)	(Null)	(Null)	(Null)	6	好喝的粥	978-7-5184-1973-9	(Null)	60	life
(Null)	(Null)	(Null)	(Null)	(Null)	7	环球国家地理百科全书	978-7-5502-7510-2	张越平	80	life
(Null)	(Null)	(Null)	(Null)	(Null)	8	托福考试_冲刺试题	978-7-5619-3674-0	(Null)	40	language
(Null)	(Null)	(Null)	(Null)	(Null)	9	狼图腾	978-7-535-42730-4	姜戎	32	fiction
(Null)	(Null)	(Null)	(Null)	(Null)	10	战争与和平	978-7-5387-6100-9	列夫托	188	fiction

图 7-26　右外连接查询

这个查询为右外连接查询。books 是右边的表，所以 books 表中所有记录都会显示，comments 是左边的表，当没有匹配内容时显示空值 NULL。

7.3.3　交叉连接

交叉连接是在没有 WHERE 子句的情况下，被连接的两个表中所有数据行的笛卡儿积。两个表进行交叉连接时，结果集大小为两个表数据行之积，数据列之和。交叉连接在实际应用中极少使用。交叉连接查询的基本语法格式如下所示。

```
SELECT * FROM 表 1 [别名 1] CROSS JOIN 表 2 [别名 2];
```

【例 7-46】　在图书销售数据库 booksale 中对图书表 books 和类别表 categories 进行交叉查询。

```
SELECT * FROM books CROSS JOIN categories;
```

books 表有 8 列 10 条记录,categories 表有 2 列 4 条记录,因此查询结果为 10 列 40 条记录。

7.3.4　合并连接

在 MySQL 中可以通过 UNION 关键字将两个同结构的数据表进行合并。合并查询的基本语法格式如下所示。

```
SELECT 列名[,列名...] FROM 表名
UNION | UNION ALL
SELECT 列名[,列名...] FROM 表名;
```

【例 7-47】　在图书销售数据库 booksale 中将图书表 books 中姓"张"的作者出版的图书和生活类图书信息合并显示。

(1) 带 UNION ALL 的合并连接。

```
SELECT * FROM books WHERE author LIKE '张%'
UNION ALL
SELECT * FROM books WHERE ctgcode = 'life';
```

当使用 UNION ALL 时,MySQL 会把所有的记录返回,不会去掉重复记录。其效率高于 UNION。

(2) 带 UNION 的合并连接。

```
SELECT * FROM books WHERE author LIKE '张%'
UNION
SELECT * FROM books WHERE ctgcode = 'life';
```

当使用 UNION 时,MySQL 会把结果集中重复的记录删掉,其效率不如 UNION ALL。

7.3.5　自连接

自连接是一个表和其自身进行连接,就是同一个表在 FROM 子句中出现两次。这是一种特殊的等值连接,也是一种特殊的内连接。为了区分,必须对表指定不同的别名,列名前也要加上表的别名进行区分。自连接查询的基本语法格式如下所示。

```
SELECT 列名[,列名...]
    FROM 表名 [AS] 别名 1 JOIN 表名 [AS] 别名 2 ON 别名 1.列名 = 别名 2.列名;
```

【例 7-48】　在图书销售数据库 booksale 中查询图书表 books 中和"Java 编程思想"同一类型的图书的编号、书名和图书类型代码。

```
SELECT b2.bookid,b2.title,b2.ctgcode FROM books AS b1 JOIN books AS b2
    ON b1.ctgcode = b2.ctgcode WHERE b1.title = 'Java 编程思想';
-- 等价于
SELECT b2.bookid,b2.title,b2.ctgcode FROM books AS b1 JOIN books AS b2
    WHERE b1.ctgcode = b2.ctgcode AND b1.title = 'Java 编程思想';
```

因为自连接是内连接的特例,所以有两种语法格式。

7.4 子查询

视频讲解

子查询是指一个查询语句中嵌套了其他的若干查询,即在一个 SELECT 查询语句的 WHERE 或 FROM 子句中包含另一个 SELECT 查询语句,也就是说在外面一层的查询中使用里面一层查询产生的结果集。外层的查询称为父查询或外层查询,里面嵌套的查询称为子查询或内层查询,因此子查询又被称为嵌套查询。子查询可以出现在查询语句的任意位置,但在实际应用中子查询最常出现在 WHERE 或 FROM 子句中。在子查询中通常可以使用 IN、EXISTS、ANY、ALL 等关键字,除此之外还可能包含比较运算符。

7.4.1 带比较运算符的子查询

当子查询返回单行单列的数据时,可以使用比较运算符对外层查询的表达式进行判断。基本语法格式如下所示。

WHERE 表达式 比较运算符 (子查询)

语法说明:比较运算符包括＝、!＝、<>、>、>＝、<、<＝等。

【例 7-49】 在图书销售数据库 booksale 中查询订单项目表 orderitems 中订购数量高于平均订购数量的订单信息。

```
SELECT * FROM orderitems WHERE quantity>(SELECT avg(quantity) FROM orderitems );
```

📖提示:涉及多表的数据查询有时既可以使用连接查询,也可以使用子查询。使用何种查询可以参考以下原则。
- 如果一个查询语句的 SELECT 子句所包含的列来自多个表时,一般用连接查询。
- 如果一个查询语句的 SELECT 子句所包含的列来自一个表,而查询条件涉及多个表时,一般使用子查询。
- 如果一个查询语句的 SELECT 子句和 WHERE 子句都涉及一个表,但是 WHERE 子句的查询条件涉及应用集合函数进行数值比较时,一般使用子查询。

7.4.2 带关键字 IN 的子查询

当子查询返回单列的集合时,可以使用关键字 IN 来判断外层查询中给定的值是否在这个单列的集合中。基本语法格式如下所示。

```
WHERE 表达式 [NOT] IN (子查询)
```

【例 7-50】　在图书销售数据库 booksale 中查询图书表 books 中 3 号订单购买的图书信息。

```
SELECT * FROM books WHERE bookid IN(SELECT bookid FROM orderitems WHERE orderid = 3);
```

NOT IN 和 IN 的用法是一致的,但是作用正好相反。上例如果改为 NOT IN,表示查询没在 3 号订单里购买的图书信息。

7.4.3　带关键字 EXISTS 的子查询

关键字 EXISTS 表示存在,使用该关键字的子查询不需要返回任何实际数据,只是返回一个逻辑值。当子查询查到满足条件的记录时,就返回一个真值(TRUE),否则就返回一个假值(FALSE)。当子查询返回真值时,外层查询语句进行查询,当子查询返回假值时,外层查询不进行查询或查询不出任何记录。基本语法格式如下所示。

```
WHERE [NOT] EXISTS (子查询)
```

【例 7-51】　在图书销售数据库 booksale 中查询图书表 books 中已经被购买的图书书名。

```
SELECT title FROM books WHERE EXISTS
    (SELECT * FROM orderitems WHERE books.bookid = orderitems.bookid);
```

NOT EXISTS 和 EXISTS 的用法是一致的,但是作用正好相反。上例如果改为 NOT EXISTS,表示查询还未被购买的图书书名。

7.4.4　带关键字 ANY 的子查询

关键字 ANY 表示满足其中任意一个条件。使用关键字 ANY 时,外层查询的表达式只要与子查询结果集中的某个值满足比较关系时,就会返回真值(TRUE),否则返回假值(FALSE)。基本语法格式如下所示。

```
WHERE 表达式 比较运算符 ANY (子查询)
```

【例 7-52】　在图书销售数据库 booksale 中查询图书表 books 中比语言类图书单价高的图书的书名和价格。

```
SELECT title, unitprice FROM books WHERE unitprice > ANY(
    SELECT unitprice FROM books WHERE ctgcode = 'language');
-- 等价于
SELECT title, unitprice FROM books WHERE unitprice >(
    SELECT MIN(unitprice) FROM books WHERE ctgcode = 'language');
```

📖提示：关键字 ANY 通常和比较运算符一起使用，"＞ANY"表示大于任何一个值，"＝ANY"表示等于任何一个值，"＜ANY"表示小于任何一个值。

7.4.5　带关键字 ALL 的子查询

关键字 ALL 表示满足所有条件。使用关键字 ALL 时，外层查询的表达式要与子查询结果集中的每个值进行比较，只有当表达式与每个值都满足比较关系时，才会返回真值(TRUE)，否则返回假值(FALSE)。基本语法格式如下所示。

```
WHERE 表达式 比较运算符 ALL (子查询)
```

【例 7-53】　在图书销售数据库 booksale 中查询图书表 books 中比所有语言类图书单价高的图书的书名和价格。

```
SELECT title,unitprice FROM books WHERE unitprice > ALL(
    SELECT unitprice FROM books WHERE ctgcode = 'language');
-- 等价于
SELECT title,unitprice FROM books WHERE unitprice >(
    SELECT MAX(unitprice) FROM books WHERE ctgcode = 'language');
```

"＞ALL"表示大于所有值，相当于大于集合里面的最大值。

📖提示：关键字 ALL 通常和比较运算符一起使用，"＞ALL"表示大于所有值，"＜ALL"表示小于所有值。

7.4.6　利用子查询修改数据

利用子查询修改数据就是利用一个嵌套在 INSERT 语句、UPDATE 语句或 DELETE 语句中的子查询添加、更新、删除表中的数据。

1. 利用子查询插入记录

数据插入可以向表中增加新的数据记录，插入的记录可以是人工指定数据，也可以是 SELECT 子查询的结果。子查询结果集的结构必须和要插入的数据表的插入列匹配且顺序一致。

【例 7-54】　在图书销售数据库 booksale 中将图书表 books 中计算机类的图书信息添加到 computerbooks 表中，然后查看 computerbooks 表中所有图书信息。

```
CREATE TABLE computerbooks LIKE books;
INSERT INTO computerbooks SELECT * FROM books WHERE ctgcode = 'computer';
SELECT * FROM computerbooks;
```

先创建了和 books 表同结构的 computerbooks 表，然后将子查询的结果插入表中。如果要继续插入，要考虑主键约束。

2. 利用子查询更新记录

数据更新通常是根据更新条件表达式来完成的，利用子查询更新记录实际上是将子查询的结果作为更新条件表达式的一部分。

【例 7-55】　在图书销售数据库 booksale 中将订单项目表 orderitems 中订购数量超过 10 本的图书,在 computerbooks 表的备注列上填上"销售较好",然后查看 computerbooks 表中所有记录。

```
ALTER TABLE computerbooks ADD note VARCHAR(20) NULL;
UPDATE computerbooks SET note = '销售较好' WHERE bookid IN(
    SELECT bookid FROM orderitems GROUP BY bookid HAVING sum(quantity)>10);
SELECT * FROM computerbooks;
```

执行结果如图 7-27 所示。

bookid	title	isbn	author	unitprice	ctgcode	note
1	Web前端开发基础入门	978-7-3025-7626-6	张颖	65	computer	(Null)
2	计算机网络 (第7版)	978-7-1213-0295-4	谢希仁	49	computer	销售较好
3	网络实验教程	978-7-1213-9039-5	张学	32	computer	(Null)
4	Java编程思想	978-7-1112-1382-6	埃克尔	107	computer	销售较好

图 7-27　利用子查询更新记录

先修改 computerbooks 表的结构,添加名为 note 的备注列,然后根据子查询的结果更新表。该子查询的结果包括 3 本书,而 computerbooks 表中只包括其中的 2 本,因此只更新这 2 本图书的备注列信息。

3. 利用子查询删除记录

数据删除通常是根据删除条件表达式来完成的,利用子查询删除记录实际上是将子查询的结果作为删除条件表达式的一部分。

【例 7-56】　在图书销售数据库 booksale 中将订单项目表 orderitems 中未被销售的图书,在 computerbooks 表中删除,然后查看 computerbooks 表中所有记录。

```
DELETE FROM computerbooks WHERE bookid NOT IN(SELECT DISTINCT bookid FROM orderitems );
SELECT * FROM computerbooks;
```

视频讲解

7.5　视图

视图(View)是关系数据库系统提供给用户以多种角度观察数据库中数据的重要机制。在用户看来,视图是通过不同角度去看实际表中的数据,就像一个窗口,通过窗口去看外面的楼房,可以看到楼房的不同部分,而透过视图用户可以看到数据表中自己需要的内容。

视图是一种数据库对象,是从一个或多个数据表或视图中导出的虚拟表,视图并不存放任何物理数据,只是用来查看数据的窗口,用来显示一个查询结果。视图的结构和数据是对数据表进行查询的结果,为视图提供数据的表称为基表。如图 7-28 所示为由四个表建立的一个视图。

视图和数据表在使用时很类似,但二者之间还存在着以下区别。

(1) 数据表中存放的是物理存在的数据,而视图中存储的是查询语句,并不存储视图查

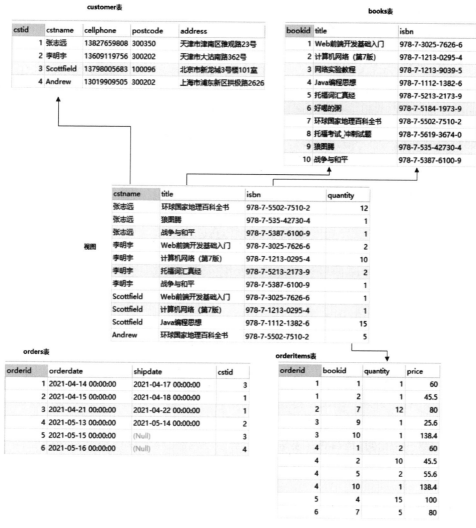

图 7-28　由四个表建立的一个视图

询的结果集。

（2）视图中的数据源于基表，是在视图被引用时动态生成的，当基表中的数据发生变化时，由视图查询出的数据也随之变化。

（3）通过视图更新数据时，实际上是对基表进行数据更新。

（4）视图可以是表的一部分，也可以是多个基表的联合。

视图对象经常被用户使用，因为它有以下优点。

（1）视图数据针对性强。视图能将用户感兴趣的数据集中在一起，而不必担心存储空间问题。

（2）视图可以简化数据操作。视图可将复杂的查询封装起来，每次执行相同查询时，不必重写复杂的查询语句，只需一条简单的查询视图语句即可查询到想要的数据。

（3）视图可以对机密数据提供安全保护。系统通过用户权限的设置，允许用户通过视图访问特定的数据，而不授予用户直接访问基表的权限，以便有效地保护基表中的数据。权限的相关概念见11.2.4节。

（4）视图作为外模式,面向不同用户,非常灵活。

7.5.1　创建视图

创建视图要求用户具有创建视图(CREATE VIEW)的权限,并且对创建视图涉及的表具有选择(SELECT)权限。创建视图的基本语法格式如下所示。

```
CREATE [ OR REPLACE ]
    [ ALGORITHM = {UNDEFINED | MERGE | TEMPTABLE} ]
    [ DEFINER = user ]
    [ SQL SECURITY {DEFINER | INVOKER} ]
    VIEW [ db_name. ]view_name [ (column [ ,...n ] ) ]
    AS select_statement
    [ WITH [ CASCADED | LOCAL] CHECK OPTION ] ;
```

语法说明如下。

- OR REPLACE 是可选选项,表示替换已经创建的视图。若加了该参数,还需要用户具有删除视图(DROP VIEW)的权限。
- ALGORITHM 是可选选项,表示视图选择的算法。它的取值有3个,选择其中一种即可。
  - ➤ UNDEFINED 表示由 MySQL 自动选择算法,为默认选项。一般会首选 MERGE,因为 MERGE 更有效率。
  - ➤ MERGE 表示当使用视图时,会把查询视图的语句和创建视图的语句合并起来,形成一条语句,最后再从基表中查询。
  - ➤ TEMPTABLE 表示当使用视图时,会把创建视图的语句的查询结果当成一张临时表,再从临时表中进行筛选。
- DEFINER 是可选选项,表示定义视图的用户,默认为当前用户。也可在创建时指定不同的用户作为创建者,或者叫视图持有人。
- SQL SECURITY 是可选选项,用于定义视图查询数据时的安全验证方式,表示在执行过程中,使用谁的权限来执行。它有2个选项:DEFINER 表示创建视图时,验证视图持有人是否有权限访问视图所引用的对象;INVOKER 表示查询视图时,验证查询的用户是否拥有权限访问视图及视图所引用的对象。
- view_name 是新建视图的名称。视图名称必须符合标识符命名规则。默认情况下,新创建的视图保存在当前数据库中,若要在给定数据库中创建视图,创建时应将名称指定为 db_name. view_name。视图名称不能和数据库中已经存在的数据表名相同。
- column 是视图中的列名。当视图中的列是派生列,或多个列具有相同名称时,必须指定该参数,或在 SELECT 语句中为列指定别名。如果没有指定列名,其列名由 SELECT 语句指派。一个视图最多只能引用 1024 个列。
- AS 是要引出视图要执行的操作。
- select_statement 是定义视图的 SELECT 语句。该语句可以使用多个表或其他视图。

- WITH CHECK OPTION 是可选选项,用于视图数据操作时的检查条件。若省略此子句,则不进行检查。
  - ➢ CASCADED 表示当在一个视图的基础上创建另一个视图时,进行级联检查,即更新视图时要满足所有相关视图和表的条件,为默认选项。建议采用该参数,从该视图派生出来的视图在更新视图时需要考虑其父视图的约束条件,这样更加严谨,数据更加安全。
  - ➢ LOCAL 表示更新视图时满足该视图本身定义的条件即可。

【例 7-57】　在图书销售数据库 booksale 中,由图书表 books 创建出隐藏价格列 unitprice 的计算机类图书信息的视图 v_partbooks,然后查询视图。

```
CREATE VIEW v_partbooks AS
    SELECT bookid,title,isbn,author,ctgcode FROM books WHERE ctgcode = 'computer'
    WITH CHECK OPTION;
SELECT * FROM v_partbooks;
```

执行结果如图 7-29 所示。

图 7-29　创建单表视图

从执行结果可以看到,视图中记录的类别代号 ctgcode 都是 computer。创建的视图有列需要隐藏,因此用 SELECT 子句指出需显示的列名。使用视图时,用户接触不到实际操作的表和表中的列,这样可以很好地保证数据的安全。

【例 7-58】　在图书销售数据库 booksale 中,由图书表 books 和订单项目表 orderitems 创建出显示订单编号 orderid、书名 title、单价 unitprice 和销售价格 price 的视图 v_booksprice,然后查询视图。

```
CREATE VIEW booksale.v_booksprice AS
    SELECT orderid,title,unitprice AS 单价,price AS 销售价格
        FROM books INNER JOIN orderitems ON books.bookid = orderitems.bookid
    WITH LOCAL CHECK OPTION;
SELECT * FROM v_booksprice;
```

booksale.v_booksprice 表示在 booksale 数据库中创建名为 v_booksprice 的视图。通过视图可以简洁地把多个数据表的数据进行连接查询。SELECT 语句中因为两个价格不好区分,为了方便用户查看,给两个价格设置了别名。检查为 LOCAL,更新视图只需要满足该视图本身定义的条件即可。

【例 7-59】　在图书销售数据库 booksale 中,由顾客表 customers、订单表 orders 和订单项

目表 orderitems 创建出显示顾客姓名、累计订购数量和平均销售价格的视图 v_salebooks,然后查询视图。

```
CREATE VIEW booksale.v_salebooks(顾客姓名,累计订购数量,平均销售价格) AS
    SELECT cstname,SUM(quantity),AVG(price)
        FROM orderitems INNER JOIN orders ON orderitems.orderid = orders.orderid
        INNER JOIN customers USING(cstid) GROUP BY(cstid);
SELECT * FROM v_salebooks;
```

视图中的 SELECT 语句不仅仅局限于简单查询,也适用于复杂查询。该例使用了分组查询,输出列采用聚合函数。采用聚合函数的列如果不起别名,显示输出为聚合函数,为了方便用户查看,定义了视图输出的列名。例 7-58 中设置别名的位置和例 7-59 中设置别名的位置效果是一样的,大家选择适合自己的即可。

视图不是必需的数据库对象,只有创建视图的优势明显,才会创建视图,否则创建没用的视图只会浪费空间。如果某用户只有视图的查询权限,而没有基表的查询权限,则该用户无法进行视图查询。只有拥有基表及视图的查询权限的用户才能方便地使用视图查询数据。

7.5.2　查看视图

查看视图是指查看数据库中已经存在的视图的定义。查看视图必须要有 SHOW VIEW 的权限。查看视图包括 4 种方法。

1. 使用 DESCRIBE(DESC)语句查看视图

DESCRIBE 语句不仅可以查看数据表的定义,还可以查看视图的定义,因为视图是一张比较特殊的表——虚拟表。DESCRIBE 语句查询视图的基本语法格式如下所示。

```
DESCRIBE | DESC view_name;
```

语法说明：view_name 是要查看定义的视图的名称。

【例 7-60】　在图书销售数据库 booksale 中,查看视图 v_salebooks 的定义。

```
DESC v_salebooks;
```

2. 使用 SHOW TABLES 语句查看视图

SHOW TABLES 语句不仅可以查看数据库中有哪些数据表,还可以查看有哪些视图。SHOW TABLES 语句的基本语法格式如下所示。

```
#语法1:
SHOW TABLES FROM db_name;
#语法2:
USE db_name;
SHOW TABLES;
```

语法说明：db_name 是要查看表和视图所在的数据库的名称。

【例 7-61】 在图书销售数据库 booksale 中,查看有哪些数据表和视图。

```
SHOW TABLES FROM booksale;
```

3. 使用 SHOW CREATE VIEW 语句查看视图

可以使用 SHOW CREATE 命令查看定义表或视图的 SQL 语句,从而得到表或视图的详细结构。SHOW CREATE 命令的基本语法格式如下所示。

```
SHOW CREATE VIEW | TABLE view_name;
```

语法说明:view_name 是要查看定义的视图的名称。

【例 7-62】 在图书销售数据库 booksale 中,查看视图 v_salebooks 的定义。

```
SHOW CREATE VIEW v_salebooks;
```

创建视图的 SQL 定义语句在 Create View 列中显示。在图形化界面中由于列宽问题显示不全,可在命令行状态输入该命令并将";"替换成"\G"结尾,结果将以垂直方向显示,执行结果如图 7-30 所示。

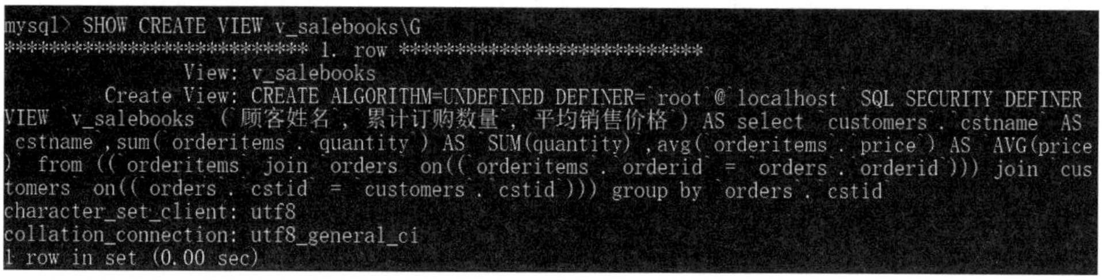

图 7-30 SHOW CREATE VIEW 语句查询视图

4. 在 VIEWS 表中查看视图

创建视图后,视图的定义都存储在 information_schema 数据库的 VIEWS 表中。查询该数据表,可以看到数据库中所有表或视图的详细结构。

【例 7-63】 在图书销售数据库 booksale 中,查看视图 v_salebooks 的定义。

```
SELECT * FROM information_schema.VIEWS WHERE TABLE_NAME = 'v_salebooks';
```

视图执行的 SQL 语句在 VIEW_DEFINITION 列中显示。在图形化界面中由于列宽问题显示不全,可在命令行状态输入该命令并将";"替换成"\G"结尾,结果将以垂直方向显示。

7.5.3 修改视图

修改视图是指修改数据库中已经存在的视图的定义。例如:当视图引用的数据表中的列发生了变化时,需要将视图进行修改以保持一致才能再使用。修改视图包括两种方法。

1. 使用 CREATE OR REPLACE VIEW 语句修改视图

创建视图时,如果视图已经存在,系统会将原视图删除,再创建新视图;如果视图不存在,则直接创建新视图。方法见 7.5.1 节。

【例 7-64】 在图书销售数据库 booksale 中,由图书表 books、顾客表 customers、订单表 orders 和订单项目表 orderitems 创建出显示顾客姓名 cstname、书名 title、图书国际标准书号 isbn 和订购数量 quantity 的视图 v_salebooks,然后查询视图。

```
CREATE OR REPLACE VIEW booksale.v_salebooks AS
    SELECT cstname,title,isbn,quantity
        FROM books INNER JOIN orderitems ON books.bookid = orderitems.bookid
            INNER JOIN orders USING(orderid) INNER JOIN customers USING(cstid)
    WITH CHECK OPTION;
SELECT * FROM v_salebooks;
```

booksale.v_salebooks 表示在 booksale 数据库中创建名为 v_salebooks 的视图。由于视图 v_salebooks 在 booksale 数据库中已经存在,使用 OR REPLACE 参数来替换已经创建的同名视图,原视图系统会自动删除。通过视图可以简洁地把四个数据表的数据进行连接查询,连接条件采用了两种方式,效果一致。

2. 使用 ALTER VIEW 语句修改视图

修改视图的基本语法格式如下所示。

```
ALTER [ALGORITHM = {UNDEFINED | MERGE | TEMPTABLE}]
    [DEFINER = user]
    [SQL SECURITY {DEFINER | INVOKER}]
    VIEW [db_name.]view_name [(column [ ,...n ])]
    AS select_statement
    [WITH [CASCADED | LOCAL] CHECK OPTION] ;
```

语法说明:所有关键字和参数同创建视图的语法保持一致。

【例 7-65】 在图书销售数据库 booksale 中,修改视图 v_partbooks,在原有计算机类图书信息的基础上再添加上生活类的图书信息,然后查询视图。

```
ALTER VIEW v_partbooks AS
    SELECT bookid,title,isbn,author,ctgcode FROM books
        WHERE ctgcode = 'computer' OR ctgcode = 'life'
    WITH CHECK OPTION;
SELECT * FROM v_partbooks;
```

7.5.4 查询视图

MySQL 允许用户采用操作表的方法操作视图,即对视图进行 SELECT、UPDATE、INSERT、DELETE 操作。但由于视图只是虚表,并不存储数据,因此通过视图操作数据将被转换为对基表进行数据操作。

查询视图就是指通过视图来查看数据表中的数据。

【例 7-66】 在图书销售数据库 booksale 中,查看视图 v_partbooks。

```
SELECT * FROM v_partbooks;
```

7.5.5 更新视图

更新视图是指通过视图来插入、修改、删除基表中的数据,但并不是所有的视图都可以更新,只有满足更新条件的视图才能更新。更新视图,应遵循以下规则。

(1) 系统允许修改基于两个或多个基表得到的视图,但是每次修改只能涉及一个基表,否则操作失败。

(2) 系统不允许修改视图中的计算列、聚合列和 DISTINCT 关键字作用的列。

(3) 如果视图定义中包含 GROUP BY 子句或 HAVING 子句,则不能通过视图修改数据。

(4) 通过视图修改基表中的数据时,必须满足基表上定义的完整性约束。

(5) 如果视图定义中包含 WITH CHECK OPTION 选项,则 INSERT 操作必须符合视图定义中 WHERE 子句设定的查询条件;不满足 WHERE 子句查询条件的 UPDATE 和 DELETE 操作虽被允许,但对基表不起任何作用。

(6) 由不可更新的视图导出的视图不可更新。

(7) 定义视图的 SELECT 语句中包含子查询,或是合并查询(UNION)的视图不可更新。

(8) 带有常量的视图不可更新。

(9) 创建视图时,ALGORITHM 为 TEMPLATE 类型的视图不可更新。

视图虽然可以更新数据,但是有很多的限制,因此,最好将视图作为查询数据的方法,而不要通过视图来更新数据。

【例 7-67】 在图书销售数据库 booksale 中,利用视图 v_partbooks,插入一条图书信息,然后查询视图。

```
INSERT INTO v_partbooks
    VALUES(NULL,'福尔摩斯探案全集','978-7-5309-5557-4','柯南道尔','fiction');
```

插入失败。这里插入数据的 ctgcode 列的值为 'fiction',违反了 WITH CHECK OPTION 的条件,必须是'computer'或'life'类图书才能插入成功。

修改代码,如下。

```
INSERT INTO v_partbooks
    VALUES(NULL,'大数据技术原理与应用','978-7-1154-4330-4','林子雨','computer');
SELECT * FROM v_partbooks;
SELECT * FROM books;
```

插入成功。books 表中添加了一条记录,由于视图中不包括单价 unitprice,且该列允许为空,系统自动赋值为 NULL。如果该列不允许为空且没有设置默认值,通过视图将无法成功地添加记录。利用视图插入一条图书信息后基表数据更新,视图同步更新。

【例 7-68】 在图书销售数据库 booksale 中,利用视图 v_partbooks,更新一本图书信息,然后查询视图。

```
UPDATE v_partbooks SET author = '萨巴蒂娜' WHERE isbn = '978 - 7 - 5184 - 1973 - 9';
SELECT * FROM v_partbooks;
```

【例 7-69】 在图书销售数据库 booksale 中,利用视图 v_booksprice,将订单编号为 1 的订单的销售价格调整为单价打七折的价格,然后查询视图。

```
UPDATE v_booksprice SET 销售价格 = 单价 * 0.7 WHERE orderid = 1;
SELECT * FROM v_booksprice;
```

当视图数据来自多个基表时,每次更新操作只能更新一个基表中的数据。因 v_booksprice 视图输出的列名是指定的,故 SET 子句中列名应该使用指定名,若仍使用基表中的原列名,系统将报错。

【例 7-70】 在图书销售数据库 booksale 中,利用视图 v_booksprice,删除订单编号为 1 的订单。

```
DELETE FROM v_booksprice WHERE orderid = 1;
```

删除失败,因为视图 v_booksprice 涉及两张表。

【例 7-71】 在图书销售数据库 booksale 中,利用视图 v_partbooks,删除图书编号 bookid 为 11 的图书,然后查询视图。

```
DELETE FROM v_partbooks WHERE bookid = 11;
SELECT * FROM v_partbooks;
```

7.5.6 删除视图

删除视图就是指删除数据库中已存在的视图。因为视图并不存放任何物理数据,所以删除视图只是删除视图的定义,和数据无关。

删除视图要求用户具有删除视图(DROP VIEW)的权限。删除视图的基本语法格式如下所示。

```
DROP VIEW [IF EXISTS] view_name [, view_name] ...
    [RESTRICT | CASCADE];
```

语法说明如下。

- view_name 是要删除视图的名称。视图名可以有一个或多个,可同时删除一个或多个视图,视图名之间用逗号分隔。如果多个视图名中有不存在的视图名,则视图删除操作失败,并在报错信息中陈述无法删除的视图的名称。
- IF EXISTS 是可选选项。添加该选项,表示指定的视图存在时执行删除视图操作,否则忽略此操作。
- RESTRICT | CASCADED 是可选选项。CASCADE 是自动删除依赖此视图的对象(例如其他视图)。RESTRICT 是如果有依赖对象存在,则拒绝删除此视图,此项

是默认选项。

【例7-72】 在图书销售数据库 booksale 中,删除视图 v_partbooks 和视图 v_salesbooks,然后查看视图列表。

```
DROP VIEW v_partbooks,v_salesbooks;
SHOW TABLES;
```

因为视图 v_salesbooks 不存在,故系统报错,指出无法删除的视图名称,且该命令无法完成删除。

修改代码,如下所示。

```
DROP VIEW IF EXISTS v_partbooks,v_salesbooks;
SHOW TABLES;
```

视图 v_partbooks 存在,则该视图被删除;视图 v_salesbooks 不存在,则系统忽略此操作。

7.6 可视化操作指导

注意:运行脚本文件 Chapter7-booksale.sql 创建数据库 booksale 及相关数据表,然后打开 Navicat for MySQL,连接到数据库服务器。

1. 表的查询

(1) 在图书表 books 中,查询单价 unitprice 在 50～100 元的图书信息,结果按单价 unitprice 列降序排列输出,并导出到 E:\partbooks.txt 文件。

① 右击 booksale 数据库,在弹出的快捷菜单中选择"打开数据库"命令,单击"表"节点前方的">",展开"表"节点,右击 books 数据表,在弹出的快捷菜单中选择"打开表"命令,在右侧主窗口中打开了 books 表的显示信息页。

② 单击"筛选"按钮 ▼筛选,上方出现筛选窗口,单击"<添加>"选项,出现列选择,单击 bookid,在弹出的下拉列表中选择要筛选的列"unitprice",单击"等于"选项,在弹出的下拉列表中选择运算符"介于",单击第一个"<?>",在弹出的文本框中输入 50 后单击"确定"按钮,单击第二个"<?>",在弹出的文本框中输入 100 后单击"确定"按钮,单击"<应用>(Ctrl＋R)"选项,下方窗口按筛选条件显示结果,如图 7-31 所示。

图 7-31 筛选结果

③ 单击"排序"按钮 ![排序] ,上方更换为排序窗口,单击"<添加>"选项,出现列选择,单击 bookid,在弹出的下拉列表中选择要排序的列 unitprice,单击"ASC",更新为 DESC,单击"< 应用>(Ctrl+R)"选项,下方窗口按排序显示结果,如图 7-32 所示。

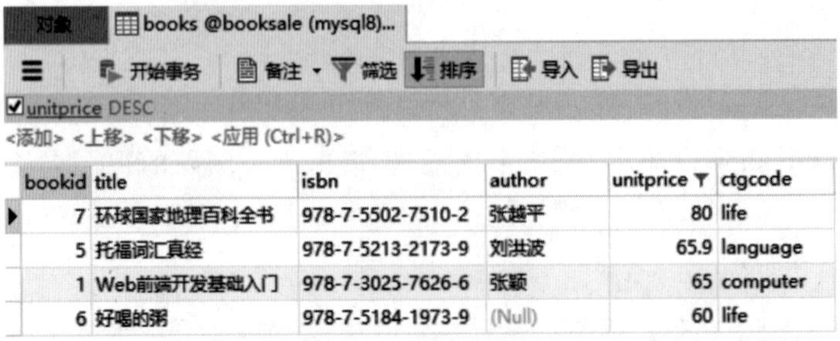

图 7-32 排序结果

④ 单击"导出"按钮 ![导出] ,在弹出的"确认"对话框中单击"全部记录"按钮,弹出"导出 向导"对话框,选择"文本文件(* . txt)"单选按钮,单击"下一步"按钮,弹出"导出向导"对 话框。

⑤ 在数据源 books 行的"导出到"中输入目标文件路径 E:\partbooks. txt,或单击"…" 在弹出的"另存为"对话框中选择路径设置文件名,单击"下一步"按钮,在弹出的对话框中设 置要导出的列,单击"下一步"按钮,默认选项,再单击"下一步"按钮,单击"开始"按钮,完成 导出操作。

⑥ 单击"关闭"按钮,完成导出操作。

📖**提示**:该方法只适用于简单查询。

筛选条件可为复合条件,通过单击"<添加>"选项完成多条件的设置,通过"<上移>"和 "<下移>"选项可以改变筛选条件的顺序。排序同理。

在筛选条件或排序条件上右击,在弹出的对话框中选择"删除"命令,可将选中的选项从 条件区中删除。

(2)在图书销售数据库 booksale 中查询图书表 books 中所有计算机类图书的信息,并 按作者姓氏拼音降序排列。

① 右击 booksale 数据库,在弹出的快捷菜单中选择"打开数据库"命令,右击"查询",在 弹出的快捷菜单中选择"新建查询"命令,在右侧主窗口中打开了查询编辑器。

② 在查询编辑器中输入查询命令,单击"运行"按钮 ![运行] ,在下方显示查询结果,如 图 7-33 所示。

2. 管理视图

在图书销售数据库 booksale 中,由图书表 books、顾客表 customers、订单表 orders 和 订单项目表 orderitems 创建出订购数量 quantity 大于 10 的订单详情视图 v_salebooks,输 出列包括顾客姓名 cstname、书名 title、图书国际标准书号 isbn 和订购数量 quantity,要求 输出结果按订购数量 quantity 降序排列,然后查看视图结果。

(1)右击 booksale 数据库,在弹出的快捷菜单中选择"打开数据库"命令,右击"视图", 在弹出的快捷菜单中选择"新建视图"命令,在右侧主窗口中打开了视图定义区,单击"视图 创建工具"选项卡,打开视图创建图形化界面。

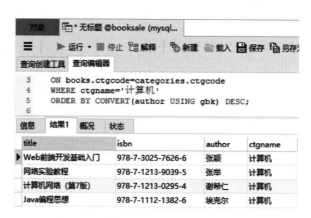

图 7-33　查询结果

（2）双击 books，则在右侧显示出 books 表的列表，选中需要输出的列 ☑ title 和 ☑ isbn，右下方窗口自动生成了相关命令。

（3）双击 orderitems，则在右侧显示出 orderitems 表的列表，选中需要输出的列 ☑ quantity。books 表和 orderitems 表之间自动创建了连接，右下方窗口自动生成了相关命令。

（4）双击 orders，则在右侧显示出 orderitems 表的列表。orders 表和 orderitems 表之间自动创建了连接，右下方窗口自动生成了相关命令。

（5）双击 customers，则在右侧显示出 customers 表的列表，选中需要输出列 ☑ cstname。orders 表和 customers 表之间自动创建了连接，右下方窗口自动生成了相关命令。

（6）在右上方窗口的 orderitems 表中，右击 ☑ quantity，在弹出的快捷菜单中选择 Where 命令，在弹出的快捷菜单中选择"＞＝"命令，在弹出的窗口中输入 10，然后单击"确定"按钮，完成筛选条件的设置，右下方窗口自动生成了相关命令。

（7）在右上方窗口的 orderitems 表中，右击 ☑ quantity，在弹出的快捷菜单中选择 Order By 命令，在弹出的快捷菜单中选择 DESC 命令，完成排序的设置，右下方窗口自动生成了相关命令。设置完成，如图 7-34 所示。

（8）单击"保存"按钮，在弹出的视图名对话框中输入 v_salebooks，单击"确定"按钮完成视图的创建。

（9）单击"预览"按钮，在"定义"选项卡中显示了视图执行的 SQL 语句，下方的"结果"选项卡中显示查询视图的结果。

📖提示：右击 booksale 数据库，在弹出的快捷菜单中选择"打开数据库"命令，单击"视图"节点前方的"＞"，展开"视图"节点，右击指定视图：

- 在弹出的快捷菜单中选择"打开视图"命令，可在右侧显示查询视图的结果。
- 在弹出的快捷菜单中选择"设计视图"命令，可在右侧的"视图创建工具"选项卡中对视图定义进行修改。
- 在弹出的快捷菜单中选择"重命名"命令，可修改视图名。
- 在弹出的快捷菜单中选择"删除视图"命令，在弹出的警告"确认删除"对话框中单击"删除"按钮，将删除相应的视图。

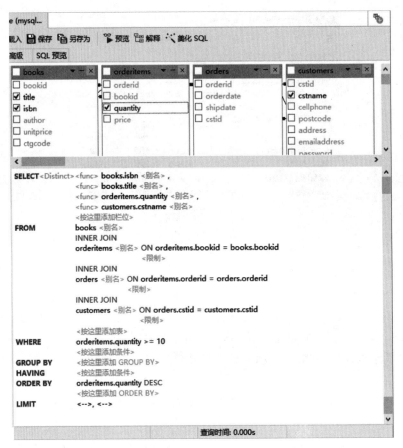

图 7-34　创建视图

7.7　实践练习

📖**注意**：运行脚本文件 Ex-Chapter7-Database.sql 创建数据库 teachingsys 及相关数据表，并在该数据库下完成练习。

1. 表的查询

（1）在学生表 students 中查询所有学生的信息。

（2）在学生表 students 中查询所有学生的姓名和性别。

（3）在学生表 students 中查询学生所在班级。

（4）在学生表 students 中查询学生的姓名和年龄，列名称使用中文，分别为姓名、年龄，结果按姓名升序输出，且输出从第三条开始连续 5 条记录。

（5）在学生表 students 中查询在 9 月和 10 月出生的学生的姓名和出生日期。

（6）在选修表 studying 中查询成绩为空的选修信息。

（7）在学生表 students 中查询学生姓名中第二个字是"志"的学生信息。

（8）在选修表 studying 中查询 tchid 为 2 并且成绩在 70～80 分的选课信息，结果先按课程编号升序排列，再按学号降序排列。

（9）在选修表 studying 中查询每门课程的最高分和最低分,列名称使用中文,分别为课程编号、最高成绩和最低成绩。

（10）在选修表 studying 中查询学生平均成绩高于 80 分的学生学号及平均成绩,列名称使用中文,分别为学号、平均成绩,结果按平均成绩降序输出。

（11）查询学生选修课成绩不为空的选修明细,包括学生姓名、课程名称、教师姓名和成绩,结果先按学生编号升序排列,再按成绩降序排列。

（12）查询所有系部的所属班级情况。

（13）在选修表 studying 中查询成绩高于或等于平均成绩的选修情况。

（14）使用子查询查询学号为 3 的学生选修的课程信息。

（15）使用子查询查询比 EL-20EL1 班所有同学都小的同学信息。

（16）将学生表 students 中的所有男生添加到 boystudents 表中,然后查看 boystudents 表中所有学生信息。

（17）将选修表 studying 中平均成绩高于 80 分的学生,在 boystudents 表的 memo 列上填上"三好生",然后查看 boystudents 表中所有学生信息。

（18）查询选修表 studying 中未选课的同学,在 boystudents 表中将这些同学删除,然后查看 boystudents 表中所有学生信息。

2．定义视图

（1）创建查询信息系的学生的视图 v_part_students,然后查询视图。

（2）利用视图 v_part_students,插入一名信息系的学生,然后查询视图。

（3）利用视图 v_part_students,更新陈红的班级为"20 软件技术 1 班"。

（4）修改视图 v_part_students,查询所有女生的信息,并要求视图数据操作时要检查。

（5）利用视图 v_part_students,删除陈红同学的信息。

（6）删除视图 v_part_students,然后查看视图列表。

第 8 章 MySQL语言结构

本章要点

- 理解 SQL 语言的分类。
- 掌握常量和变量的使用。
- 掌握运算符和表达式的使用。
- 掌握 MySQL 的控制语句的使用。
- 掌握 MySQL 函数的使用。

📖**注意**：运行脚本文件 Chapter8-booksale.sql 创建数据库 booksale 及相关数据表。本章例题均在该数据库下运行。

MySQL 语言一共分为四大类：数据定义语言(DDL)、数据操纵语言(DML)、数据控制语言(DCL)和 MySQL 增加的语言元素。

1. 数据定义语言(Data Definition Language,DDL)

用于对数据库及数据库中的各种对象进行创建、删除、修改等操作。数据库对象主要包括：表、默认约束、视图、触发器、存储过程等。DDL 包括的主要语句及功能如表 8-1 所示。

表 8-1　DDL 组成

语　　句	功　　能	说　　明
CREATE	创建数据库或数据库对象	对象不同,CREATE 的语法不同
ALTER	修改数据库或数据库对象	对象不同,ALTER 的语法不同
DROP	删除数据库或数据库对象	对象不同,DROP 的语法不同

2. 数据操纵语言(Data Manipulation Language,DML)

用于操纵数据库中的对象。DML 包括的主要语句及功能如表 8-2 所示。

表 8-2　DML 组成

语　　句	功　　能	说　　明
INSERT	往表或视图中添加数据	一次插入一条记录,或根据子查询批量插入记录
UPDATE	修改表或视图中的数据	一次修改一列或多列,使用 WHERE 限定被修改的记录
DELETE	删除表或视图中的数据	删除指定的记录
SELECT	查询表或视图中的数据	是使用最频繁的 SQL 语句之一

3. 数据控制语言(Data Control Language,DCL)

用于数据库的安全管理,确定哪些用户可以查看或修改数据库中的数据,DCL 包括的主要语句及功能如表 8-3 所示。

表 8-3　DCL 组成

语　句	功　能	说　明
GRANT	授予权限	可把语句许可或对象许可的权限授予其他用户和角色
REVOKE	收回权限	与 GRANT 的功能相反,但不影响该用户或角色从其他角色中作为成员继承许可权限

4. MySQL 增加的语言元素

这部分不是 SQL 标准所包含的内容,而是为了用户编程的方便增加的语言元素。这些语言元素包括常量、变量、运算符、函数、流程控制语句和注解等。

本章主要对 MySQL 增加的语言元素进行讲解。

8.1　常量和变量

视频讲解

MySQL 提供了常量和变量来保存数据,它们可以像编程语言一样使用。

8.1.1　常量

常量是指在程序运行过程中值保持不变的量。在 MySQL 中,常量的类型是由它表示的值的数据类型决定的。MySQL 常量如表 8-4 所示。

表 8-4　MySQL 的常量

常　量　类　型	示　例
字符串常量	用单引号或双引号括起来的字母、数字以及特殊符号组成的字符序列,例如：'hello'、'ab c♯%'、"5hello! "
实数常量	3.14、-3.14、15.3E5、0.3E-5
整数常量	100、-100、0x1D
日期时间常量	'2021-08-02 14:28:24:00'、'2021-08-02'、'14:28:24:00'
布尔常量	TRUE(数字值为"1")和 FALSE(数字值为"0")
NULL 值	用来表示"无数据",但不同于空字符串和数字 0

1. 字符串常量

字符串常量是指用单引号或双引号括起来的字符序列,分为 ASCII 字符串常量和 Unicode 字符串常量。

ASCII 字符串常量是用单引号或双引号括起来的,由 ASCII 字符构成的符号串,例如：'tsguas'、'Hello tsguas!'。

Unicode 字符串常量与 ASCII 字符串常量相似,但它前面有一个 N 标志符(N 代表 SQL-92 标准中的国际语言(National Language),N 前缀必须为大写),且只能用单引号括起字符串,例如：N'tsguas'、N'Hello tsguas!'。每个字符用两个字节存储,即双字节数据。

在字符串中不仅可以使用普通的字符,也可使用转义序列(又称转义符),它们用来表示不能从键盘录入的或者特殊的字符。转义符列表如表 8-5 所示。

表 8-5　转义符

序　列	含　义	序　列	含　义
\0	一个 ASCII 0 (NUL)字符	\'	一个单引号("'")符
\n	一个换行符	\"	一个双引号(""")符
\r	一个回车符(Windows 中使用\r\n 作为新行标志)	\\	一个反斜线("\")符
\%	一个"%"符。它用于在正文中搜索"%"的文字实例,否则这里"%"将解释为一个通配符	_	一个"_"符。它用于在正文中搜索"_"的文字实例,否则这里"_"将解释为一个通配符
\b	一个退格符	\t	一个定位符
\Z	一个 ASCII 26 字符(Ctrl+Z)		

【例 8-1】　执行如下语句。

```
SELECT 'I\'m a teacher!';
```

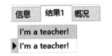

图 8-1　字符串常量 1

执行结果如图 8-1 所示。

SELECT 命令可用来查看常量、变量等,"\'"是转义输出单引号。

【例 8-2】　执行如下语句。

```
SELECT 'hello',"hello",'"hello"','"""hello"""', 'hel''lo', 'hel\'lo', 'hel""lo';
```

执行结果如图 8-2 所示。

hello	hello1	"hello"	""hello""	hel'lo	hel'lo1	hel""lo
hello	hello	"hello"	""hello""	hel'lo	hel'lo	hel""lo

图 8-2　字符串常量 2

第 1 列单引号括起来的字符串 hello,列名和值均为字符串 hello;第 2 列双引号括起来的字符串 hello,列名和第 1 列重复,因此重新命名为 hello1,值为字符串本身 hello;第 3 列单引号括起来的带双引号的字符串 hello,列名和值均为带双引号的字符串 hello,字符串中的双引号不需要另外转义;第 4 列单引号括起来的带两个双引号的字符串 hello,列名和值均为带两个双引号的字符串 hello;第 5 列单引号括起来的字符串 hello 且两个 l 之间有两个单引号,列名和值均为字符串 hel'lo,如果字符串本身包括单引号,则使用两个单引号将单引号转义输出或使用"\'"将单引号转义输出;第 6 列单引号括起来的字符串 hello 且两个 l 之间有转义字符"\'",列名和第 5 列重复,因此重新命名为 hel'lo1,值为字符串 hel'lo;第 7 列单引号括起来的字符串 hello 且两个 l 之间有两个双引号,列名和值均为字符串 hel""lo,因为字符串中的双引号不需要另外转义。

　　📖提示:在标准 SQL 中,字符串使用的是单引号。MySQL 中也允许用双引号表示字符串,但这不是标准是扩展,最好不用。

2. 数值常量

数值常量可以分为整数常量和实数常量。

整数常量由没用引号括起来并且不包含小数点的数字字符串来表示,例如:2001,8,+147345839,−2107483698。

实数常量由没用引号括起来并且包含小数点的数字字符串来表示,例如:3.14,−2.38,101.5E3,0.5E−6。

【例8-3】　执行如下语句。

```
SELECT x'41',0x41, CAST(0x41 AS UNSIGNED);
```

执行结果如图8-3所示。

x'41'或X'41'表示十六进制常量,0x41是另一种通用表现形式,"0x"是十六进制的前缀,"0x"中x一定要小写。十六进制值的默认类型是字符串。如果想要确保该值作为数字处理,可以使用CAST(...AS UNSIGNED)。

【例8-4】　将十进制123以二进制、八进制、十六进制显示。

```
SELECT BIN(123),OCT(123),HEX(123);
```

执行结果如图8-4所示。

【例8-5】　计算85和13的和、差、积、商、余数。

```
SELECT 85 + 13,85 − 13,85 * 13,85/13,85 % 13;
```

执行结果如图8-5所示。

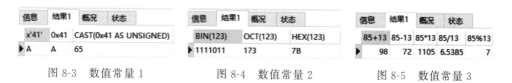

图8-3　数值常量1　　　　图8-4　数值常量2　　　　图8-5　数值常量3

3. 位字段值

可以使用b'value'符号写位字段值。value是一个用0和1写成的二进制值。

【例8-6】　将二进制1101以二进制、八进制、十六进制显示。

```
SELECT BIN(b'1101'), OCT(b'1101'), HEX(b'1101');
```

使用BIN函数可以将位字段常量显示为二进制格式,使用OCT函数可以将位字段常量显示为八进制格式,使用HEX函数可以将位字段常量显示为十六进制格式。

4. 日期时间常量

日期时间常量使用特定格式的字符日期值来表示,并被单引号括起来。

日期型常量包括年、月、日,数据类型为DATE,表示为"2021-08-08"这样的值。

时间常量包括小时数、分钟数、秒数及微秒数,数据类型为TIME,表示为"10:18:40.

00018"这样的值。

日期时间组合的数据类型为 DATETIME 或 TIMESTAMP,表示为"2021-08-08 10：18：40"这样的值。

【例 8-7】 执行如下语句。

```
SELECT '2021 - 08 - 08 10:18:40';
```

执行结果如图 8-6 所示。

5. 布尔常量

布尔常量包括 TRUE 和 FALSE。表示 TRUE 的数字为 1,表示 FALSE 的数字为 0。

【例 8-8】 执行如下语句。

```
SELECT TRUE, FALSE;
```

执行结果如图 8-7 所示。

6. NULL 值

NULL 值可适用于各种列类型,它通常用来表示"没有值""无数据"等意义,并且不同于数字类型的"0"或字符串类型的空字符串。

【例 8-9】 执行如下语句。

```
SELECT NULL, '', 0;
```

执行结果如图 8-8 所示。

第一列 NULL,列名和值均为 NULL,表示不存在。第二列单引号括起来空字符串,列名 field2 表示第二列,值为空,字符串长度为 0。第三列 0,列名和值均为 0。

图 8-6　日期时间常量　　　图 8-7　布尔常量　　　图 8-8　NULL 值常量

8.1.2　变量

变量是指在程序运行中值可以变的量。变量在命名时要满足对象标识符的命名规则。变量可以分为用户变量、系统变量和局部变量。

1. 用户变量

用户可以在表达式中使用自己定义的变量,这样的变量称为用户变量。用户可以先在用户变量中保存值,然后再引用它。这样可以将值从一个语句传递到另一个语句。

用户变量以@开头,在使用前必须定义和初始化。如果变量没有初始化,变量的值为 NULL。

用户变量与连接有关,即一个客户端定义的变量不能被其他客户端看到或使用。当客户端退出时,该客户端连接的所有变量将自动释放。

用户变量的定义和初始化的基本语法格式如下所示。

```
SET @user_variable1 = expression1 [,@user_variable2 = expression2 , ...];
```

语法说明如下。

- @user_variable1、@user_variable2 是用户变量名。用户变量名可以由当前字符集的文字数字字符、"."""_"和"＄"组成且以@开头。当变量名中需要包含一些特殊符号（如空格、♯等）时，可以使用双引号或单引号将整个变量名括起来。
- expression1、expression2 是初始化的表达式。
- 可以一次性设置多个变量。

【例 8-10】　创建用户变量 name 并赋值为"马林"；用户变量 num_1 并赋值为 10；用户变量 num 2，它的值为 num_1 的值加 5；然后查询刚创建的用户变量的值。

```
SET @name = '王林',@num_1 = 10,@'num 2' = @num_1 + 5;
SELECT @name,@num_1,@'num 2';
```

执行结果如图 8-9 所示。

【例 8-11】　在图书销售数据库 booksale 中查询图书表 books 中图书编号为 1 的图书类型代码，赋值给用户变量 type。

```
SET @type = (SELECT ctgcode FROM books WHERE bookid = 1);
SELECT @type;
```

执行结果如图 8-10 所示。

图 8-9　用户变量 1

图 8-10　用户变量 2

【例 8-12】　在图书销售数据库 booksale 中查询图书表 books 中图书类型代码为用户变量 type 值的图书信息。

```
SELECT * FROM books WHERE ctgcode = @type;
```

执行结果如图 8-11 所示。

bookid	title	isbn	author	unitprice	ctgcode
1	Web前端开发基础入门	978-7-3025-7626-6	张颖	65	computer
2	计算机网络（第7版）	978-7-1213-0295-4	谢希仁	49	computer
3	网络实验教程	978-7-1213-9039-5	张举	32	computer
4	Java编程思想	978-7-1112-1382-6	埃克尔	107	computer

图 8-11　利用用户变量查询数据

2. 系统变量

系统变量是系统内部定义的变量,实际上是用于控制数据库的一些行为和方式的参数。例如,我们启动数据库时设定多大的内存,使用什么样的隔离级别,数据如何被存储等,对所有 MySQL 客户端都有效。

MySQL 可以访问许多系统变量。当服务器运行时有些系统变量可以动态更改,这样通常允许进行服务器修改操作而不需要停止并重启服务器。系统变量以@@开头。

MySQL 服务器维护两种系统变量:全局变量和会话变量。

1) 全局变量

全局变量可影响服务器的整体操作,它是由系统定义的。当 MySQL 服务器启动时,全局系统变量初始化为默认值,并且应用于每个启动的会话。查看全局变量信息的基本语法格式如下所示。

```
#语法1:
SHOW GLOBAL VARIABLES [LIKE 'pattern'];
```

语法说明:LIKE 'pattern'是可选选项,其中 pattern 是匹配字符串。省略时表示查看所有全局变量的值,可使用 LIKE 结合通配符查看部分全局变量的值,也可直接写全局变量名。

```
#语法2:
SELECT @@global.system_variable;
```

语法说明:@@global 是用于标记全局变量的关键字,system_variable 是全局变量名。例如:@@global.a 表示 a 是一个 global 全局变量。

📖提示:两种方法的显示结果、格式不一样。

【例 8-13】 查询包含 version 字样的全局变量的值。

```
SHOW GLOBAL VARIABLES LIKE '%version%';
```

【例 8-14】 查询指定全局变量的值。

```
SELECT @@global.sort_buffer_size;
```

全局变量在成功连接 MySQL 服务器并被初始化后,这些默认值可以在选项文件中或在命令行中指定的选项上进行更改。设置数据库系统参数即全局变量有以下两种方法。

- 静态设置,即修改数据库配置文件 my.ini,启动或重启 MySQL 服务都会生效,此种方法是永久生效。
- 动态设置,即使用数据库登录账户和密码登录数据库服务,该方法如果数据库服务重启,则设置失效。

动态定义全局变量的基本语法格式如下所示。

```
#语法1:
SET GLOBAL system_variable = expression;
```

语法说明如下。

- system_variable 是全局变量名,expression 是初始化的表达式。
- 执行 SET GLOBAL 语句,必须具有 SUPER 权限。

```
♯语法 2:
SET @@global.system_variable = expression;
```

语法说明如下。

- @@global 是用于标记全局变量的关键字,system_variable 是全局变量名。
- expression 是初始化的表达式。

【例 8-15】　修改指定全局变量以开启定时任务。

静态设置:修改数据库配置文件 my.ini,在[mysqld]组下加入以下变量声明,然后重新启动服务器。

```
event_scheduler = ON
```

动态设置。

```
SET @@global.event_scheduler = 1;
-- 等价于
SET GLOBAL event_scheduler = 1;
SHOW GLOBAL VARIABLES LIKE 'event_scheduler';
```

2)会话变量

会话变量是在每次建立一个新连接时,由 MySQL 服务器将当前所有全局变量值复制一份给会话变量完成初始化。因此当启动会话的时候,每个会话变量都和同名的全局变量的值相同。一个会话变量的值是可以改变的,但是这个新的值仅适用于当前正在运行的会话,不适用于所有其他会话,且当前连接断开后,所有修改的会话变量均会失效。

(1)查看会话变量。

查看会话变量信息的基本语法格式如下所示。

```
♯语法 1:
SHOW SESSION|LOCAL VARIABLES [LIKE 'pattern'];
```

语法说明:LIKE 'pattern'是可选选项,其中 pattern 是匹配字符串。省略时表示查看所有会话变量的值,可使用 LIKE 结合通配符查看部分会话变量的值,也可直接写会话变量名。

```
♯语法 2:
SELECT @@session|local.system_variable;
```

语法说明:@@session 或@@local 是用于标记会话变量的关键字,system_variable 是会话变量名。例如:@@session.a 表示 a 是一个会话变量。

📖提示:两种方法的显示结果、格式不一样。

(2) 定义会话变量。

定义会话变量的基本语法格式如下所示。

```
#语法1:
SET SESSION|LOCAL system_variable = expression;
```

语法说明:system_variable 是会话变量名,expression 是初始化的表达式。

```
#语法2:
SET @@session|local.system_variable = expression;
```

语法说明如下。

- @@session 或@@local 是用于标记会话变量的关键字,system_variable 是会话变量名。
- expression 是初始化的表达式。

【例 8-16】 查看会话变量 sql_warnings,将其值修改为相反的值后,再次查看该会话变量。

```
SHOW SESSION VARIABLES LIKE 'sql_warnings';
SET @@session.sql_warnings = 1;
-- 等价于
SET SESSION sql_warnings = 1;
SELECT @@session.sql_warnings;
```

"@@session.sql_warnings = {0 | 1}"决定了在执行单行 INSERT 语句发生错误的情况下,是否要报告错误信息。它的默认值是 0 即 OFF,如果设置为 1 即 ON,则表示会在发生错误时报告错误信息。

【例 8-17】 把会话变量 sql_warnings 恢复成默认值。

```
SET @@session.sql_warnings = DEFAULT;
-- 等价于
SET @@local.sql_warnings = DEFAULT;
SELECT @@local.sql_warnings;
```

3. 局部变量

局部变量也称为本地变量,一般用在 SQL 语句块中,例如存储过程的"BEGIN…END"中。其作用域仅限于语句块,语句执行完后,局部变量失效。

定义局部变量的基本语法格式如下所示。

```
DECLARE var_name [, var_name]... type [DEFAULT value];
```

语法说明如下。

- var_name 是局部变量名,可以同时声明多个同类型变量,多个变量名之间用逗号分隔。
- type 是数据类型。

- DEFALUT 是可选选项,用于设置默认值,value 是默认值。该项省略时变量的初始值为 NULL。

【例 8-18】 定义函数 fun(),在函数中定义局部变量 age,然后调用 fun()函数。

```
DELIMITER $$
CREATE FUNCTION fun() RETURNS INTEGER
BEGIN
    DECLARE age INT DEFAULT 18;
    RETURN age;
END $$
DELIMITER ;
```

创建函数见 8.3.2 节。若创建函数报错[Err]1488,则需要将全局变量 log_bin_trust_function_creators 的值设置为 1,具体方法见 8.3.2 节。

输入以下命令,调用函数。

```
SELECT fun();
```

执行结果如图 8-12 所示。

图 8-12　通过函数调用局部变量

8.2　运算符和表达式

视频讲解

MySQL 数据库中的表结构确立后,表中的数据代表的意义就已经确定。而通过 MySQL 运算符进行运算,就可以获取到表结构以外的另一种数据。

MySQL 支持四种运算符,分别是算术运算符、比较运算符、逻辑运算符和位运算符。

8.2.1　算术运算符

算术运算符在两个表达式上执行数学运算,这两个表达式可以是任何数字数据类型。算术运算符是 MySQL 中最基本的运算符,MySQL 提供的算术运算符,如表 8-6 所示。

表 8-6　算术运算符

运 算 符	说 明	举 例	运 算 符	说 明	举 例
+	加法运算,返回和	7+5,结果为 12	/或 DIV	除法运算,返回商	7/5,结果为 1.4
-	减法运算,返回差	7-5,结果为 2	%或 MOD	取余运算,返回余数	7%5,结果为 2
*	乘法运算,返回积	7*5,结果为 35			

【例8-19】 算术运算符。

```
SELECT 7 + 1.5,7 − 1.5,7 * 1.5,7/1.5,7 % 1.5,5 + '7';
```

当操作符两边的类型不一致时,参考操作符默认的操作类型,优先向操作符默认的类型转换。处理5+'7'时,由于＋是数值运算符,所以优先将'7'转换为数值7来进行加法运算。

📖提示:当 MySQL 把字符串转换为数值类型时,会从该字符串的起始位置查找是否含有0~9 的字符,如果有,将其转换为对应的数值,并忽略其后不能进行转换的字符。如'28A3'转换结果为28; 'hello'转换结果为0。

【例8-20】 查询在日期'2021-01-01'的基础上分别加上20天、20个月、20年的日期。

```
SELECT '2021 − 01 − 01' +  INTERVAL 20 DAY, '2021 − 01 − 01' +  INTERVAL 20 MONTH, '2021 − 01 − 01' +
INTERVAL 20 YEAR;
```

INTERVAL 关键字用于计算时间间隔,可以直接与日期、时间进行计算。

8.2.2 比较运算符

比较运算符又称为关系运算符,用于比较两个表达式的值,其运算结果为逻辑值,1 或 TRUE 表示真,0 或 FALSE 表示假,NULL 表示不确定。MySQL 提供的比较运算符,如表 8-7 所示。

表 8-7 比较运算符

运 算 符	说 明	举 例	运 算 符	说 明	举 例
=	等于	7＝5,结果为 0	IS NULL	为空	5 IS NULL,结果为 0
<=>	相等或都等于空	NULL <=> NULL,结果为 1	IS NOT NULL	不为空	5 IS NOT NULL,结果为 1
<>或!=	不等于	7 <> 5,结果为 1	BETWEEN	在两值之间	5 BETWEEN 5 AND 7,结果为 1
>	大于	7 > 5,结果为 1	NOT BETWEEN	不在两值之间	5 NOT BETWEEN 5 AND 7,结果为 0
>=	大于或等于	7 >= 5,结果为 1	LIKE	通配符匹配	'hello' LIKE '%e%',结果为 1
<	小于	7 < 5,结果为 0	REGEXP 或 RLIKE	正则表达式匹配	300 REGEXP '.00',结果为 1
<=	小于或等于	7 <= 5,结果为 0	LEAST	返回最小值	LEAST(5,6,7),结果为 5
IN	在集合中	5 IN(5,7),结果为 1	GREATEST	返回最大值	GREATEST(5,6,7),结果为 7
NOT IN	不在集合中	5 NOT IN(5,7),结果为 0			

【例 8-21】 比较运算符。

```
SELECT 300 REGEXP '.00','a00' REGEXP '.00', 'abc'>'aba', NULL = NULL, NULL < = > NULL;
```

运算符 REGEXP 为正则表达式匹配,'.00'为正则表达式,表达式里面的点,代表的任意字符。'.00'表示匹配第二、三位是 0 的字符串,则 300 和 a00 均匹配,返回 1。如果两个操作数都是字符串,则按字符串进行字典顺序的比较;如果两个操作数都为整数,则按整数进行数的比较。'abc'>'aba'为真,返回 1。用=对 NULL 进行比较时,两个操作数都为 NULL 时返回 NULL,用<=>对 NULL 进行比较时,两个操作数都为 NULL 时返回 1。

8.2.3 逻辑运算符

逻辑运算符用于对某个条件进行测试,其运算结果为逻辑值,1 或 TRUE 表示真,0 或 FALSE 表示假,NULL 表示不确定。MySQL 提供的逻辑运算符,如表 8-8 所示。

表 8-8 逻辑运算符

运 算 符	说 明	举 例	运 算 符	说 明	举 例
NOT 或 !	逻辑非(假变真,真变假)	NOT(7 = 5),结果为 1	OR 或 ‖	逻辑或(一真则为真)	(7<5) OR (5<7),结果为 1
AND 或 &&	逻辑与(所有为真则为真)	(7<5) AND (5<7),结果 0	XOR	逻辑异或(一真一假则为真)	(7<5)XOR (5<7),结果为 1

【例 8-22】 逻辑运算符。

```
SELECT (7<5) XOR (5<7),'abc' ‖ '2abc', 1 AND NULL, 0 AND NULL;
```

7<5 为 0,5<7 为 1,XOR 前后一真一假,结果为真。

逻辑运算要求操作数均为数值,'abc'转数值为 0,'2abc'转数值为 2,0‖2 的结果为 1。
1 AND NULL 为 NULL,0 AND NULL 为 0。

8.2.4 位运算符

位运算符在两个表达式之间执行二进制位操作,这两个表达式的类型可为整型或与整型兼容的数据类型(如字符型,但不能为 image 类型)。MySQL 提供的位运算符,如表 8-9 所示。

表 8-9 位运算符

运 算 符	说 明	举 例	运 算 符	说 明	举 例
&	位 AND	5&7,结果为 5	~	位取反	~18446744073709551612,结果为 3
		位 OR	5|7,结果为 7	>>	位右移	5>>7,结果为 0
^	位 XOR	5^7,结果为 2	<<	位左移	5<<7,结果为 640

【例 8-23】 位运算符。

```
SELECT 5&7,64 >> 1;
```

5 的二进制为 0101,7 的二进制为 0111,两个数字按位与的结果为 0101,即是 5。

64 的二进制为 01000000,向右移动 1 位为 00100000 取 32。

8.2.5　运算符优先级

当一个复杂的表达式有多个运算符时,运算符优先级决定执行运算的先后次序。执行的次序有时会影响运算结果。MySQL 中各类运算符优先级,如表 8-10 所示。

表 8-10　运算符优先级

运 算 符	优先级	运 算 符	优先级
!	1	|(位或)	8
-(负)、~(位取反)	2	=(比较运算)、<=>、>=、>、<=、<、<>、!=、IS、LIKE、REGEXP、IN	9
^(位异或)	3	BETWEEN、SOME	10
*(乘)、/(除)、%(模)	4	NOT	11
+(加)、-(减)	5	AND	12
<<、>>	6	OR、ANY、SOME	13
&(位与)	7	=(赋值运算)、:=	14

📖提示:级别高的运算符优先进行计算,如果级别相同,MySQL 按表达式的顺序从左到右依次计算。在无法确定优先级的情况下,可以使用圆括号"()"来改变优先级,并且这样会使计算过程更加清晰。

8.2.6　表达式

表达式就是常量、变量、列名、复杂计算、运算符和函数的组合。一个表达式通常可以得到一个值。与常量和变量一样,表达式的值具有某种数据类型,可能的数据类型有字符型、数值型、日期时间型。表达式一般用在 SELECT 语句及 SELECT 语句的 WHERE 子句中。

表达式可按以下标准分类。

(1) 根据表达式值的类型分,可分为如下三类。

- 字符型表达式,例如:concat('hello',' ','tsguas')。
- 数值型表达式,例如:2+3,2 * 3。
- 日期型表达式,例如:'2021-01-01'+ INTERVAL 20 MONTH。

(2) 根据表达式值的复杂性可分为如下三类。

- 标量表达式。当表达式的结果只是一个值,如一个数值、一个单词或一个日期时,这种表达式称为标量表达式。例如:1+2,'a'>'b'。
- 行表达式。当表达式的结果是由不同类型数据组成的一行值,这种表达式称为行表达式。例如:(学号,'王林','计算机',50 * 10),当学号列的值为 081101 时,这个行表达式的值就为:('081101','王林','计算机',500)
- 表表达式。若是表达式的结果为 0 个、1 个或多个行表达式的集合,那么这个表达式就称为表表达式。

(3) 根据表达式的形式分,可分为如下两类。

- 单一表达式。单一表达式就是一个单一的值,如一个常量或列名。

- 复合表达式。复合表达式是由运算符将多个单一表达式连接而成的表达式。例如：
  1+2+3,a＝b+3。

8.3　函数

视频讲解

函数(Function)是一段用于完成特定功能的代码。当使用一个函数时，只需要关心函数的参数和返回值，就可以完成一个特定的功能。为此，MySQL 提供了大量的内置函数以及自定义函数供用户使用，从而提高了用户对数据库和数据的管理和操作效率。

8.3.1　系统内置函数

MySQL 提供的内置函数也称为系统函数，这些函数无须定义，用户仅需根据实际需要传递参数直接调用即可。调用函数的基本语法格式如下所示。

```
SELECT function_name ([func_parameter[,...]]);
```

语法说明如下。

- function_name 是调用函数的名称。
- func_parameter 是可选选项，用于指定调用函数的参数列表，通常将调用时的参数称为实参。调用函数的实参列表是为定义函数时设置的形参传递具体的值，实参的个数与数据类型要与函数定义时形参的个数与数据类型保持一致，多个参数之间使用逗号分隔。

1. 数学函数

数学函数用于执行一些比较复杂的算术操作。MySQL 支持很多的数学函数，常用数学函数如表 8-11 所示。

表 8-11　常用数学函数

分　类	函　数	说　明	举　例
聚合函数	AVG(expression)	返回一个表达式的平均值，expression 是一个列	求图书表中图书的平均价格： SELECT AVG(unitprice) FROM booksale.books；--71.89
	COUNT(expression)	返回查询的记录总数，expression 参数是一个列或 * 号	求图书表中图书类型数量： SELECT COUNT(DISTINCT ctgcode) FROM booksale.books；--4
	MAX(expression)	返回列 expression 中的最大值	求图书表中图书的最高价格： SELECT MAX(unitprice)FROM booksale.books；--188
	MIN(expression)	返回列 expression 中的最小值	求图书表中图书的最低价格： SELECT MIN(unitprice) FROM booksale.books；--32
	SUM(expression)	返回指定列的总和	求订购数量之和： SELECT SUM(quantity)FROM booksale.orderitems；--51

续表

分 类	函 数	说 明	举 例
三角函数	ACOS(x)	求 x 的反余弦值(参数是弧度)	0.5 的反余弦值：SELECT ACOS(0.5) * 180/PI()；--60
	ASIN(x)	求反正弦值(参数是弧度)	0.5 的反正弦值：SELECT ASIN(0.5) * 180/PI()；--30
	ATAN(x)	求反正切值(参数是弧度)	1 的反正切值：SELECT ATAN(1) * 180/PI()；--45
	COS(x)	求余弦值(参数是弧度)	60 度角的余弦值：SELECT COS(60 * PI()/180)；--0.5
	COT(x)	求余切值(参数是弧度)	45 度角的余切值：SELECT COT(45 * PI()/180)；--1
	DEGREES(x)	将弧度转换为角度	3.1415926 弧度转换为角度：SELECT DEGREES(PI())；--180
	PI()	返回圆周率(3.141593)	SELECT PI()；--3.141593
	RADIANS(x)	将角度转换为弧度	180 度转换为弧度：SELECT RADIANS(180)；--3.141592653589793
	SIN(x)	求正弦值(参数是弧度)	30 度角的正弦值：SELECT SIN(RADIANS(30))；--0.5
	TAN(x)	求正切值(参数是弧度)	45 度角的正切值：SELECT TAN(RADIANS(45))；--1
指数函数	EXP(x)	返回 e 的 x 次方	e 的三次方：SELECT EXP(3)；--20.085536923187668
	POW(x,y)或 POWER(x,y)	返回 x 的 y 次方	2 的 8 次方：SELECT POW(2,8)；--256
	SQRT(x)	返回 x 的平方根	81 的平方根：SELECT SQRT(81)；--9
对数函数	LOG(x)或 LOG(base,x)	返回自然对数(以 e 为底的对数),如果带有 base 参数,则 base 为指定带底数	以 e 为底 6 的对数：SELECT LOG(6)；--1.791759469228055 以 2 为底 4 的对数：SELECT LOG(2,4)；--2
	LOG10(x)	返回以 10 为底的对数	以 10 为底 100 的对数：SELECT LOG10(100)；--2
	LOG2(x)	返回以 2 为底的对数	以 2 为底 4 的对数：SELECT LOG2(4)；--2
求近似值函数	CEIL(x)或 CEILING(x)	返回大于或等于 x 的最小整数	大于或等于 1.2 的整数：SELECT CEIL(1.2)；--2
	FLOOR(x)	返回小于或等于 x 的最大整数	小于或等于 1.9 的整数：SELECT FLOOR(1.9)；--1
	FORMAT(x,y)	返回小数点后保留 y 位的 x (进行四舍五入)	3.1415926 保留小数点后 4 位：SELECT FORMAT(3.1415926,4)；--3.1416
	ROUND(x)	返回离 x 最近的整数	离 3.1415926 最近的整数：SELECT ROUND(3.1415926)；--3
	TRUNCATE(x,y)	返回小数点后保留 y 位的 x (不进行四舍五入)	3.1415926 保留小数点后 4 位：SELECT TRUNCATE(3.1415926,4)；--3.1415

续表

分 类	函 数	说 明	举 例
进制函数	BIN(x)	返回 x 的二进制数	12 的二进制数：SELECT BIN(12)；--1100
	CONV(x,code1,code2)	将 code1 进制的 x 变为 code2 进制数	八进制数 7 转为二进制数：SELECT CONV(7,8,2)；--111
	HEX(x)	返回 x 的十六进制数	12 的十六进制数：SELECT HEX(12)；--C
	OCT(x)	返回 x 的八进制数	12 的八进制数：SELECT OCT(12)；--14
其他函数	ABS(x)	返回 x 的绝对值	-8 的绝对值：SELECT ABS(-8)；--8
	GREATEST(x1,x2,…,xn)	返回 x1 到 xn 中的最大值	4,8,12,1 中最大的数：SELECT GREATEST(4,8,12,1)；--12
	LEAST(x1,x2,…,xn)	返回 x1 到 xn 中的最小值	4,8,12,1 中最小的数：SELECT LEAST(4,8,12,1)；--1
	MOD(x,y)	返回 x 除以 y 以后的余数	9 除于 4 的余数：SELECT MOD(9,4)；--1
	RAND()	返回 0 到 1 的随机数	1 个随机数：SELECT RAND()；--0.006853587000494438

2. 字符串函数

字符串函数主要用于对字符串类型数据进行处理,在程序应用中使用率较高。常用字符串函数如表 8-12 所示。

表 8-12 常用字符串函数

函 数	说 明	举 例
ASCII(s)	返回字符串 s 的第一个字符的 ASCII 码	字符串"abc"的第一个字符的 ASCII 码：SELECT ASCII('abc')；--97
CHAR(c1,c2,…,cn)	返回 c1 到 cn 的 ASCII 码转换为字符,并连接成的字符串	用 ASCII 码值拼接字符串：SELECT CHAR(72,101,108,111)；--Hello
CHAR_LENGTH(s)或 CHARACTER_LENGTH(s)	返回字符串 s 的字符数	返回字符串"中国"和"HELLO"的字符数：SELECT CHAR_LENGTH('中国')，CHAR_LENGTH('HELLO')；--2,5
CONCAT(s1,s2,…,sn)	字符串 s1,s2 等多个字符串合并为一个字符串	合并多个字符串：SELECT CONCAT('hello',' ','tsguas')；--hello tsguas
CONCAT_WS(x,s1,s2,…,sn)	同 CONCAT(s1,s2,…) 函数,但是每个字符串之间要加上 x,x 可以是分隔符	合并多个字符串,并添加分隔符：SELECT CONCAT_WS('-','hello','tsguas')；--hello-tsguas
FIELD(s,s1,s2,…)	返回第一个字符串 s 在字符串列表(s1,s2,…)中的位置	返回字符串"c"在列表值中的位置：SELECT FIELD('c','a','b','c','d','e')；--3
FIND_IN_SET(s1,s2)	返回在字符串 s2 中与 s1 匹配的字符串的位置	返回字符串"c"在指定字符串中的位置：SELECT FIND_IN_SET('c','a,b,c,d,e')；--3
INSERT(s1,x,len,s2)	字符串 s2 替换 s1 的 x 位置开始长度为 len 的字符串	从字符串第 5 个位置开始的 6 个字符替换为 tsguas：SELECT INSERT('www.nankai.edu.cn',5,6,'tsguas')；--www.tsguas.edu.cn

函　　数	说　　明	举　　例
LCASE(s)	将字符串 s 的所有字母变成小写字母	符串"TSGUAS"转换为小写：SELECT LCASE('TSGUAS')；--tsguas
LEFT(s,n)	返回字符串 s 的前 n 个字符	返回字符串"tsguas"中的前两个字符：SELECT LEFT('tsguas',2)；--ts
LENGTH(s)	返回字符串 s 的字节数	返回字符串"中国"的字节数：SELECT LENGTH('中国')；--6
LOCATE(s1,s)	从字符串 s 中获取 s1 的开始位置	获取.在字符串"www.tsguas.edu.cn"中的位置： SELECT LOCATE('.','www.tsguas.edu.cn')；--4
LOWER(s)	将字符串 s 的所有字母变成小写字母	字符串"TSGUAS"转换为小写：SELECT LOWER('TSGUAS')；--tsguas
LPAD(s1,len,s2)	在字符串 s1 的开始处填充字符串 s2,使字符串长度达到 len	将字符串"xx"填充到 abc 字符的开始处：SELECT LPAD('abc',5,'xx')；--xxabc
LTRIM(s)	去掉字符串 s 开始处的空格	去掉字符串开始处的空格：SELECT LTRIM(' TSGUAS')；--TSGUAS
POSITION(s1 IN s)	从字符串 s 中获取 s1 的开始位置	获取.在字符串"www.tsguas.edu.cn"中的位置： SELECT POSITION('.' in 'www.tsguas.edu.cn')；--4
REPEAT(s,n)	将字符串 s 重复 n 次	将字符串"tsguas"重复三次： SELECT REPEAT('tsguas',3)； --tsguastsguastsguas
REPLACE(s,s1,s2)	将字符串 s2 替代字符串 s 中的字符串 s1	将字符串"tsguas"中的字符 t 替换为字符 T： SELECT REPLACE('tsguas','t','T')； --Tsguas
REVERSE(s)	将字符串 s 的顺序反过来	将字符串"abc"的顺序反过来：SELECT REVERSE('abc')；--cba
RIGHT(s,n)	返回字符串 s 的后 n 个字符	返回字符串"tsguas"的后两个字符：SELECT RIGHT('tsguas',2)；--as
RPAD(s1,len,s2)	在字符串 s1 的结尾处添加字符串 s2,使字符串的长度达到 len	将字符串"xx"填充到字符串"abc"的结尾处： SELECT RPAD('abc',5,'xx')；--abcxx
RTRIM(s)	去掉字符串 s 结尾处的空格	去掉字符串"TSGUAS"的末尾空格：SELECT RTRIM('TSGUAS ')；--TSGUAS
SPACE(n)	返回 n 个空格	返回 10 个空格：SELECT SPACE(10)；
STRCMP(s1,s2)	比较字符串 s1 和 s2,如果 s1 与 s2 相等返回 0,如果 s1 > s2 返回 1,如果 s1 < s2 返回−1	比较字符串： SELECT STRCMP('tsguas', 'tsguas')；--0

函　　数	说　　明	举　　例
SUBSTR(s, start, length)	从字符串 s 的 start 位置截取长度为 length 的子字符串	从字符串"TSGUAS"中的第 2 个位置截取 3 个字符： SELECT SUBSTR('TSGUAS', 2, 3); --SGU
TRIM(s)	去掉字符串 s 开始和结尾处的空格	去掉字符串"TSGUAS"的首尾空格： SELECT TRIM('　　TSGUAS　　'); --TSGUAS
UCASE(s)	将字符串转换为大写	将字符串"tsguas"转换为大写：SELECT UCASE('tsguas');--TSGUAS

3. 日期和时间函数

日期和时间函数主要用于对日期和时间类型数据进行处理。常用日期和时间函数如表 8-13 所示。

表 8-13　常用日期和时间函数

函　　数	说　　明	举　　例
ADDDATE(d,n)	计算起始日期 d 加上 n 天的日期	指定日期后 20 天的日期： SELECT ADDDATE('2021-01-01', 20); --2021-01-21
ADDTIME(t,n)	n 是一个时间表达式，时间 t 加上时间表达式 n	指定时间 3 小时 15 分钟 8 秒后的时间： SELECT ADDTIME('2021-01-01 08:30:20', '3:15:8');--2021-01-01 11:45:28
CURDATE()或 CURRENT_DATE()	返回当前日期	获得当前日期：SELECT CURDATE(); --2021-08-10
CURTIME()或 CURRENT_TIME	返回当前时间	获得当前时间：SELECT CURTIME(); --10:44:30
LOCALTIME()或 CURRENT_TIMESTAMP()	返回当前日期和时间	获得当前日期和时间： SELECT CURRENT_TIMESTAMP(); --2021-08-10 10:45:17
DATE()	从日期或日期时间表达式中提取日期值	取出今日的日期： SELECT DATE(NOW());--2021-08-10
DATEDIFF(d1,d2)	计算日期 d1-> d2 之间相隔的天数	两个日期之间相隔天数： SELECT DATEDIFF('2021-08-10','2021-01-01');--221
DATE_ADD(d, INTERVAL expr type)	计算起始日期 d 加上一个时间段后的日期	指定日期时间之后 10 分钟：SELECT DATE_ADD('2021-08-10 10:45:17', INTERVAL 10 MINUTE);--2021-08-10 10:55:17
DATE_FORMAT(d,f)	按表达式 f 的要求显示日期 d	按格式要求显示日期：SELECT DATE_FORMAT('2021-08-10 10:45:17','%Y-%m-%d %r');--2021-08-10 10:45:17 AM

续表

函　　数	说　　明	举　　例
DATE_SUB(date, INTERVAL expr type)	函数从日期减去指定的时间间隔	指定日期时间之前 3 小时：SELECT DATE_SUB('2021-08-10 10:45:17', INTERVAL 3 HOUR)；--2021-08-10 07:45:17
DAY(d)	返回日期值 d 的日期部分	取出指定日期中的日期：SELECT DAY('2021-08-10')；--10
DAYNAME(d)	返回日期 d 是星期几，如 Monday, Tuesday	指定日期是星期几：SELECT DAYNAME('2021-08-10')；--Tuesday
DAYOFMONTH(d)	计算日期 d 是本月的第几天	指定日期是本月第几天：SELECT DAYOFMONTH('2021-08-10')；--10
DAYOFWEEK(d)	日期 d 是星期几，1 星期日，2 星期一，以此类推	指定日期是星期几：SELECT DAYOFWEEK('2021-08-10')；--3
DAYOFYEAR(d)	计算日期 d 是本年的第几天	指定日期是本年第几天：SELECT DAYOFYEAR('2021-08-10')；--222
EXTRACT(type FROM d)	从日期 d 中获取指定的值，type 指定返回的值	指定日期的分钟：SELECT EXTRACT(MINUTE FROM '2021-08-10')；--20
FROM_UNIXTIME((unix_timep,f))	按表达式 f 的要求显示 UNIX 时间戳 unix_timep	按格式要求显示日期时间：SELECT FROM_UNIXTIME(unix_timestamp(), '%Y-%m-%d %H:%i:%s')；--2021-08-10 10:45:17
HOUR(t)	返回 t 中的小时值	取出指定日期中的小时：SELECT HOUR('2021-08-10 10:45:17')；--10
LAST_DAY(d)	返回给定日期的那一月份的最后一天	指定日期所在月的最后一天：SELECT LAST_DAY('2021-08-10')；--2021-08-31
MINUTE(t)	返回 t 中的分钟值	取出指定日期中的分钟：SELECT MINUTE('2021-08-10 10:45:17')；--45
MONTHNAME(d)	返回日期当中的月份名称，如 November	指定日期是几月：SELECT MONTHNAME('2021-08-10')；--August
MONTH(d)	返回日期 d 中的月份值，1~12	取出指定日期的月份：SELECT MONTH('2021-08-10')；--8
NOW()或 SYSDATE()	返回当前日期和时间	获得现在日期和时间：SELECT NOW()；--2021-08-10 10:45:17
PERIOD_DIFF(period1, period2)	返回两个时段之间的月份差值	两个月份之间的月份差：SELECT PERIOD_DIFF('202108','202101')；--7
SECOND(t)	返回 t 中的秒钟值	取出指定日期中的秒：SELECT SECOND('2021-08-10 10:45:17')；--17

续表

函　数	说　明	举　例
STR_TO_DATE(string, format_mask)	将字符串转变为日期	将字符串转为日期： SELECT STR_TO_DATE('August 10 2021', '%M %d %Y'); --2021-08-10
SUBDATE(d,n)	日期 d 减去 n 天后的日期	指定日期时间前 20 天的日期： SELECT SUBDATE('2021-08-10 10:45:17', 20); --2021-07-21 10:45:17
SUBTIME(t,n)	时间 t 减去 n 秒的时间	指定日期时间前 20 秒的日期时间： SELECT SUBTIME('2021-08-10 10:45:17', 20); --2021-08-10 10:44:57
TIME(expression)	提取传入表达式的时间部分	取出现在的时间：SELECT TIME(NOW()); --10:45:17
TIME_FORMAT(t,f)	按表达式 f 的要求显示时间 t	按格式要求显示时间： SELECT TIME_FORMAT('10:45:17','%r'); --10:45:17 AM
TIMEDIFF(time1, time2)	计算时间差值	两个时间之间的时间差： SELECT TIMEDIFF('11:00:00','10:45:17'); --00:14:43
UNIX_TIMESTAMP()	返回 UNIX 时间戳	获取 UNIX 时间：SELECT UNIX_TIMESTAMP(); --1628567969
WEEK(d)或 WEEKOFYEAR(d)	计算日期 d 是本年的第几个星期，范围是 0~53	指定日期是第几个星期： SELECT WEEK('2021-08-10'); --32
WEEKDAY(d)	日期 d 是星期几，0 表示星期一，1 表示星期二，以此类推	指定日期是星期几： SELECT WEEKDAY('2021-08-10'); --1
YEAR(d)	返回年份	取出指定日期的年份：SELECT YEAR('2021-08-10'); --2021
YEARWEEK(date, mode)	返回年份及第几周(0~53)，mode 中 0 表示周日，1 表示周一，以此类推	指定日期的年份和周数： SELECT YEARWEEK('2021-08-10',1); --202132

1) UNIX 时间戳

UNIX 时间戳是一种时间的表示方式，定义了从格林尼治时间 1970 年 1 月 1 日 00:00:00 至现在的总秒数，以 32 位二进制数表示。其中，1970 年 1 月 1 日零点称为 UNIX 纪元。

所有日期时间函数的返回值均与时区设置有关。默认情况下，MySQL 服务器的时区与当前系统的时区相同，可以通过查看系统变量 time_zone 的值来确定 MySQL 服务器所在的时区，基本语法格式如下所示。

```
SELECT @@global.time_zone;
```

结果为'SYSTEM'，表明使用系统时间。

如果临时修改 MySQL 服务器的时区可修改系统变量 time_zone 的值。如果永久修改时区,则要修改数据库配置文件 my.ini,在[mysqld]组下加入变量声明,然后重新启动服务器,使配置生效。

2）格式化日期

开发中要统一日期的格式,防止歧义,就要进行格式化,常用的格式字符如表 8-14 所示。

表 8-14　常用格式字符

分 类	格式字符	说　　明	分 类	格式字符	说　　明
年	%Y	四位数的年份(0000～9999)	日	%d	月份中的天数(00～31)
	%y	两位数的年份(00～99)		%e	月份中的天数(0～31)
月	%m	月份(01～12)	时间	%H	小时(00～23)
	%c	月份(0～12)		%h 或%I	小时(01～12)
	%M	月份名(January-December)		%i	分钟(00～59)
	%b	缩写的月份名(Jan-Dec)		%s 或%S	秒(00～59)
星期	%w	一个星期中的天数(0=Sunday-6=Saturday)		%r	时间,12 小时的格式
	%W	星期名字(Sunday-Saturday)		%T	时间,24 小时的格式
	%a	缩写的星期名(Sun-Sat)		%p	AM 或 PM

3）函数中使用的日期时间类型

常用日期和时间函数的参数列表里的 type 参数,是日期时间类型,它可取值为:
MICROSECOND、SECOND、MINUTE、HOUR、DAY、WEEK、MONTH、QUARTER、YEAR、SECOND_MICROSECOND、MINUTE_MICROSECOND、MINUTE_SECOND、HOUR_MICROSECOND、HOUR_SECOND、HOUR_MINUTE、DAY_MICROSECOND、DAY_SECOND、DAY_MINUTE、DAY_HOUR、YEAR_MONTH。

4．流程控制函数

流程控制函数用于进行条件操作,用来实现 SQL 的条件逻辑。常用流程控制函数如表 8-15 所示。

表 8-15　流程控制函数

函　　数	说　　明	举　　例
CASE expression 　　WHEN condition1 THEN result1 　　WHEN condition2 THEN result2 　　… 　　WHEN conditionN THEN resultN 　　ELSE result END	CASE 表示函数开始,END 表示函数结束。如果 condition1 成立,则返回 result1,如果 condition2 成立,则返回 result2,当全部不成立则返回 result,而当有一个成立之后,后面的就不执行了	成绩分等级: SET @score=80; SELECT CASE 　　WHEN @score>=90 THEN '优秀' 　　WHEN @score>=70 THEN '良好' 　　WHEN @score>=60 THEN '合格' 　　ELSE '不合格' END; --良好

函　　数	说　　明	举　　例
IF(expr,v1,v2)	判断,如果表达式 expr 成立,返回结果 v1；否则,返回结果 v2。	成绩等级判断： SET @score＝80； SELECT IF（@ score >＝ 60,'合格','不合格'）； --合格
IFNULL(v1,v2)	如果 v1 的值不为 NULL,则返回 v1,否则返回 v2。	成绩是否为空判断： SET @score＝80； SELECT IFNULL（@ score,'未考核'）； --80
ISNULL(expression)	判断表达式是否为 NULL	成绩是否为空判断： SET @score＝80； SELECT ISNULL（@ score）；--0
NULLIF(expr1, expr2)	比较两个字符串,如果字符串 expr1 与 expr2 相等返回 NULL,否则返回 expr1	SELECT NULLIF('hello','hello1')； --hello

5. 加密和散列函数

加密函数用于对字符串进行加密,相对明文存储,经过算法计算后的字符串不能直接看出保存的数据是什么,在一定程度上保证了数据的安全性。散列函数又称为哈希(Hash)函数,用于通过散列算法计算数据的散列值。常用加密函数和散列函数如表 8-16 所示。

表 8-16　加密和散列函数

函　　数	说　　明	举　　例
AES_ENCRYPT(str, key_str)	返回字符串 str 用密钥 key_str 进行高级加密 AES 算法加密的结果	SELECT AES_ENCRYPT('ABC', 'tsguas')； --0xE79A0E4A24EE7A16FD57667F13195095
AES_DECRYPT(crypt_str, key_str)	返回加密字符串 crypt_str 用密钥 key_str 进行高级加密 AES 算法解密的结果	SELECT AES_DECRYPT(AES_ENCRYPT('ABC', 'tsguas'), 'tsguas')； --ABC
MD5(str)	返回字符串 str 用 MD5 算法加密的由 32 位十六进制数字组成的字符串,只支持正向加密,而不支持反向解密	INSERT INTO test VALUES （1,'tom','123456'）,(2, 'jerry',MD5('123456'))； SELECT * FROM test WHERE pwd ＝MD5('123456')； id｜name｜pwd 2 jerry｜e10adc3949ba59abbe56e057f20f883e
SHA(str)或 SHA1(str)	返回字符串 str 用 SHA-1 安全散列算法加密的由 40 位十六进制数字组成的字符串,只支持正向加密不支持反向解密	INSERT INTO test VALUES (3,'marry',SHA('123456'))； SELECT * FROM test WHERE pwd＝SHA('123456')； 信息｜结果1｜概况｜状态 id｜name｜pwd 3 marry｜7c4a8d09ca3762af61e59520943dc26494f8941b

函　数	说　明	举　例
SHA2(str, hash_length)	返回字符串 str 用 SHA-2 安全散列算法加密的结果,hash_length 支持的值为 224,256,384,512,0。0 等同于 256,只支持正向加密不支持反向解密	INSERT INTO test VALUES (4,'jack',SHA2('123456',0)); SELECT * FROM test WHERE pwd=SHA2('123456',0);

6. 系统信息函数

系统信息函数用于查看 MySQL 服务器的系统信息。常用系统信息函数如表 8-17 所示。

表 8-17　系统信息函数

函　数	说　明	举　例
CURRENT_USER()	返回当前话路被验证的用户名和主机名组合	SELECT CURRENT_USER();--root@localhost
CONNECTION_ID()	返回当前 MySQL 服务器的连接 ID	SELECT CONNECTION_ID(); --83
DATABASE () | SCHEMA()	返回当前的数据库名	SELECT DATABASE(); --booksale
USER()	返回当前 MySQL 用户名和主机名	SELECT USER(); --root@localhost
VERSION()	返回当前 MySQL 服务实例使用的版本号	SELECT VERSION(); --8.0.26

7. JSON 函数

JSON 函数用于对 JSON 类型的数据进行操作。常用 JSON 函数见 5.1.5 节。

8.3.2　自定义函数

MySQL 中除提供了丰富的内置函数外,还支持用户自定义函数(UDF),用于实现用户想要的某种功能。

📖提示:在 MySQL 客户端中语句结束符默认是分号(;),MySQL 一旦遇见语句结束符就会自动开始执行。如果一次输入的语句较多,并且语句中间有分号,这时就需要新指定一个特殊的分隔符。

自定义的函数是由多条语句组成的语句块,每条语句都是一个符合语句定义规范的个体,需要语句结束符。函数是一个整体,要整体执行,那么定义函数时就需要临时修改语句结束符。

自定义语句结束符的基本语法格式如下所示。

```
DELIMITER end_character
    自定义函数|存储过程等
```

```
end_character
DELIMITER ;
```

语法说明如下。

- end_character 是新结束符。建议使用系统非内置的符号，如 $$。
- 完成函数或存储过程等的自定义后，首先需要使用新结束符号进行结束，然后需使用 DELIMITER 将语句结束符改回原来的分号。

1. 自定义函数

自定义函数的基本语法格式如下所示。

```
CREATE FUNCTION function_name ([param_name type [,...]]) RETURNS type
    [BEGIN]
        routine_body
        RETURN type;
    [END];
```

语法说明如下。

- function_name 是新建自定义函数的名称，函数名称必须符合标识符命名规则。定义的函数默认属于当前数据库，也可在定义时使用 db_name.function_name 指定函数所属数据库。
- param_name type [,…]是可选选项，用于指定函数的参数列表，通常将定义时的参数称为形参。可以没有参数，也可以有一个或多个参数。每个参数由参数名 param_name 和参数类型 type 组成，二者之间用空格分隔，多个参数之间使用逗号分隔。注意，即使没有参数，函数名后也必须跟上一对空的小括号。
- RETURNS 是定义返回值的命令关键字，type 用于指定返回值类型。函数体中的返回值类型要和定义处的返回值类型保持一致。
- routine_body 是定义的函数体，由多条可用的 MySQL 语句、流程控制、变量声明语句等构成。
- BEGIN…END 是可选选项，表示函数体的起始和结束符。BEGIN…END 用于将多个 SQL 语句组合成为一个程序块，位于 BEGIN 和 END 之间的所有语句被视为一个单元来执行。当函数体中要执行两条或两条以上的语句时，需要用 BEGIN…END 将它们括起来。如果仅是一条语句，则可以省略。

📖 **提示**：创建函数需要授权，需将全局变量 log_bin_trust_function_creators 的值设置为 1，表示用户可以创建或修改函数。用 SET 命令来更改该系统变量，基本语法格式如下所示。

```
SET GLOBAL log_bin_trust_function_creators = 1;
```

若要使该参数重启之后不失效，就要修改数据库配置文件 my.ini，在[mysqld]组下加入变量声明"log_bin_trust_function_creators＝1"，然后重新启动服务器。

【例 8-24】　在图书销售数据库 booksale 中创建一个无参自定义函数 hello，实现问好，输出"Hello，Welcome to Tianjin Sino-German University of Applied Sciences"。

```
DELIMITER $$
    CREATE FUNCTION hello( ) RETURNS VARCHAR(255)
        RETURN 'Hello,Welcome to Tianjin Sino – German University of Applied Sciences';
$$
DELIMITER ;
```

【例 8-25】 在图书销售数据库 booksale 中创建自定义函数 formatdate,实现将日期转换成指定格式输出。

```
DELIMITER $$
CREATE FUNCTION formatdate (date datetime) RETURNS VARCHAR(255)
    BEGIN
        DECLARE d VARCHAR(255) DEFAULT '';
        SET d = DATE_FORMAT(date,'%Y年%m月%d日%h时%i分%秒');
        RETURN d;
    END $$
DELIMITER ;
```

2. 调用函数

函数定义完成后,需要调用才能使其发挥效果。调用函数的基本语法同系统内置函数的调用一致。

【例 8-26】 在图书销售数据库 booksale 中调用自定义函数 hello。

```
SELECT hello();
```

【例 8-27】 在图书销售数据库 booksale 中调用自定义函数 formatdate,按指定格式显示当前系统时间。

```
SELECT formatdate(NOW());
```

3. 查看函数

函数定义完成后,可以查看函数的创建语句。查看函数的基本语法格式如下所示。

```
#语法1:
SHOW CREATE FUNCTION function_name;
```

语法说明: function_name 是要查看的函数的名称。

```
#语法2:
SHOW FUNCTION STATUS [LIKE 'function_name'];
```

语法说明: LIKE 'function_name'是可选选项。可使用 LIKE 结合通配符查看部分函数,也可直接写函数名,省略时表示查看所有函数。

【例 8-28】 在图书销售数据库 booksale 中用两种方法查看自定义函数 formatdate。

```
SHOW CREATE FUNCTION formatdate;
SHOW FUNCTION STATUS LIKE 'formatdate';
```

4. 删除函数

不再使用的函数可以删除,或要修改的函数只能先删除再重新创建。系统内置函数不能删除。删除函数的基本语法格式如下所示。

```
DROP FUNCTION function_name;
```

语法说明:function_name 是要删除的函数的名称。

【例 8-29】 在图书销售数据库 booksale 中删除自定义函数 hello。

```
DROP FUNCTION hello;
```

8.4 程序流程控制

视频讲解

流程控制语句是指可以控制程序运行顺序的语句,程序运行顺序主要包括顺序结构、分支结构和循环结构。MySQL 中流程控制语句有 IF 语句、CASE 语句、LOOP 语句、LEAVE 语句、ITERATE 语句、REPEAT 语句和 WHILE 语句等。

8.4.1 判断语句

判断语句用来进行条件判断,根据是否满足条件(可包含多个条件),来执行不同的语句。判断语句构成分支结构。MySQL 中常用的判断语句有 IF 和 CASE 两种。

1. IF 语句

IF 语句用来进行条件判断,可根据不同条件执行不同的操作。该语句在执行时首先判断 IF 语句后的条件是否为真,为真则执行 THEN 后的内容,如果为假则继续判断下一个 IF 语句直到条件为真为止,当以上条件都不满足时则执行 ELSE 子句后的内容。IF 语句的基本语法格式如下所示。

```
IF search_condition THEN statement_list
    [ELSEIF search_condition THEN statement_list]...
    [ELSE statement_list]
END IF;
```

语法说明如下。
- search_condition 是条件表达式。
- statement_list 是当前面的条件表达式为真时执行的 SQL 语句列表。
- ELSEIF 子句是可选选项,当前面的条件表达式为假时,用于设定继续判断的下一个 IF 语句。
- ELSE 子句是可选选项,用于设定当前面所有条件都不满足时执行的子句。

【例 8-30】 在图书销售数据库 booksale 中建立存储过程 getpricelevel1,该存储过程可通过图书编号 bookid 查看图书价格,返回价格和等级,其中价格高于或等于 100 元为 A 级,低于 100 元且高于或等于 70 元为 B 级,低于 70 元且高于或等于 50 元为 C 级,低于 50 元且高于或等于 30 元为 D 级,其余为 E 级,然后调用存储过程查看结果。(存储过程的创建及调用方法见 9.1.1 节)

```
DELIMITER $$
    CREATE PROCEDURE getpricelevel1(book_no INT)
    BEGIN
        DECLARE book_price DECIMAL(6, 2);
        SELECT unitprice INTO book_price FROM books WHERE bookid = book_no;
        IF book_price >= 100 THEN SELECT book_price, 'A';
        ELSEIF book_price < 100 AND book_price >= 70 THEN SELECT book_price, 'B';
        ELSEIF book_price < 70 AND book_price >= 50 THEN SELECT book_price, 'C';
        ELSEIF book_price < 50 AND book_price >= 30 THEN SELECT book_price, 'D';
        ELSE SELECT book_price, 'E';
        END IF;
    END $$
DELIMITER ;
CALL getpricelevel1(1);
```

执行结果如图 8-13 所示。

图 8-13 IF 语句

2. CASE 语句

CASE 语句也是用来进行条件判断的,它提供了多个条件进行选择,可以实现比 IF 语句更复杂的条件判断。CASE 语句的基本语法格式如下所示。

```
#语法1
CASE case_value
    WHEN when_value THEN statement_list
    [WHEN when_value THEN statement_list]...
    [ELSE statement_list]
END CASE;
```

语法说明如下。

- case_value 是表示条件判断的变量,决定了哪一个 WHEN 子句会被执行。
- when_value 是表示变量的取值,如果某个 when_value 的值与 case_value 变量的值相同,则执行对应的 THEN 关键字后的 statement_list 中的语句。
- ELSE 子句是可选选项,用于设定当前面所有条件都不满足时执行的子句。其后的 statement_list 表示当 when_value 的值都不与 case_value 的值相同时的执行语句。

```
#语法2
CASE
    WHEN search_condition THEN statement_list
    [WHEN search_condition THEN statement_list]...
    [ELSE statement_list]
END CASE;
```

语法说明如下。

- search_condition 参数表示条件判断语句。
- statement_list 参数表示不同条件的执行语句。
- ELSE 子句是可选选项,用于设定当前面所有条件都不满足时执行的子句。

📖**提示**:语法 2 与语法 1 不同的是,语法 2 语句中的 WHEN 语句将被逐个执行,直到某个 search_condition 表达式为真,则执行对应 THEN 关键字后面的 statement_list 语句。如果没有条件匹配,ELSE 子句里的语句被执行。CASE 不能用于判断 NULL。

【例 8-31】 用 CASE 语句改写例 8-30,建立存储过程 getpricelevel2,然后调用存储过程查看结果。

```
DELIMITER $$
    CREATE PROCEDURE getpricelevel2(book_no INT)
    BEGIN
        DECLARE book_price DECIMAL(6, 2);
        SELECT unitprice INTO book_price FROM books WHERE bookid = book_no;
        CASE
        WHEN book_price >= 100 THEN SELECT book_price,'A';
        WHEN book_price < 100 AND book_price >= 70 THEN SELECT book_price,'B';
        WHEN book_price < 70 AND book_price >= 50 THEN SELECT book_price,'C';
        WHEN book_price < 50 AND book_price >= 30 THEN SELECT book_price,'D';
        ELSE SELECT book_price,'E';
        END CASE;
    END $$
DELIMITER ;
CALL getpricelevel2(1);
```

8.4.2　循环语句

循环语句是在符合指定条件的情况下,重复执行某一段代码。循环语句是构成循环结构的一部分。MySQL 中常用的循环语句有 LOOP、REPEAT 和 WHILE 三种。

1. LOOP 语句

LOOP 语句用来实现简单的循环,使系统能够重复执行循环体内的语句列表。与 IF 和 CASE 语句相比,LOOP 只是实现了一个简单的循环,并不进行条件判断。LOOP 语句的基本语法格式如下所示。

```
[begin_label:]LOOP
    statement_list
END LOOP [end_label];
```

语法说明如下。

- begin_label 和 end_label 是可选选项,分别是循环开始和结束的标志,该标志必须符合标识符命名规则,且最长为 16 个字符。如果设置了 begin_label,则后面必须带着冒号(:),end_label 可以省略。但如果设置了 end_label,那必须设置 begin_label,且标志名必须相同。

- statement_list 表示循环执行的语句。

📖**提示**：LOOP 语句本身没有停止循环的语句，必须使用跳转语句 LEAVE 才能停止循环，跳出循环过程，否则会出现死循环。

【**例 8-32**】 在图书销售数据库 booksale 中建立存储过程 sumnumber1，该存储过程可实现 1 到任意数的累加，然后调用存储过程查看结果。

```
DELIMITER $$
    CREATE PROCEDURE sumnumber1(num INT)
    BEGIN
        DECLARE i INT DEFAULT 1;
        DECLARE sum INT DEFAULT 0;
        sign:LOOP
            IF i > num THEN
                SELECT num,sum;
                LEAVE sign;
            ELSE
                SET sum = sum + i;
                SET i = i + 1;
            END IF;
        END LOOP sign;
    END $$
DELIMITER ;
CALL sumnumber1(100);
```

执行结果如图 8-14 所示。

图 8-14　1 到任意数的累加

声明局部变量 i 并赋初始值为 1，声明局部变量 sum 并赋初始值为 0，然后在 LOOP 语句中判断 i 的值是否大于输入的数值，如果是则输出 num 的值和 sum 的值，然后退出循环；如果不是则将 i 的值累加到 sum 变量中，并对 i 进行加 1，再次执行 LOOP 中的语句。

2. REPEAT 语句

REPEAT 语句可以实现有条件控制的循环，每次语句执行完毕，会对条件表达式进行判断，如果表达式返回值为真，则循环结束，否则重复执行循环中的语句。REPEAT 语句的基本语法格式如下所示。

```
[begin_label:] REPEAT
    statement_list
    UNTIL search_condition
END REPEAT [end_label];
```

语法说明如下。

- begin_label、end_label 和 statement_list 同 LOOP 语句的同名参数保持一致。
- search_condition 是结束循环的条件，满足该条件即条件的返回值为 TRUE 时循环结束。

【**例 8-33**】 用 REPEAT 改写例 8-32，建立存储过程 sumnumber2，然后调用存储过程查看结果。

```
DELIMITER $$
    CREATE PROCEDURE sumnumber2(num INT)
    BEGIN
        DECLARE i INT DEFAULT 1;
        DECLARE sum INT DEFAULT 0;
        sign:REPEAT
            SET sum = sum + i;
            SET i = i + 1;
            UNTIL i > num
        END REPEAT sign;
        SELECT num,sum;
    END $$
DELIMITER ;
CALL sumnumber2(100);
```

3. WHILE 语句

WHILE 语句同样可以实现有条件控制的循环。WHILE 语句和 REPEAT 语句不同的是,WHILE 语句是当满足条件时,才执行循环内的语句,否则退出循环。WHILE 语句的基本语法格式如下所示。

```
[begin_label:] WHILE search_condition DO
    statement list
END WHILE [end label];
```

语法说明：所有参数同 REPEAT 语句的同名参数保持一致。

【例 8-34】 用 WHILE 改写例 8-32,建立存储过程 sumnumber3,然后调用存储过程查看结果。

```
DELIMITER $$
    CREATE PROCEDURE sumnumber3(num INT)
    BEGIN
        DECLARE i INT DEFAULT 1;
        DECLARE sum INT DEFAULT 0;
        sign:WHILE i < = num DO
            SET sum = sum + i;
            SET i = i + 1;
        END WHILE sign;
        SELECT num,sum;
    END $$
DELIMITER ;
CALL sumnumber3(100);
```

8.4.3 跳转语句

跳转语句用于实现程序执行过程中的流程跳转。MySQL 中常用的跳转语句有

LEAVE 和 ITERATE 两种。跳转语句也是构成循环结构的一部分。

跳转语句的基本语法格式如下所示。

```
LEAVE | ITERATE label;
```

语法说明：label 表示循环的标志。

📖提示：LEAVE 语句和 ITERATE 语句都用来跳出循环语句,但两者的功能是不一样的。TERATE 语句用于结束本次循环的执行,开始下一轮循环的执行操作,重新开始循环;而 LEAVE 语句用于跳出整个循环,然后执行循环后面的程序。使用这两个语句时一定要区分清楚。

ITERATE 语句只能应用在循环结构 LOOP、REPEAT 和 WHILE 语句中,LEAVE 除可以在循环结构中应用外,还可在 BEGIN…END 中使用。

【例 8-35】　对比 LEAVE 和 ITERATE 的使用,然后调用存储过程查看结果。

```
DELIMITER $$
    CREATE PROCEDURE proc_jump()
    BEGIN
        DECLARE num INT DEFAULT 0;
        sign:LOOP
            SET num = num + 2;
            IF num < 5 THEN ITERATE sign;
            ELSE SELECT num;
                LEAVE sign;
            END IF;
        END LOOP sign;
    END $$
DELIMITER ;
CALL proc_jump();
```

执行结果如图 8-15 所示。

图 8-15　LOOP 语句

声明局部变量 num 并赋初始值为 0,在 LOOP 循环中,当 num 小于 5 时,利用 ITERATE 不执行以下操作,重新开始 LOOP 循环,直到 num 大于 5 时,查看 num 的具体值,并利用 LEAVE 跳出 LOOP 循环。

8.5　可视化操作指导

📖注意：运行脚本文件 Chapter8-booksale.sql 创建数据库 booksale 及相关数据表。然后打开 Navicat for MySQL,连接到数据库服务器。

1. 自定义函数的定义

在图书销售数据库 booksale 中创建自定义函数 fun_formatdate,实现将日期转换成指定格式输出。

(1) 右击 booksale 数据库,在弹出的快捷菜单中选择"打开数据库"命令,右击"函数",

在弹出的快捷菜单中选择“新建函数”命令，弹出函数向导对话框。

(2) 单击“→函数”，弹出输入函数参数界面，在“名”中输入参数名 date，单击“类型”列的下拉列表，选择 datetime，如果有多个参数，可通过“＋”添加参数，“－”删除参数，“↑”“↓”调整先后顺序。

(3) 单击“下一步”按钮弹出返回类型属性界面，在“返回类型”中选择 varchar，在“长度”中输入 255，在“字符集”中选择 utf8mb4。

(4) 单击“完成”按钮，结束向导，返回自定义函数定义窗口，如图 8-16 所示。

定义
高级
注释
SQL 预览
BEGIN
#Routine body goes here...
RETURN '';
END;

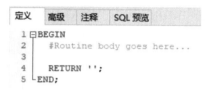

图 8-16　自定义函数定义窗口

(5) 在自定义函数定义窗口中补充函数体，如图 8-17 所示。

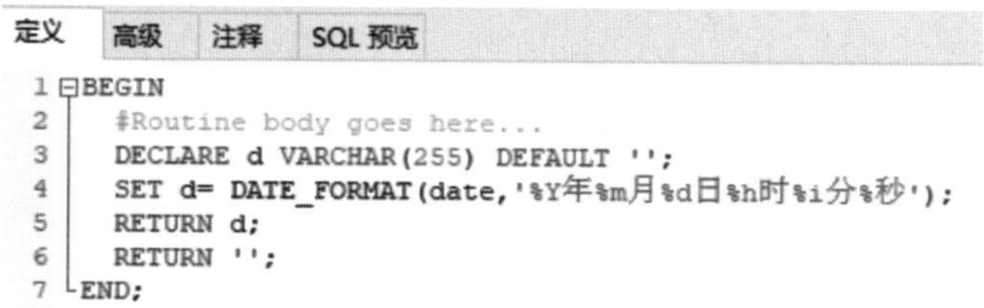

定义
高级
注释
SQL 预览
BEGIN
#Routine body goes here...
DECLARE d VARCHAR(255) DEFAULT '';
SET d= DATE_FORMAT(date,'%Y年%m月%d日%h时%i分%秒');
RETURN d;
RETURN '';
END;

图 8-17　自定义函数体

(6) 单击“保存”按钮，在弹出的对话框中输入函数名 fun_formatdate，单击“确定”按钮，完成定义。

2. 函数的调用

在图书销售数据库 booksale 中调用自定义函数 fun_formatdate。

(1) 右击 booksale 数据库，在弹出的快捷菜单中选择“打开数据库”命令，单击“函数”节点前方的“>”，展开“函数”节点，右击要调用的函数名 fun_formatdate，在弹出的快捷菜单中选择“运行函数”命令(或在弹出的快捷菜单中选择“设计函数”，在右侧主窗口中单击“运行”按钮)，在弹出的“参数”对话框中输入函数的参数 NOW()。

(2) 单击“确定”按钮，返回运行结果。

提示：如果要删除存储过程，在左侧窗口中右击要删除的存储过程名，在弹出的快捷菜单中选择“删除函数”命令，在弹出的“确认删除”对话框中单击“删除”按钮，该存储过程被删除。

8.6 实践练习

注意：运行脚本文件 Ex-Chapter8-Database. sql 创建数据库 teachingsys 及相关数据表，并在该数据库下完成练习。

1. 变量

(1) 创建用户变量 goods 并赋值为"充电宝"；用户变量 price 并赋值为 188.8；用户变量 total,它的值为 price 与 3 的积,然后查询刚创建的用户变量的值。

(2) 查询学生表 students 中学号为 1 的学生姓名,赋值给用户变量 name。

(3) 查询学生表 students 中学生姓名为用户变量 name 值的学生信息。

2. 函数

(1) 自定义函数 sayHello,用于对指定用户打招呼,输出"Hello ∗∗∗ !",其中 ∗∗∗ 为用户实参,然后调用该函数。

(2) 查看函数 sayHello。

(3) 删除函数 sayHello。

第9章
MySQL过程式数据库对象

本章要点

- 理解存储过程、函数、游标、触发器和事件的作用。
- 理解存储过程和函数的联系与区别。
- 掌握存储过程的定义和调用方法。
- 掌握游标的定义和调用方法。
- 掌握触发器的定义和调用方法。
- 掌握事件的定义和调用方法。

  注意：运行脚本文件 Chapter9-booksale.sql 创建数据库 booksale 及相关数据表。本章例题均在该数据库下运行。

对数据表的完整操作往往不是单条 SQL 语句就能实现的，经常需要一组、多条 SQL 语句来实现，而且在执行过程中还需要根据前面语句的执行结果，有选择地执行后面的语句，为此，可将一个完整操作中所包含的多条 SQL 语句创建为存储过程和函数，方便使用。触发器是一个特殊的存储过程，它是由特定事件激发的某个操作。

9.1 存储过程

视频讲解

存储过程（Procedure）是数据库中的重要数据对象，它是在数据库系统中一组为了完成特定功能的 SQL 语句集，这些语句作为一个整体存储在数据库中，用户通过指定存储过程的名字并给出参数（如果该存储过程带有参数）来执行它，且一次编译后随时可以调用。

存储过程具有以下优点。

（1）允许标准组件式编程。存储过程在创建后可以在程序中被多次调用，有效提高了 SQL 语句的重用性、共享性和可移植性。

（2）执行速度更快。在存储过程创建的时候，查询优化器会对其进行解析和优化，存储过程一旦执行，在内存中就会保留一份这个存储过程，这样下次再执行同样的存储过程时，可以从内存中直接调用。

（3）减少网络通信。对于大量 SQL 语句，将其组织成存储过程调用比一条一条调用 SQL 语句要好得多，只需发送存储过程的名称和参数即可，大大减少了应用程序和数据库服务器之间的流量。

（4）提高安全性。数据库管理员可以向访问存储过程的应用程序授予适当的权限，而不向基础数据库表提供任何权限,这样可以避免非授权用户对数据的访问,保证了数据的安全。存储过程可以包含程序流、逻辑以及对数据库的查询,这样可以实体封装和隐藏数据逻辑,也可保证数据安全。

存储过程具有优点的同时,也存在如下的缺点。

(1) 内存和CPU的占用率会增加。如果使用大量存储过程,那么使用这些存储过程的每个连接的内存使用量将会大大增加。如果在存储过程中过度使用大量逻辑操作,则CPU使用率也会增加。

(2) 开发和维护存储过程并不容易。存储过程的编写比单个SQL语句的编写要复杂很多,需要更高水平。

(3) 存储过程的构造使得开发具有复杂业务逻辑的存储过程相对比较困难。

(4) 很难调试存储过程。存储过程的主体不能修改,只能删除后再重新创建。

(5) 移植性差。由于不同数据库语法不一致,导致存储过程在不同数据库之间可移植性差。

9.1.1　存储过程的创建与使用

创建存储过程和创建函数一样,如果存储过程主体中的语句超过一句,首先需要使用DELIMITER语句临时修改语句结束符,然后再创建存储过程。

1. 创建存储过程

创建存储过程的基本语法格式如下所示。

```
CREATE PROCEDURE procedure_name ([[IN | OUT | INOUT] param_name type [,...]])
    [BEGIN]
        [characteristic...]routine_body
    [END];
其中:
characteristic: {
    COMMENT 'string'
    | LANGUAGE SQL
    | [NOT] DETERMINISTIC
    | {CONTAINS SQL | NO SQL | READS SQL DATA | MODIFIES SQL DATA}
    | SQL SECURITY {DEFINER | INVOKER}
}
```

语法说明如下。

- procedure_name是新建存储过程的名称,存储过程名称必须符合标识符命名规则,且名称必须唯一。新创建的存储过程默认属于当前数据库,若要在指定数据库中创建存储过程,创建时应将名称指定为db_name. procedure_name。
- [IN|OUT|INOUT] param_name type [,…]是可选选项,用于指定存储过程的参数列表,通常将定义时的参数称为形参。可以没有参数,也可以有一个或多个参数。每个参数由参数类型IN|OUT|INOUT、参数名param_name和参数数据类型type组成,三者之间用空格分隔,多个参数之间使用逗号分隔。注意,即使没有参数,存储过程名后也必须跟上一对空的小括号。其中参数名不能和数据表中的列名重复。

参数的类型有以下 3 个选项。

- ➤ IN(输入参数)：为默认值,参数是在调用存储过程时传入存储过程里面使用的,传入的数据可以是直接数据,也可以是保存数据的变量。该参数的值可以在存储过程内部指定,在存储过程内部修改,但不能被返回。
- ➤ OUT(输出参数)：参数初始值为 NULL,它是将存储过程中的值保存到 OUT 指定的参数中,返回给调用者。该参数的值不能初始化赋值,可在存储过程内部修改,并可返回。
- ➤ INOUT(输入输出参数)：参数在调用时传入存储过程,同时在存储过程中操作之后,又可将数据返回给调用者。该参数在调用时指定,可被修改和返回。
- characteristic 是可选选项,用于指定存储过程的特性。
  - ➤ COMMENT 'string'是存储过程的注释信息。
  - ➤ LANGUAGE SQL 用于指定存储过程主体是使用 SQL 语言编写的,当前系统支持的语言为 SQL。
  - ➤ [NOT] DETERMINISTIC 用来设置存储过程的执行结果是否确定：DETERMINISTIC 表示执行结果确定,即每次输入相同的参数并执行存储过程后,得到的结果是相同的；NOT DETERMINISTIC 表示执行结果不确定,即相同的输入可能得到不同的结果。
  - ➤ {CONTAINS SQL | NO SQL | READS SQL DATA | MODIFIES SQL DATA }用来设置子程序使用 SQL 语句的限制,选择其中的一种即可：CONTAINS SQL 为默认值,表示子程序包含 SQL 语句,但不包含读或写数据的语句；NO SQL 表示子程序不包含 SQL 语句；READS SQL DATA 表示子程序包含读取数据的语句,但不包含写数据的语句；MODIFIES SQL DATA 表示子程序包含写数据的语句。
  - ➤ SQL SECURITY 用来指定可执行存储过程的用户,它有 2 个选项：DEFINER 表示只有创建者才能执行；INVOKER 表示拥有权限的调用者均可执行。
- routine_body 是定义的存储过程主体,由多条可用的 MySQL 语句、流程控制语句、变量声明等构成。
- BEGIN…END 是可选选项,表示存储过程主体的起始和结束符。BEGIN…END 用于将多个 SQL 语句组合成为一个程序块,位于 BEGIN 和 END 之间的所有语句被视为一个单元来执行。当存储过程主体中要执行两条或两条以上的语句时,需要用 BEGIN…END 将它们括起来。如果仅执行一条语句,则可以省略。

【例 9-1】 在图书销售数据库 booksale 中创建存储过程 pro_partbooks,实现按图书类别代号查询图书信息。

```
USE booksale;
CREATE PROCEDURE pro_partbooks(IN type NVARCHAR(50))
    SELECT * FROM books WHERE ctgcode = type;
```

type 为输入参数,存储过程需要通过该参数指明要查询的图书类别代码。存储过程主体语句只有一条时,不需要使用 DELIMITER 语句临时修改语句结束符。

【例 9-2】 在图书销售数据库 booksale 中创建存储过程 pro_categoriescount,实现已订购图书的用户数量统计。

```
CREATE PROCEDURE booksale.pro_categoriescount(OUT num INT)
    COMMENT '已订购图书的用户数量统计'
    SELECT COUNT(DISTINCT cstid) INTO num FROM orders;
```

num 为输出参数,存储过程的返回值存入该参数中。"已订购图书的用户数量统计"是存储过程的注释信息,标明了存储过程的作用。

【例 9-3】 在图书销售数据库 booksale 中创建存储过程 pro_bookscount,实现按顾客编号查询已订购图书的总册数统计。

```
CREATE PROCEDURE booksale.pro_bookscount(INOUT num INT)
    SELECT SUM(quantity) INTO num
        FROM orders INNER JOIN orderitems ON orders.orderid = orderitems.orderid
        WHERE cstid = num;
```

num 为输入输出参数,存储过程需要通过该参数指明要查询的顾客编号,存储过程的返回值也将存入该参数中。

【例 9-4】 在图书销售数据库 booksale 中创建存储过程 pro_updateprice,实现订单项目表 orderitems 中订单总价高于 200 元的图书的销售价格打八折。

```
DELIMITER $$
    CREATE PROCEDURE booksale.pro_updateprice()
        BEGIN
            DROP TABLE IF EXISTS temp;
            CREATE TABLE temp AS
                SELECT orderid FROM orderitems GROUP BY orderid HAVING SUM(price) > 200;
            UPDATE orderitems SET price = price * 0.8 WHERE orderid IN(SELECT * FROM temp);
            DROP TABLE temp;
        END $$
DELIMITER ;
```

该存储过程无参数,存储过程中封装的 SQL 命令为更新命令。

原计划使用如下命令: UPDATE orderitems SET price＝price * 0.8 WHERE orderid IN(SELECT orderid FROM orderitems GROUP BY orderid HAVING SUM(price) > 200)。但执行后提示错误信息: [Err] 1093-You can't specify target table 'orderitems' for update in FROM clause。原因是 MySQL 不允许更新记录时目标表和子查询里面的表为同一张数据表。解决办法为: 首先创建一张临时表 temp,将子查询结果自动存入临时表中;然后根据临时表更新主表数据;最后删掉临时表。

【例 9-5】 在图书销售数据库 booksale 中创建存储过程 pro_highprice,实现通过图书编号对比两本图书的价格,返回单价高的那本图书的图书编号。

```
DELIMITER $$
CREATE PROCEDURE booksale.pro_highprice(IN bookno1 INT, IN bookno2 INT, OUT no INT)
    BEGIN
```

```
            DECLARE num1,num2 INT;
            SELECT unitprice INTO num1 FROM books WHERE bookid = bookno1;
            SELECT unitprice INTO num2 FROM books WHERE bookid = bookno2;
            IF num1 > = num2 THEN SET no = bookno1;
            ELSE SET no = bookno2;
            END IF;
        END $$
DELIMITER ;
```

存储过程的参数为多个,既有输入参数 bookno1 和 bookno2,又有输出参数 no。存储过程通过 bookno1 和 bookno2 参数指明要对比的图书编号,在存储过程中定义了局部变量 num1 和 num2,用来存储要对比的两本图书的价格。通过判断语句比较两个价格,将价格高的那本图书的图书编号存储到 no 参数中。

2. 调用存储过程

存储过程定义完成后,就可以调用了。调用存储过程的基本语法格式如下所示。

```
CALL procedure_name ([proc_parameter[,...]]);
```

语法说明如下。

- procedure_name 是调用存储过程的名称。也可使用 db_name.procedure_name 调用指定数据库中的存储过程。
- proc_parameter 是可选选项,用于指定调用存储过程的参数列表,通常将调用时的参数称为实参。调用存储过程的实参列表是为定义存储过程时设置的形参传递具体的值,实参的个数与数据类型要与存储过程定义时的形参一一对应,多个参数之间使用逗号分隔。

【例 9-6】 在图书销售数据库 booksale 中调用存储过程 pro_partbooks,查询计算机类图书的信息。

```
CALL booksale.pro_partbooks('computer');
```

'computer'为输入实参,调用存储过程时通过形参 type 传入存储过程里面。

【例 9-7】 在图书销售数据库 booksale 中调用存储过程 pro_categoriescount,查询已订购图书的用户数量,并使用 SELECT 语句输出。

```
CALL booksale.pro_categoriescount(@num);
SELECT @num;
```

执行结果如图 9-1 所示。

存储过程执行完成,将运行结果存储到变量@num 中,通过形参 num 将@num 这个实参输出。

【例 9-8】 在图书销售数据库 booksale 中调用存储过程 pro_bookscount,查询顾客编号为 2 的顾客已订购图书的总册数,并使用 SELECT 语句输出。

图 9-1 调用存储过程
pro_categoriescount 后

```
SET @num = 2;
CALL booksale.pro_bookscount(@num);
SELECT @num;
```

图 9-2　调用存储过程
pro_bookscount 后

执行结果如图 9-2 所示。

设置变量@num 并初始化为 2,此时变量@num 为输入实参,调用存储过程时通过形参 num 传入存储过程里面,存储过程执行完成,将运行结果存储到变量@num 中,通过形参 num 将@num 这个实参输出。

【例 9-9】　在图书销售数据库 booksale 中调用存储过程 pro_updateprice,将订单项目表 orderitems 中订单总价高于 200 元的图书的销售价格打八折,并使用 SELECT 语句查询验证。

```
SELECT orderid,price FROM orderitems;
CALL booksale.pro_updateprice();
SELECT orderid,price FROM orderitems;
```

执行结果如图 9-3 所示。

订单编号为 4 的订单总价超过 200 元,因此该订单的所有图书价格均变为原价打八折后的价格。

【例 9-10】　在图书销售数据库 booksale 中调用存储过程 pro_highprice,对比图书编号为 3 和 5 的两本图书的价格,返回单价高的那本图书的图书编号,并使用 SELECT 语句查询验证。

```
CALL booksale.pro_highprice(3,5,@bookno);
SELECT @bookno;
```

执行结果如图 9-4 所示。

信息	结果1	概况	状态		信息	结果1	概况	状态
orderid	price				orderid	price		
1	60				1	60		
1	45.5				1	45.5		
2	80				2	80		
3	25.6				3	25.6		
3	138.4				3	138.4		
4	60				4	48		
4	45.5				4	36.4		
4	55.6				4	44.48		
4	88.58				4	70.86		
5	100				5	100		
6	80				6	80		

图 9-3　调用存储过程 pro_updateprice 前后对比　　图 9-4　调用存储过程 pro_highprice 后

3 和 5 为输入实参,调用存储过程时通过形参 bookno1 和 bookno2 传入存储过程里面。存储过程执行完成后,将运行结果存储到变量@bookno 中,通过形参 no 将@bookno 这个实参输出。

3. 查看存储过程

存储过程定义完成后,可以查看存储过程的创建语句。查看存储过程的基本语法格式如下所示。

```
#语法 1:
SHOW CREATE PROCEDURE procedure_name;
```

语法说明：procedure_name 是要查看的存储过程的名称。也可使用 db_name.procedure_name 查看指定数据库中的存储过程。

```
#语法 2:
SHOW PROCEDURE STATUS LIKE 'procedure_name';
```

语法说明：LIKE 'procedure_name'是可选选项。可使用 LIKE 结合通配符查看部分存储过程,也可直接写存储过程名,省略时表示查看所有存储过程。

【例 9-11】　在图书销售数据库 booksale 中用两种方法查看存储过程 pro_highprice。

```
SHOW CREATE PROCEDURE pro_highprice;
SHOW PROCEDURE STATUS LIKE 'pro_highprice';
```

9.1.2　存储过程的修改与删除

在实际应用中,根据业务需求,可能需要修改存储过程的特性,但修改存储过程不能修改存储过程的参数和子程序,如果需要修改,则必须先删除存储过程后,再重新创建存储过程。

1. 修改存储过程

修改存储过程的基本语法格式如下所示。

```
ALTER PROCEDURE procedure_name [characteristic...];
其中:
characteristic: {
    COMMENT 'string'
    | LANGUAGE SQL
    | [NOT] DETERMINISTIC
    | { CONTAINS SQL | NO SQL | READS SQL DATA | MODIFIES SQL DATA }
    | SQL SECURITY { DEFINER | INVOKER }
}
```

语法说明如下。

- procedure_name 是要修改的存储过程的名称。也可使用 db_name. procedure_name 修改指定数据库中的存储过程。
- characteristic 是可选选项,用于指定存储过程的特性。它所包含的值的意义和创建存储过程时完全相同。

【例 9-12】 在图书销售数据库 booksale 中修改存储过程 pro_highprice,将存储过程的执行者改为调用者,并设置注释信息。分别在修改前后查看存储过程的状态。

```
SHOW PROCEDURE STATUS LIKE 'pro_highprice';
ALTER PROCEDURE booksale.pro_highprice
    SQL SECURITY INVOKER COMMENT '对比两本书,返回单价高的图书编号';
SHOW PROCEDURE STATUS LIKE 'pro_highprice';
```

从执行结果看出,Security_type 列为 DEFINER,Comment 列为注释信息,均已从默认值更改为用户设定的数据。

2. 删除存储过程

当数据库中某存储过程不再使用时,可将其删除。删除存储过程的基本语法格式如下所示。

```
DROP PROCEDURE [IF EXISTS] procedure_name;
```

语法说明如下。

- procedure_name 是要删除的存储过程的名称。默认删除的是当前数据库中的存储过程,也可使用 db_name.procedure_name 删除指定数据库中的存储过程。
- IF EXISTS 是可选选项。添加该选项,表示指定的存储过程存在时执行删除存储过程操作,否则忽略此操作。

【例 9-13】 在图书销售数据库 booksale 中删除存储过程 pro_partbooks。

```
DROP PROCEDURE IF EXISTS booksale.pro_partbooks;
```

9.1.3　存储过程异常处理

在存储过程执行期间可能会因为遇到某种错误,造成程序异常终止。如果能提前预测可能出现的问题,并提出解决办法,则可保证存储过程或函数遇到警告或错误时仍能够继续执行。MySQL 可以事先对某些特定的错误代码警告或异常进行定义,然后再针对这些错误添加处理程序进行处理以解决这些问题。

1. 定义条件

定义条件是声明指定的错误条件,将名称与需要特定处理的条件关联在一起。定义条件的基本语法格式如下所示。

```
DECLARE condition_name CONDITION FOR condition_value;
其中:
condition_value: { mysql_error_code | SQLSTATE [VALUE] sqlstate_value }
```

语法说明如下。

- condition_name 是条件名称。
- condition_value 是条件类型,用于定义 MySQL 的错误,其中,mysql_error_code 是数值类型的错误代码,该代码不能为 0(因为 0 表示成功);SQLSTATE [VALUE]

sqlstate_value 是 5 个字符长度的错误代码,该代码不能为 00(因为 00 表示成功),其中 VALUE 关键字可省略。

【例 9-14】 用两种方法定义"ERROR 1146(42S02)"错误,名称为 not_found_table。

```
-- 方法 1：使用 SQLSTATE
DECLARE not_found_table CONDITION FOR SQLSTATE '42S02';
-- 方法 2：使用 mysql_error_code
DECLARE not_found_table CONDITION FOR 1146;
```

该定义不能直接使用,要放在存储过程中。

2. 定义处理程序

定义处理程序是定义解决异常问题的办法。定义处理程序的基本语法格式如下所示。

```
DECLARE handler_type HANDLER FOR condition_value[,...] sp_statement;
其中：
handler_type: {CONTINUE | EXIT | UNDO}
condition_value: {mysql_error_code | SQLSTATE [VALUE] sqlstate_value | condition_name |
SQLWARNING | NOT FOUND | SQLEXCEPTION }
```

语法说明如下。

- handler_type 用于指定错误处理方式,包括 3 种选项：CONTINUE,遇到错误不处理,继续执行；EXIT,遇到错误立即退出；UNDO,遇到错误撤回之前的操作。MySQL 暂时不支持 UNDO 操作。
- condition_value 用于指定错误类型,包括 6 种选项：mysql_error_code,数值类型的错误代码；SQLSTATE [VALUE] sqlstate_value,包含 5 个字符的字符串错误值,VALUE 关键字可以省略；condition_name,定义条件的名称；SQLWARNING,匹配所有以 01 开头的 SQLSTATE 错误代码；NOT FOUND,匹配所有以 02 开头的 SQLSTATE 错误代码；SQLEXCEPTION,匹配所有没有被 SQLWARNING 或 NOT FOUND 捕获的 SQLSTATE 错误代码。
- sp_statement 是程序语句段,表示在遇到定义的错误时执行的存储过程或函数。

【例 9-15】 定义处理程序的几种方法。

```
-- 方法 1：捕获 sqlstate_value
DECLARE CONTINUE HANDLER FOR SQLSTATE '42S02' SET @info = 'NOT_FOUND';
-- 方法 2：捕获 mysql_error_code
DECLARE CONTINUE HANDLER FOR SQLSTATE '1146' SET @info = 'NOT_FOUND';
-- 方法 3：先定义条件,然后再捕获定义条件
DECLARE not_found_table CONDITION FOR 1146;
DECLARE CONTINUE HANDLER FOR not_found_table SET @info = 'NOT_FOUND';
-- 方法 4：捕获 SQLWARNING
DECLARE EXIT HANDLER FOR SQLWARNING SET @info = 'ERROR';
-- 方法 5：捕获 NOT FOUND
DECLARE EXIT HANDLER FOR NOT FOUND SET @info = 'NOT FOUND';
-- 方法 6：捕获 SQLEXCEPTION
DECLARE EXIT HANDLER FOR SQLEXCEPTION SET @info = 'ERROR';
```

方法 1：捕获 sqlstate_value 值。如果遇到 sqlstate_value 值为 42S02,执行 CONTINUE 操作,并且输出 NOT FOUND 信息。

方法 2：捕获 mysql_error_code 值。如果遇到 mysql_error_code 值为 1146,执行 CONTINUE 操作,并且输出 NOT FOUND 信息。

方法 3：先定义条件,然后再捕获定义条件。这里先定义 not_found_table 条件,遇到 1146 错误就执行 CONTINUE 操作。

方法 4：捕获 SQLWARNING。SQLWARNING 捕获所有以 01 开头的 sqlstate_value 值,然后执行 EXIT 操作,并且输出 ERROR 信息。

方法 5：捕获 NOT FOUND。NOT FOUND 捕获所有以 02 开头的 sqlstate_value 值,然后执行 EXIT 操作,并且输出 NOT FOUND 信息。

方法 6：捕获 SQLEXCEPTION。SQLEXCEPTION 捕获所有没有被 SQLWARNING 或 NOT FOUND 捕获的 sqlstate_value 值,然后执行 EXIT 操作,并且输出 ERROR 信息。

3. 存储过程异常处理的具体应用

【例 9-16】　在有主键的表中插入重复值时不报错,而是继续执行。

```
-- 创建一个含有主键的表 test
CREATE TABLE IF NOT EXISTS test(id INT PRIMARY KEY);
-- 定义存储过程 handler1
DELIMITER $$
    CREATE PROCEDURE handler1()
    BEGIN
        SET @num = 1;
        INSERT INTO test VALUES(1);
        SET @num = 2;
        INSERT INTO test VALUES(1);
        SET @num = 3;
        INSERT INTO test VALUES(1);
    END $$
DELIMITER ;
-- 调用存储过程 handler1
CALL handler1();
```

执行结果报错,提示错误信息：[Err] 1062-Duplicate entry '1' for key 'test. PRIMARY'。表示主键冲突,即表中已经存在要插入的数据。

```
SELECT @num;
```

@num 是一个用户变量,执行结果 @num 等于 2。第二个 INSERT 因 PRIMARY KEY 约束而失败之后,MySQL 已经采取 EXIT 策略,因此 @num 返回 2。

```
-- 定义存储过程 handler2
DELIMITER $$
    CREATE PROCEDURE handler2()
    BEGIN
        DECLARE primary_key_exist CONDITION FOR SQLSTATE '23000';
```

```
        DECLARE CONTINUE HANDLER FOR primary_key_exist SET @m = 1000;
        SET @num = 1;
        INSERT INTO test VALUES(1);
        SET @num = 2;
        INSERT INTO test VALUES(1);
        SET @num = 3;
        INSERT INTO test VALUES(1);
    END $$
DELIMITER ;
-- 调用存储过程 handler2
CALL handler2();
SELECT @num;
```

@num 是一个用户变量,执行结果@num 等于 3,这表明 MySQL 执行到程序的末尾,第二个 INSERT 因 PRIMARY KEY 约束而失败之后,MySQL 采取 CONTINUE 策略,所以可以顺利完成执行。

9.1.4　存储过程与函数的联系与区别

存储过程是用户定义的一系列 SQL 语句的集合,用户可以调用存储过程,而函数通常是数据库已定义的方法,它接收参数并返回某种类型的值并且不涉及特定用户表。函数是为其他程序服务的,需要在其他语句中调用函数才可以,而存储过程不能被其他语句调用,是自己通过 CALL 语句来执行的。存储过程和函数都是属于某个数据库的。

存储过程与函数的区别主要在于以下几方面。

(1) 一般来说,存储过程实现的功能要复杂点,而函数实现的功能针对性比较强。存储过程可以执行包括修改表等一系列数据库操作,用户定义函数则不能执行一组修改全局数据库状态的操作。

(2) 参数不同。存储过程的参数可以有 IN、OUT、INOUT 三种类型,而函数只能有 IN 一种类型。

(3) 返回值不同。对于存储过程来说可以返回参数,如记录集,而函数则只能返回值或表对象;函数只能返回一个变量,而存储过程可以返回多个;存储过程声明时不需要返回类型,而函数声明时则需要描述返回类型,且函数中必须包含一个有效的 RETURN 语句。

(4) 存储过程可以使用非确定函数,而函数不允许在主体中内置非确定函数。

(5) 调用方式不同。SQL 语句中不可以使用存储过程,存储过程只能通过 CALL 语句进行调用,但函数是嵌入在 SQL 中使用的,它可以作为 SELECT 查询语句的一部分来调用,就像内建函数一样,例如 AVG()、SIN()。

9.2　游标

视频讲解

通过 SELECT 查询语句,可以返回符合指定条件的结果集,但是没有办法对结果集中的数据进行下一条记录的检索或每次一条记录的逐条单独处理等。MySQL 提供了游标机制进行处理。

9.2.1 游标的使用过程

游标(Cursor)又称为光标。它的本质是一种能从 SELECT 结果集中每次提取一条记录的指针,在存储过程和函数中使用游标来逐条读取查询结果集中的记录。游标的使用,一般分为 4 个步骤:定义游标、打开游标、使用游标检索数据和关闭游标。

1. 定义游标

游标在使用之前,必须通过定义让其与指定的 SELECT 语句相关联,目的就是确定游标要操作的 SELECT 结果集对象。定义游标的基本语法格式如下所示。

```
DECLARE cursor_name CURSOR FOR select_statement;
```

语法说明如下。

- cursor_name 是新建游标的名称,游标名称必须符合标识符命名规则,且名称必须唯一。在存储过程或函数中可以存在多个游标,游标名称是用于区分不同游标的唯一标识。
- select_statement 是与游标相关联的 SELECT 语句。

📖提示:游标在定义时必须在错误处理程序的语句之前,局部变量声明之后;与游标相关联的 SELECT 语句中不能含有 INTO 关键字;定义游标后,与游标相关联的 SELECT 语句并没有执行,此时 MySQL 服务器的内存中并没有 SELECT 语句的查询结果集。

2. 打开游标

游标定义完成后,要想使用游标,首先需要打开游标,执行 SELECT 语句,根据查询条件将数据存储到 MySQL 服务器的内存中。打开游标的基本语法格式如下所示。

```
OPEN cursor_name;
```

语法说明:cursor_name 是打开游标的名称。

3. 使用游标检索数据

在打开游标之后,就可以利用 MySQL 提供的 FETCH 语句检索 SELECT 结果集中的数据了。每访问一次 FETCH 语句就获取一行记录,获取数据后游标的内部指针就会向下移动,指向下一条记录,保证了每次获取的数据都不同。使用游标检索数据的基本语法格式如下所示。

```
FETCH cursor_name INTO var1,var2[,...];
```

语法说明如下。

- cursor_name 是使用游标的名称。
- var1,var2 是变量名,根据指定的游标名称将检索出来的数据存放到对应的变量中。变量的个数必须与定义游标时通过 SELECT 语句进行查询的结果集的列数保持一致。

📖提示:FETCH 语句通常与循环结构一起使用,以遍历结果集中的所有数据。当循环结束时会出现"空结果集错误 Error 1329 No data"的异常,因此在使用游标时需要进行异常处理。

4．关闭游标

在利用游标检索完数据后，应该关闭游标，以释放游标占用的服务器内存资源。关闭游标的基本语法格式如下所示。

```
CLOSE cursor_name;
```

语法说明：cursor_name 是要关闭的游标名称。

📖提示：关闭的游标，若再次需要时，只需要打开游标即可，不需要再重新定义；游标若没有手动关闭，在运行到程序最后的 END 语句时将会自动关闭。

9.2.2　利用游标检索数据

下面以一个案例来演示游标检索数据的应用。

【例 9-17】　在图书销售数据库 booksale 的订单项目表 orderitems 中，订购数量超过 10 本的图书的销售价格若高于 50 元，则打九折。

```
-- 定义存储过程
DELIMITER $$
    CREATE PROCEDURE orderitems_pro_cursor()
        BEGIN
            DECLARE mark, cur_bookid, cur_orderid INT DEFAULT 0;
            DECLARE cur_price DECIMAL(6,2) DEFAULT 0.0;
            #定义游标
            DECLARE cur CURSOR FOR SELECT orderid, bookid, price FROM orderitems WHERE quantity >= 10;
            #自定义异常处理程序,结束游标的遍历
            DECLARE CONTINUE HANDLER FOR SQLSTATE '02000' SET mark = 1;
            #打开游标
            OPEN cur;
            #遍历游标
            REPEAT
                #利用游标获取一行记录
                FETCH cur INTO cur_orderid, cur_bookid, cur_price;
                #处理游标检索的一行记录
                IF cur_price >= 50 && mark <> 1 THEN SET cur_price = cur_price * 0.9;
                    UPDATE orderitems SET price = cur_price WHERE orderid = cur_orderid AND
bookid = cur_bookid;
                END IF;
                UNTIL mark
            END REPEAT;
            #关闭游标
            CLOSE cur;
        END $$
DELIMITER ;
-- 调用存储过程之前查看表中订购数量超过 10 本的图书的销售情况
SELECT orderid, bookid, price FROM orderitems WHERE quantity >= 10;
```

执行结果如图 9-5 所示。

```
-- 调用存储过程
CALL orderitems_pro_cursor();
-- 调用存储过程之后查看表中订购数量超过 10 本的图书的销售情况
SELECT orderid,bookid,price FROM orderitems WHERE quantity>=10;
```

执行结果如图 9-6 所示。

信息	结果1	概况	状态
orderid	bookid	price	
2	7	80	
4	2	36.4	
5	4	100	

图 9-5　存储过程运行之前的价格

信息	结果1	概况	状态
orderid	bookid	price	
2	7	72	
4	2	36.4	
5	4	90	

图 9-6　存储过程运行之后的价格

从执行结果可以看到,第 1 条和第 3 条记录的价格产生了变化,因为这两条记录的订购数量大于 10。

9.3　触发器

视频讲解

9.3.1　触发器概述

触发器(Trigger)是 MySQL 数据库对象之一,它是一种特殊类型的存储过程。触发器和存储过程一样都包含了一组 MySQL 语句,但是触发器又与存储过程明显不同,存储过程使用时需要手工调用(CALL 语句),而触发器是在预先定义好的事件(INSERT、UPDATE 和 DELETE 操作)发生时,被 MySQL 自动调用。因此如果希望系统自动完成某些操作,并且自动维护确定的业务逻辑和相应的数据完整性,那么可以通过使用触发器来实现。

1. MySQL 触发器的作用

(1) 安全性。可以基于数据库的值,使用户具有操作数据库的某种权利。

可以基于时间限制用户的操作,例如:不允许下班后和节假日修改数据库数据。

可以基于数据库中的数据限制用户的操作,例如:不允许股票价格的升幅一次超过 10%。

(2) 审计。可以跟踪用户对数据库的操作。

(3) 实现复杂的数据完整性规则。触发器可以实施比 FOREIGN KEY 约束、CHECK 约束更为复杂的检查和操作。

(4) 实现复杂的非标准的数据库相关完整性规则。触发器可以对数据库中相关的表进行连环更新。例如:删除图书信息时,会自动删除其库存及销售明细。

(5) 同步实时地复制表中的数据。

(6) 自动计算数据值,如果数据的值达到了一定的要求,则进行特定的处理。例如:当某商品库存数量低于 5 时立即给库管发送提醒。

2. MySQL 触发器的分类

在实际应用中,MySQL 支持的触发器有三类:INSERT 触发器、UPDATE 触发器和

DELETE 触发器。

1）INSERT 触发器

在 INSERT 语句执行之前或之后响应的触发器,分为 BEFORE INSERT 触发器和 AFTER INSERT 触发器。INSERT 触发器使用时需要注意以下几点。

* 在 INSERT 触发器代码内,可引用一个名为 NEW(或 new)的虚报表来访问被插入的行。
* 在 BEFORE INSERT 触发器中,NEW 中的值也可以被更新,即只要具有对应的操作权限就允许更改被插入的值。
* 对于 AUTO_INCREMENT 列,NEW 在 INSERT 执行之前包含的值是 0,在 INSERT 执行之后将包含新的自动生成值。

2）UPDATE 触发器

在 UPDATE 语句执行之前或之后响应的触发器,分为 BEFORE UPDATE 触发器和 AFTER UPDATE 触发器。UPDATE 触发器使用时需要注意以下几点。

* 在 UPDATE 触发器代码内,可引用一个名为 OLD(或 old)的虚拟表来访问 UPDATE 语句执行前的值,该表的值全部是只读的,不能被更新。
* 在 UPDATE 触发器代码内,可引用一个名为 NEW(或 new)的虚拟表来访问更新的值。
* 在 BEFORE UPDATE 触发器中,NEW 中的值可能也会被更新,即只要具有对应的操作权限就允许更改将要用于 UPDATE 语句中的值。

📖提示:当触发器是对触发表自身进行更新操作时,只能使用 BEFORE UPDATE 触发器,不允许使用 AFTER UPDATE 触发器。

3）DELETE 触发器

在 DELETE 语句执行之前或之后响应的触发器,分为 BEFORE DELETE 触发器和 AFTER DELETE 触发器。

在 DELETE 触发器代码内,可以引用一个名为 OLD(或 old)的虚拟表来访问被删除的行。该表的值全部是只读的,不能被更新。

综上所述,实际上触发器分为六种,在触发器使用的过程中,MySQL 会按照以下方法来处理错误。

若对于事务性表,触发程序失败,以及由此导致的整个语句失败,那么该语句所执行的所有更改将回滚;对于非事务性表,则不能执行此类回滚,即使语句失败,失败之前所做的任何更改依然有效。

若 BEFORE 触发程序失败,则 MySQL 将不执行相应行上的操作。若在 BEFORE 或 AFTER 触发程序的执行过程中出现错误,则将导致调用触发程序的整个语句失败。仅当 BEFORE 触发程序和行操作均已被成功执行时,MySQL 才会执行 AFTER 触发程序。

3. 触发器的执行顺序

建立的数据库一般都是 InnoDB 数据库,其上建立的表是事务性表,也就是事务安全的。

* 如果 BEFORE 触发器执行失败,SQL 语句无法正确执行。
* 如果 SQL 语句执行失败,AFTER 触发器不会触发。
* 如果 AFTER 触发器执行失败,SQL 语句会回滚。

9.3.2　创建触发器

创建触发器需要有 TRIGGER 权限。创建触发器的基本语法格式如下所示。

```
CREATE TRIGGER trigger_name
    { BEFORE | AFTER }{ INSERT | UPDATE | DELETE } ON table_name FOR EACH ROW
    [BEGIN]
        triggered_statement
    [END];
```

语法说明如下。

- trigger_name 是新建触发器的名称,触发器名称必须符合标识符命名规则,且名称必须唯一。新创建的触发器默认属于当前数据库,若要在指定数据库中创建触发器,创建时应将名称指定为 db_name. trigger_name。
- INSERT｜UPDATE｜DELETE 是触发事件,用于指定激活触发程序的语句的类型,包括 3 种选项: INSERT 表示当插入记录(INSERT 语句、LOAD DATA 语句和 REPLACE 语句)时激活触发器; UPDATE 表示当更新记录(UPDATE 语句)时激活触发器; DELETE 表示当删除记录(DELETE 语句和 REPLACE 语句)时激活触发器。
- BEFORE ｜ AFTER 是触发时机,表示数据表在发生变化前后的两种状态。 BEFORE 表示在触发器事件之前执行触发器语句; AFTER 表示在触发器事件之后执行触发器语句。它们和上面的参数结合,形成了 6 种触发器。
- table_name 是与触发器相关联的数据表,该表必须是永久表,不能将触发器与临时表或视图关联。同一个表不能拥有两个具有相同触发事件和触发时机的触发器,即不能有同种(共 6 种)触发器。同一个触发器只能定义在一个表上。
- FOR EACH ROW 表示行级触发,即任何一条记录上的操作满足触发事件都会触发该触发器。
- triggered_statement 是触发器的主体,用于指定触发器激活时要执行的 MySQL 语句。
- BEGIN…END 是可选选项,表示触发器主体的起始和结束符。当触发器主体中要执行两条或两条以上的语句时,需要用 BEGIN…END 将它们括起来。如果仅是一条语句,则可以省略。

【例 9-18】　在图书销售数据库 booksale 的类别表 categories 上创建触发器 tri_log,触发条件是当向类别表 categories 插入记录时,日志表 log 插入当前时间。

```
CREATE TRIGGER booksale.tri_log BEFORE INSERT ON categories FOR EACH ROW
    INSERT INTO log VALUES(NULL, 'categories', NOW());
```

向类别表 categories 插入记录,检验记录是否插入成功,触发器是否触发成功。

```
INSERT INTO categories VALUES('story','故事');
SELECT * FROM categories;
SELECT * FROM log;
```

根据结果显示,类别表 categories 中的数据成功插入,日志表 log 中的数据成功插入,说明触发器 tre_log 已经被成功地触发了。

【例9-19】 在图书销售数据库 booksale 的图书表 books 表上建立触发器 tri_books,触发条件是当向图书表 books 插入记录时,新记录的类别代号 ctgcode 必须在类别表 categories 中存在。

```
DELIMITER $$
CREATE TRIGGER tri_books AFTER INSERT ON books FOR EACH ROW
    BEGIN
        DECLARE count INT DEFAULT 0;
        SELECT count ( * ) INTO count FROM books INNER JOIN categories ON books. ctgcode =
categories.ctgcode WHERE books.ctgcode = new. ctgcode;
        IF count = 0 THEN DELETE FROM books WHERE ctgcode = new.ctgcode;
        END IF;
    END $$
DELIMITER ;
```

向类别表 books 插入一条不符合要求的记录,检验记录是否插入成功,触发器是否触发成功。

```
INSERT INTO books VALUES (NULL, '好饿的毛毛虫', '978 - 7 - 5332 - 9702 - 2', '艾瑞.卡尔', 38.80,
'children');
```

执行结果报错,提示错误信息:［Err］1442 - Can't update table 'books' in stored function/trigger because it is already used by statement which invoked this stored function/trigger.。新插入记录的类别代号为 children,该类别代码在类别表 categories 中不存在,因此触发器 tri_books 已经被成功地触发了。

向类别表 books 插入一条符合要求的记录,检验记录是否插入成功,触发器是否触发成功。

```
INSERT INTO books VALUES (NULL, '好饿的毛毛虫', '978 - 7 - 5332 - 9702 - 2', '艾瑞.卡尔', '38.80',
'story');
SELECT * FROM books;
```

新插入记录的类别代号为 story,该类别代码在类别表 categories 中存在,因此触发器 tri_books 没有被触发,记录顺利地插入表中。新插入的记录的 bookid 为 12,而 bookid 为 11 的记录不存在,是因为上面插入的那条不符合要求的记录是 bookid 为 11 的记录,但是在插入操作完成后,触发器被激活,又将添加完成的 bookid 为 11 的记录删除了。

【例9-20】 在图书销售数据库 booksale 的订单表 orders 上建立触发器 tri_delete_orders,触发条件是当删除订单表 orders 中的记录时,订单项目表 orderitems 中的相关记录一起被删除(级联删除)。

```
CREATE TRIGGER tri_delete_orders AFTER DELETE ON orders FOR EACH ROW
    DELETE FROM orderitems WHERE orderid = old.orderid;
```

查看现在订单表 orders 和订单项目表 orderitems 中订单编号为 6 的记录。

```
SELECT * FROM orders WHERE orderid = 6;
SELECT * FROM orderitems WHERE orderid = 6;
```

删除订单表 orders 中订单编号为 6 的记录。再次查看订单表 orders 和订单项目表 orderitems 中订单编号为 6 的记录。

```
DELETE FROM orders WHERE orderid = 6;
SELECT * FROM orders WHERE orderid = 6;
SELECT * FROM orderitems WHERE orderid = 6;
```

根据结果显示,orders 表删除记录后,触发器被激活了,orderitems 表中的相关记录被同步删除了。

📖提示:在创建触发器时,可以使用名为 NEW(或 new)的虚拟表获取插入或更新时产生的新值,使用名为 OLD(或 old)的虚拟表获取删除或更新以前的值。

9.3.3 查看触发器

因为同一个表不能拥有同种触发器,因此在创建触发器之前,应该先查看一下 MySQL 中已经存在的触发器。查看触发器的基本语法格式如下所示。

```
#语法1:
SHOW TRIGGERS [{FROM | IN} db_name] [LIKE 'table_name' | WHERE expr] ;
```

语法说明如下。
- {FROM | IN} db_name 是可选选项,用于指出要查看的数据库名,其中 FROM | IN 关键字可以省略。若未指出数据库,则获取当前选择的数据库。
- LIKE 'table_name' | WHERE expr 是可选选项。LIKE 'table_name'用于指出要查看的触发器所属的数据表,其中 table_name 是数据表名,WHERE expr 用于指定查看触发器的条件。

【例 9-21】 查看图书销售数据库 booksale 中图书表 books 上的所有触发器。

```
SHOW TRIGGERS FROM booksale LIKE 'books';
```

结果集中的 Statement 列是触发器体。在图形化界面中由于列宽问题显示不全,可在命令行状态输入该命令并将";"替换为"\G"结尾,结果将以垂直方向显示。

```
#语法2:
SELECT * FROM information_schema.TRIGGERS WHERE trigger_name = 'trigger_name';
```

语法说明如下。
- 在系统数据库 information_schema 中的 TRIGGERS 表中,可以通过 SELECT 语句查看触发器的定义。

- trigger_name= 'trigger_name'用于查找 trigger_name 列的值为 trigger_name 触发器名的指定触发器的信息。

📖**提示**：以上命令没有限定数据库，所以查看的是当前服务器中所有名为 trigger_name 的事件，要查看指定数据库，需要添加条件 TRIGGER_SCHEMA='db_name'。

【**例 9-22**】 查看图书销售数据库 booksale 中名为 tri_books 的触发器。

```
SELECT * FROM information_schema.TRIGGERS WHERE TRIGGER_NAME = 'tri_books' AND TRIGGER_
SCHEMA = 'booksale';
```

在图形化界面中由于列宽问题显示不全，可在命令行状态输入该命令并将";"替换成"\G"结尾，结果将以垂直方向显示。

9.3.4　删除触发器

当数据库中某触发器不再使用时，可将其删除。删除触发器需要有 TRIGGER 权限。删除触发器的基本语法格式如下所示。

```
DROP TRIGGER [IF EXISTS] trigger_name;
```

语法说明如下。

- trigger_name 是要删除触发器的名称。默认删除的是当前数据库中的触发器，也可使用"db_name.trigger_name"删除指定数据库中的触发器。
- IF EXISTS 是可选选项。添加该选项，表示指定的触发器存在时执行删除触发器操作，否则忽略此操作。

【**例 9-23**】 在图书销售数据库 booksale 中删除名为 tri_books 的触发器。

```
DROP TRIGGER IF EXISTS booksale.tri_books;
```

9.4　事件

9.4.1　事件概述

视频讲解

事件(Event)是根据指定时间表执行的任务，是 MySQL 在相应的时刻调用的过程式数据库对象。它由事件调度器这一特定的线程来管理的。

事件调度器即定时任务调度器，指在某个特定的时间根据计划自动完成指定的任务或每隔多长时间根据计划做一次指定的任务。MySQL 的事件调度器可以实现每秒执行一个任务，这在一些对实时性要求较高的环境下是非常实用的。

事件调度器是定时触发执行的，从这个角度上看也可以称其为"临时触发器"。但是它与触发器又有所区别，触发器只针对某张数据表产生的事件(INSERT、UPDATE 和 DELETE 操作)执行特定的任务，而事件调度器则是根据时间周期来触发设定的任务，且操作对象可以是多张数据表。

9.4.2 开启或关闭事件调度器

由于事件是由事件调度器这一特定的线程来管理的,因此若想让事件正常执行,首先要开启事件调度器。MySQL 8.0 以上是默认开启事件调度器的。

1. 查看事件调度器

可以通过对全局变量 event_scheduler 的查看,掌握事件调度器的状态,其值为 OFF 表示关闭,其值为 ON 表示开启。

查看事件调度器的基本语法格式如下所示。

```
#语法1:
SHOW VARIABLES LIKE 'event_scheduler';
#语法2:
SELECT @@event_scheduler;
#语法3:
SHOW PROCESSLIST;
```

三种方法执行后,显示方式稍有不同。

2. 开启或关闭事件调度器

开启事件调度器的基本语法格式如下所示。

```
SET GLOBAL event_scheduler = ON | 1;
```

关闭事件调度器的基本语法格式如下所示。

```
SET GLOBAL event_scheduler = OFF | 0;
```

9.4.3 创建事件

MySQL 事件信息保存在 mysql.event 表中,虽然可以直接操作该表,但是容易出现不可预知的错误,因此建议采用 CREATE EVENT 语句在指定的数据库下创建。创建事件的基本语法格式如下所示。

```
CREATE
    [DEFINER = user]
    EVENT [IF NOT EXISTS] event_name
    ON SCHEDULE schedule
    [ON COMPLETION [NOT] PRESERVE]
    [ENABLE | DISABLE | DISABLE ON SLAVE]
    [COMMENT 'comment']
    DO event_body;
其中:
schedule: {
    AT timestamp [ + INTERVAL interval] ...
      | EVERY interval
```

```
      [STARTS timestamp [ + INTERVAL interval] ...]
      [ENDS timestamp [ + INTERVAL interval] ...]
}
interval:
quantity {YEAR | QUARTER | MONTH | DAY | HOUR | MINUTE |WEEK | SECOND |
        YEAR_MONTH | DAY_HOUR | DAY_MINUTE |DAY_SECOND |
        HOUR_MINUTE | HOUR_SECOND | MINUTE_SECOND}
```

语法说明如下。

- event_name 是新建事件的名称,事件名称必须符合标识符命名规则,且名称必须唯一。新创建的事件默认属于当前数据库,若要在指定数据库中创建事件,创建时应将名称指定为 db_name. event_name。

- DEFINER=user 是可选选项,用于定义事件创建者,省略表示当前用户。

- IF NOT EXISTS 是可选选项。添加该选项,表示指定的事件不存在时执行创建事件操作,否则忽略此操作。

- ON SCHEDULE schedule 表示触发点,用于定义执行的时间和时间间隔,包括 2 种选项:AT timestamp 一般只执行一次,INTERVAL 关键字可以用于计算时间间隔,可以直接与日期、时间进行计算;EVERY interval 一般周期性执行,STARTS timestamp 是可选项,用于设定开始时间,ENDS timestamp 是可选项,用于设定结束时间。

- ON COMPLETION [NOT] PRESERVE 是可选选项,用于定义事件执行完毕是否保留,默认为 NOT PRESERVE 不保留,即删除事件。

- ENABLE | DISABLE | DISABLE ON SLAVE 是可选选项,用于指定事件的属性,包括 3 种选项:ENABLE 表示该事件创建以后是开启的,也就是系统将执行这个事件,为默认选项;DISABLE 表示该事件创建以后是关闭的,也就是事件的声明存储到目录中,但是不执行这个事件;DISABLE ON SLAVE 表示事件在从机中是关闭的。一般用不上,只有设置了 MySQL 主从数据库才会用得上,指该事件已在主服务器上创建并复制到从属服务器,但在从属服务器上是关闭的。

- COMMENT 'comment'是可选选项,用于定义事件的注释。

- DO event_body 用于指定事件启动时所要执行的代码,可以是任何有效的 SQL 语句、存储过程或一个计划执行的事件。如果包含多条语句,可以使用 BEGIN…END 复合结构。

【例 9-24】　在图书销售数据库 booksale 中建立事件 event_test1,该事件注释为一次性定时器,设定在 2021-08-19 21:30:00 将系统时间以字符串的形式插入已经存在的 eventtest 表中,该表的结构为(id,user, createtime),并验证事件执行的结果。

```
CREATE DEFINER = root@localhost EVENT booksale.event_test1
ON SCHEDULE AT '2021 - 08 - 19 21:30:00' ON COMPLETION NOT PRESERVE ENABLE
COMMENT '一次性定时器'
DO INSERT INTO eventtest VALUES (NULL, 'MySQL', DATE_FORMAT(NOW(), '%Y- %m- %d %H:%i:%s'));
SHOW EVENTS;
```

以 root@localhost 这个用户的身份创建一次性定时器,执行时间为 2021-08-19 21:30:00,当这个事件不会再发生时会被删除,该事件创建后为开启状态。查询结果存在一条记录,说明事件创建成功。

在事件执行时间 2021-08-19 21:30:00 之后查看 eventtest 表,以验证事件是否成功执行。

```
SELECT * FROM eventtest;
```

执行结果如图 9-7 所示。再次查看事件。

```
SHOW EVENTS;
```

图 9-7　事件执行后

事件在设定的执行时间 2021-08-19 21:30:00 正确执行,并将执行时间插入指定的数据表 eventtest 中,该事件已经执行完毕,不会再次发生,按创建事件的参数,系统自动将事件删除,因此在查看事件时为空。

【例 9-25】　在图书销售数据库 booksale 中建立事件 event_test2,该事件为重复性定时器,设定在 2021-08-19 21:55:00 到 2021-08-19 22:00:00 每隔 1 分钟,将系统时间以字符串的形式插入已经存在的 eventtest 表中,该表的结构为(id,user,createtime),并验证事件执行的结果。

```
CREATE DEFINER = root@localhost EVENT event_test2
ON SCHEDULE EVERY 1 MINUTE STARTS '2021 - 08 - 19 21:55:00' ENDS '2021 - 08 - 19 22:00:00'
ON COMPLETION PRESERVE ENABLE COMMENT '重复性定时器'
DO INSERT INTO eventtest VALUES (NULL , 'MySQL', DATE_FORMAT(NOW(), '%Y- %m- %d %H:%i:%s'));
SHOW EVENTS;
```

以 root@localhost 这个用户的身份创建重复性定时器,执行时间为 2021-08-19 21:55:00 到 2021-08-19 22:00:00,执行频率为每分钟一次,执行结束后应该多出 6 条数据。结束时间也可以不写,那就是从开始时间一直执行。当这个事件不会再发生时也不会被删除,该事件创建后为开启状态,事件结束后为关闭状态。查询结果存在一条记录,说明事件创建成功。

在事件执行结束时间 2021-08-19 22:00:00 之后查看 eventtest 表,以验证事件是否成功执行。

```
SELECT * FROM eventtest;
```

执行结果如图 9-8 所示。

【例 9-26】　在图书销售数据库 booksale 中建立事件 event_test3,该事件为重复性定时器,从现在开始的一年内每天删除订单表 orders 中订购日期大于 120 天的订单,订单项目表 orderitems 中的相关联记

id	user	createtime
1	MySQL	2021-08-19 21:30:00
2	MySQL	2021-08-19 21:55:00
3	MySQL	2021-08-19 21:56:00
4	MySQL	2021-08-19 21:57:00
5	MySQL	2021-08-19 21:58:00
6	MySQL	2021-08-19 21:59:00
7	MySQL	2021-08-19 22:00:00

图 9-8　事件执行后

录同步删除，并验证事件执行的结果。

```
DELIMITER $$
    CREATE EVENT IF NOT EXISTS booksale.event_test3
    ON SCHEDULE EVERY 1 DAY ENDS CURRENT_TIMESTAMP + INTERVAL 1 YEAR
    ON COMPLETION PRESERVE ENABLECOMMENT '删除 4 个月前的订单' DO
    BEGIN
        DELETE FROM orderitems WHERE orderid IN(
        SELECT orderid FROM orders WHERE TO_DAYS(NOW()) - TO_DAYS(orderdate)>=120);
        DELETE FROM orders WHERE TO_DAYS(NOW()) - TO_DAYS(orderdate)>=120;
    END $$
DELIMITER ;
```

事件执行前订单表 orders 和订单项目表 orderitems 中的记录如图 9-9 和图 9-10 所示。事件执行后订单表 orders 和订单项目表 orderitems 中的记录如图 9-11 和图 9-12 所示。

信息 | 结果1 | 结果2 | 概况 | 状态

orderid	orderdate	shipdate	cstid
1	2021-04-14 00:00:00	2021-04-17 00:00:00	3
2	2021-04-15 00:00:00	2021-04-18 00:00:00	1
3	2021-04-21 00:00:00	2021-04-22 00:00:00	1
4	2021-05-13 00:00:00	2021-05-14 00:00:00	2
5	2021-05-15 00:00:00	(Null)	3

图 9-9　事件执行前的 orders

信息 | 结果1 | 结果2 | 概况 | 状态

orderid	bookid	quantity	price
1	1	1	60
1	2	1	45.5
2	7	12	72
3	9	1	25.6
3	10	1	138.4
4	1	2	48
4	2	10	36.4
4	5	2	44.48
4	10	1	110.72
5	4	15	90

图 9-10　事件执行前的 orderitems

信息 | 结果1 | 结果2 | 概况 | 状态

orderid	orderdate	shipdate	cstid
4	2021-05-13 00:00:00	2021-05-14 00:00:00	2
5	2021-05-15 00:00:00	(Null)	3

图 9-11　事件执行后的 orders

信息 | 结果1 | 结果2 | 概况 | 状态

orderid	bookid	quantity	price
4	1	2	48
4	2	10	36.4
4	5	2	44.48
4	10	1	110.72
5	4	15	90

图 9-12　事件执行后的 orderitems

从执行结果可以看到，orders 表中订购日期在 120 天前的记录被删除，同时被删除的订单对应的订单明细从 orderitems 表中被同步删除。该事件开始时间为创建事件之日起，结束时间为 1 年后，每天重复执行删除操作。

9.4.4　事件管理

1. 查看事件

查看事件的基本语法格式如下所示。

```
#语法 1:
SHOW EVENTS [{FROM | IN} db_name] [LIKE 'pattern' | WHERE expr];
```

语法说明如下。

- {FROM | IN} db_name 是可选选项,用于指出要查看的数据库名,其中 FROM | IN 关键字可以省略。若未指出数据库,则获取当前选择的数据库。
- LIKE 'pattern' | WHERE expr 是可选选项。LIKE 'pattern'中 pattern 是匹配字符串,省略时表示查看所有事件,可使用 LIKE 结合通配符查看部分事件的值,也可直接写事件名;WHERE expr 用于指定查看事件的条件。

【例 9-27】　查看图书销售数据库 booksale 中存在的所有事件。

```
SHOW EVENTS;
```

event_test2 事件已经结束,自动调整为关闭状态。event_test3 事件还没有结束,仍为开启状态。

【例 9-28】　查看图书销售数据库 booksale 中开启的事件。

```
SHOW EVENTS WHERE status = 'ENABLED';
```

事件状态 status 的值有三种,ENABLED 表示事件是开启的,DISABLE 表示事件是关闭的,DISABLE ON SLAVE 表示事件在从机中是关闭的。

```
# 语法 2:
SELECT * FROM information_schema.EVENTS WHERE event_name = 'event_name';
```

语法说明如下。

- 在系统数据库 information_schema 中的 EVENTS 表中,可以通过 SELECT 语句查看事件的定义。
- event_name= 'event_name'用于查找 event_name 列的值为 event_name 事件名的指定事件的信息。

📖提示:以上命令没有限定数据库,所以查看的是当前服务器中所有名为 event_name 的事件,要查看指定数据库,需要添加条件 EVENT_SCHEMA= 'db_name'。

【例 9-29】　查看图书销售数据库 booksale 中名为 event_test3 的事件。

```
SELECT * FROM information_schema.EVENTS WHERE EVENT_NAME = 'event_test3' AND EVENT_SCHEMA = 'booksale';
```

在图形化界面中由于列宽问题显示不全,可在命令行状态输入该命令并将";"替换成"\G"结尾,结果将以垂直方向显示。

2. 修改事件

修改事件可以更改现有事件的各种属性,修改事件的基本语法格式如下所示。

```
ALTER
    [DEFINER = user]
    EVENT event_name
    [ON SCHEDULE schedule]
```

```
[ON COMPLETION [NOT] PRESERVE]
[RENAME TO new_event_name]
[ENABLE | DISABLE | DISABLE ON SLAVE]
[COMMENT 'string']
[DO event_body]] ;
```

语法说明如下。

- RENAME TO 是重新为事件命名,new_event_name 是新的事件名称。若使用 db_name.event_name 指定事件所属数据库,则是将事件从一个数据库移动到另一个数据库中。
- 除上面关键字外,其他关键字和参数同创建事件的语法保持一致。

【例 9-30】 修改图书销售数据库 booksale 中名为 event_test3 的事件,将其改名为 event_delete,时间频率改为 1 周,结束时间改为半年。

```
DELIMITER $$
    ALTER EVENT event_test3
    ON SCHEDULE EVERY 1 WEEK ENDS CURRENT_TIMESTAMP + INTERVAL 6 MONTH
    ON COMPLETION PRESERVE RENAME TO event_delete COMMENT '删除 4 个月前的订单' DO
    BEGIN
        DELETE FROM orderitems WHERE orderid IN(
        SELECT orderid FROM orders WHERE TO_DAYS(NOW()) - TO_DAYS(orderdate)> = 120);
        DELETE FROM orders WHERE TO_DAYS(NOW()) - TO_DAYS(orderdate)> = 120;
    END $$
DELIMITER ;
```

3．禁用事件

临时关闭事件被称为禁用事件,禁用事件的基本语法格式如下所示。

```
ALTER EVENT event_name DISABLE;
```

语法说明:event_name 是禁用事件的名称。事件默认属于当前数据库,也可使用 db_name.event_name 禁用指定数据库中的事件。

【例 9-31】 修改图书销售数据库 booksale 中名为 event_delete 的事件,将其临时关闭。

```
ALTER EVENT booksale.event_delete DISABLE;
```

4．启用事件

将禁用事件重新启用被称为启用事件,启用事件的基本语法格式如下所示。

```
ALTER EVENT event_name ENABLE;
```

语法说明:event_name 是启用事件的名称。事件默认属于当前数据库,也可使用 db_name.event_name 启用指定数据库中的事件。

【例 9-32】 启用图书销售数据库 booksale 中名为 event_delete 的事件。

```
ALTER EVENT booksale.event_delete ENABLE;
```

5. 删除事件

不再使用的事件可以删除,删除事件的基本语法格式如下所示。

```
DROP EVENT [IF EXISTS] event_name;
```

语法说明如下。

- event_name 是删除事件的名称。默认删除的是当前数据库中的事件,也可使用 db_name.event_name 删除指定数据库中的事件。
- IF EXISTS 是可选选项。添加该选项,表示指定的事件存在时执行删除事件操作,否则忽略此操作。

【例 9-33】　删除图书销售数据库 booksale 中名为 event_delete 的事件。

```
DROP EVENT IF EXISTS booksale.event_delete;
```

9.5　可视化操作指导

📖**注意**：运行脚本文件 Chapter9-booksale.sql 创建数据库 booksale 及相关数据表,然后打开 Navicat for MySQL,连接到数据库服务器。

1. 存储过程的定义

在图书销售数据库 booksale 中创建存储过程 pro_highprice,实现通过图书编号对比两本图书的价格,返回单价高的那本图书的图书编号。

(1) 右击 booksale 数据库,在弹出的快捷菜单中选择"打开数据库"命令,右击"函数",在弹出的快捷菜单中选择"新建函数"命令,弹出函数向导对话框。

(2) 单击"→过程",弹出输入存储过程参数界面,单击"模式"列的下拉列表,选择参数类型 IN,在"名"中输入参数名 bookno1,单击"类型"列的下拉列表,选择 int,完成第一个参数的设置;如果有多个参数,可通过"＋"添加参数,"－"删除参数,"↑""↓"调整先后顺序,设置结果如图 9-13 所示。

图 9-13　参数设置

（3）单击"完成"按钮，结束向导，返回存储过程定义窗口，如图 9-14 所示。

图 9-14 存储过程定义窗口

（4）在存储过程定义窗口中补充存储过程主体，如图 9-15 所示。

```
1 ⊟BEGIN
2       #Routine body goes here...
3       DECLARE num1,num2 INT;
4       SELECT unitprice INTO num1 FROM books WHERE bookid=bookno1;
5       SELECT unitprice INTO num2 FROM books WHERE bookid=bookno2;
6 ⊟    IF num1>=num2 THEN SET no=bookno1;
7       ELSE SET no=bookno2;
8       END IF;
9 └END;
```

图 9-15 存储过程主体设置

（5）单击"保存"按钮，在弹出的对话框中输入函数名 pro_highprice，单击"确定"按钮，完成定义。

2．存储过程的调用

在图书销售数据库 booksale 中调用存储过程 pro_highprice。

（1）右击 booksale 数据库，在弹出的快捷菜单中选择"打开数据库"命令，单击"函数"节点前方的"＞"，展开"函数"节点，右击要调用的存储过程名 pro_highprice，在弹出的快捷菜单中选择"运行函数"命令（或在弹出的快捷菜单中选择"设计函数"，在右侧主窗口中单击"运行"按钮），在弹出的"参数"对话框中输入存储过程的参数"3,5,@bookno"。

（2）单击"确定"按钮，返回运行结果。

📖提示：如果要删除存储过程，在左侧窗口中右击要删除的存储过程名，在弹出的快捷菜单中选择"删除函数"命令，在弹出的"确认删除"对话框中单击"删除"按钮，该存储过程被删除。

3．触发器的定义

在图书销售数据库 booksale 的订单表 orders 上建立触发器 tri_delete_orders，触发条件是当删除订单表 orders 中的记录时，订单项目表 orderitems 中的相关记录一起被删除（级联删除）。

（1）右击 booksale 数据库，在弹出的快捷菜单中选择"打开数据库"命令，单击"表"节点前方的"＞"，展开"表"节点，右击要创建触发器的表 orderitems，在弹出的快捷菜单中选择"设计表"命令，打开设计表工作页。

（2）在工作页中，单击"触发器"选项卡，单击"添加触发器"，在"名"中输入触发器名称 tri_delete_orders，单击"触发"列的下拉列表，选择 AFTER，勾选"删除"列的复选框，在下边的"定义"窗口中输入触发器的主体，设置结果如图 9-16 所示。

图 9-16　触发器的定义

（3）单击"保存"按钮，完成定义。

📖提示：如果要删除触发器，在右侧窗口的工具按钮中单击"删除触发器"，在弹出的"确认删除"对话框中单击"删除"按钮，该触发器被删除。

4. 事件的定义

在图书销售数据库 booksale 中建立事件 event_insert，该事件为重复性定时器，从现在开始的 10 分钟内每分钟将当前时间以字符串的形式插入已经存在的 eventtest 表中，该表的结构为（id，user，createtime）。

（1）右击 booksale 数据库，在弹出的快捷菜单中选择"打开数据库"命令，右击"事件"，在弹出的快捷菜单中选择"新建事件"命令，打开新建事件工作页。

（2）在工作页中，单击"定义"选项卡，在上边窗口中输入事件的主体，在下边的"定义者"中输入":"（保存后自动更新为 root@localhost），单击"状态"列的下拉列表，选择 ENABLE，单击 ON COMPLETION 列的下拉列表，选择 PRESERVE，设置结果如图 9-17 所示。

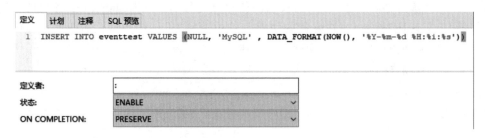

图 9-17　事件的定义——"定义"选项卡

（3）在工作页中，单击"计划"选项卡，单击 EVERY 单选按钮，在右侧第一个文本框中输入 1，在右侧第二个下拉列表中选择 MINUTE，单击选中 START 复选按钮，在右侧文本框中输入 CURRENT_TIMESTAMP，单击选中 ENDS 复选按钮，在右侧文本框中输入 CURRENT_TIMESTAMP，单击选中"＋INTERVAL"复选按钮，并在右侧第一个文本框中输入 10，在右侧第二个下拉列表中选择 MINUTE，设置结果如图 9-18 所示。

（4）在工作页中，单击"注释"选项卡，在输入区域输入"重复性定时器"。

（5）单击"保存"按钮，在弹出的对话框中输入事件名 event_insert，单击"确定"按钮，完成定义。保存后开始时间和结束时间自动更新，如图 9-19 所示。

📖提示：如果要删除事件，在左侧窗口中右击要删除的事件，在弹出的快捷菜单中选择"删除事件"命令,在弹出的"确认删除"对话框中单击"删除"按钮,该事件被删除。

如果要重命名事件,在左侧窗口中右击要重命名的事件,在弹出的快捷菜单中选择"重命名"命令,直接输入新的事件名后回车,该事件被重命名。

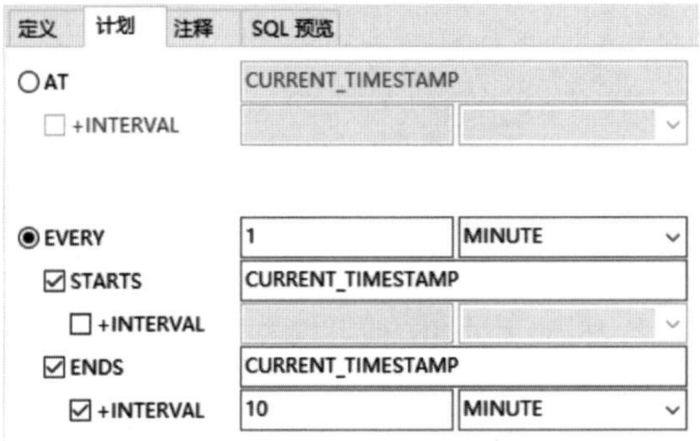

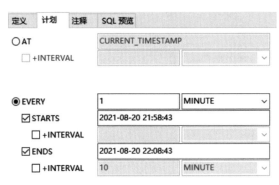

图 9-18　事件的定义——"计划"选项卡

图 9-19　事件的定义保存后

9.6　实践练习

📖**注意**：运行脚本文件 Ex-Chapter9-Database.sql 创建数据库 teachingsys 及相关数据表,并在该数据库下完成练习。

1. 存储过程

(1) 创建存储过程 pro_studentscount,实现按系名称对该系的学生人数进行统计,调用存储过程并查询结果。

(2) 创建存储过程 pro_improvemark,实现 4 学分的课程成绩提高 10%,调用存储过程并查询结果。

(3) 用两种方法查询存储过程 pro_improvemark。

(4) 删除存储过程 pro_improvemark。

2. 触发器

(1) 在班级表 classes 上建立触发器 tri_classes,触发条件是当向班级表 classes 插入记录时,新记录的系代码 dptcode 必须在系部表 departments 中存在。向班级表 classes 插入记录加以验证。

(2) 用两种方法查看班级表 classes 上的触发器 tri_classes。

(3) 删除触发器 tri_classes。

3. 事件

(1) 建立事件 event_test1,该事件为一次性定时器,实现调用存储过程 pro_studentscount 以查询信息工程系的学生人数,将人数和当前时间(以字符串形式)插入已经存在的 log 表中,该表的结构为(logid,num,operatetime)。并验证事件执行的结果。

(2) 建立事件 event_test2,该事件为重复性定时器,从现在开始的一年内每隔 1 个月删除选修表 studying 中成绩为 0 的记录。并验证事件执行的结果。

(3) 用两种方法查看名为 event_test2 的事件。

(4) 修改名为 event_test2 的事件,将其临时关闭。

(5) 启用名为 event_test2 的事件。

(6) 删除名为 event_test2 的事件。

第10章

MySQL数据库管理

本章要点

- 掌握二进制日志的启用、查看和删除等基本操作。
- 了解错误日志、通用查询日志和慢查询日志的查看和删除等基本操作。
- 了解数据库备份的方法,掌握数据备份的基本操作。
- 了解数据库恢复的方法,掌握数据恢复的基本操作。
- 掌握表数据的导入与导出的基本操作。
- 掌握利用二进制日志恢复数据库的基本操作。
- 了解常用的表维护语句。

📖 **注意**: 运行脚本文件 Chapter10-booksale. sql 和 Chapter10-teachingsys. sql 创建数据库 booksale 和 teachingsys。

数据库系统开发完成之后,就进入了系统运行和管理维护阶段。这个阶段的主要任务包括:通过日志对数据库的性能进行监督、分析和改进,数据的日常备份与恢复,表数据的导入与导出以及数据表维护等。

10.1 日志管理

视频讲解

日志是数据库系统的重要组成部分,记录了数据库的运行状态、数据的变更历史、错误信息及用户操作等信息。在日常管理中,数据库管理员可通过日志监控数据库的运行状态、优化数据库性能。在数据库出现问题时,可通过日志查询出错原因,并进行数据恢复。

MySQL 中有几种不同类型的日志,包括二进制日志、错误日志、通用查询日志、慢查询日志、中继日志等,功能如下。

(1) 二进制日志:记录除查询语句以外所有的 DDL 和 DML 语句的操作,可用于数据库复制。

(2) 错误日志:记录服务器启动、运行或停止时出现的问题,一般也会记录警告信息。

(3) 通用查询日志:记录服务器接收到的所有操作,包括启动/关闭服务器、查询操作、更新操作等。

(4) 慢查询日志:记录时长超过指定时间的查询,可用于优化查询。

(5) 中继日志:记录从主服务器的二进制日志文件中复制而来的事件。

10.1.1 二进制日志

二进制日志,简称 BINLOG,对数据损坏后的恢复起着至关重要的作用,是 MySQL 中最重要的日志之一。它用二进制文件的形式记录了除查询语句以外所有的 DDL 和 DML 语句的操作,即记录对数据库对象进行的创建(CREATE)、修改(ALTER)、删除(DROP)操作和对数据表中记录的插入(INSERT)、更新(UPDATE)、删除(DELETE)等操作,但不记录 SELECT 或 SHOW 等不修改数据的操作。语句以"事件"形式存储,记录了语句的发生时间、执行时长、操作的数据等。

启用二进制日志会给服务器带来轻微的性能影响,但它能保证数据库出故障前的数据是可以恢复的。在进行数据恢复时,可以利用二进制日志,将数据恢复到指定的时间点。

另外,使用二进制日志,可以把对数据库所做的修改以"流"的方式传输到另一台服务器上,实现数据库复制功能。

1. 启用二进制日志

要启用二进制日志,必须修改数据库配置文件 my.ini,在[mysqld]组下加入以下变量声明,然后重新启动服务器。

```
log_bin [ = path / [logfilename] ]
server_id = 1
```

语法说明如下。

- path 是二进制日志文件的存储路径,默认位于 MySQL 安装目录下的 Data 文件夹中。
- logfilename 是二进制日志的文件名,MySQL 会自动创建二进制日志文件,并将第一个二进制文件命名为 logfilename.000001,当这个文件的大小达到 max_binlog_size 设定的值(默认为 1GB)或 MySQL 重新启动时,会创建第二个二进制日志文件 logfilename.000002,以此类推。若没有指定 logfilename,则默认的格式为 hostname-bin.number,其中 hostname 为服务器的主机名。
- 可以用"SET @@global.max_binlog_size=10240;"命令设置全局系统变量@@global.max_binlog_size 的值来更改 max_binlog_size 的大小。
- 也可以在配置文件 my.ini 的[mysqld]组下加入"max_binlog_size = 100M"这一变量声明,并重新启动服务器来设置二进制日志单个日志文件的大小。

📖提示:在 MySQL 中,一个事务包含的所有操作必须记录在同一个二进制文件中,这可能会导致有些二进制文件的大小超出 max_binlog_size 设定的值。

2. 查看二进制日志

(1) 查看是否启用了二进制日志的基本语法格式如下所示。

```
SHOW VARIABLES LIKE '%log_bin%';
```

执行结果如图 10-1 所示,log_bin 的值为 ON 表示启用。

(2) 查看服务器上所有的二进制日志的基本语法格式如下所示。

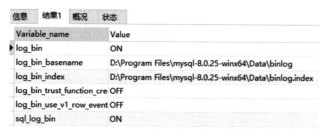

图 10-1　验证是否启用二进制日志

```
SHOW BINARY | MASTER LOGS;
```

3．自动清除过期的二进制日志

可用以下方法设置二进制日志的到期时间，到期后系统会自动清除过期的二进制日志文件。

（1）在配置文件 my.ini 的[mysqld]组下加入以下变量声明，并重新启动服务器来设置二进制日志的到期天数。

```
expire_logs_days = 10
```

（2）通过全局系统变量 expire_logs_days 设置日志的到期天数，例如：设置到期时间为 5 天，可用以下命令。

```
SET @@global.expire_logs_days = 5;
```

（3）通过全局系统变量 binlog_expire_logs_seconds 设置日志的到期秒数，例如：同样想设置到期时间为 5 天，可用以下命令。

```
SET @@global.binlog_expire_logs_seconds = 432000;
```

若想禁止到期自动清除二进制日志，可将这两个变量的值设置为 0。

4．手动清除二进制日志

（1）手动清除指定二进制日志文件之前的所有文件，基本语法格式如下所示。

```
PURGE {BINARY | MASTER} LOGS {TO 'filename' | BEFORE 'date'};
```

（2）手动清除所有的二进制日志文件，并重新创建新的二进制日志文件，基本语法格式如下所示。

```
RESET MASTER;
```

5．强制开启新的二进制日志文件

强制结束当前二进制日志文件，并开启新的二进制日志文件，基本语法格式如下所示。

```
FLUSH LOGS;
```

6. 禁用当前会话的二进制日志

如果不想当前会话的 SQL 语句被记录到二进制日志中,可用 SET 命令禁用当前会话的二进制日志,基本语法格式如下所示。

```
SET SQL_LOG_BIN = 0;
```

语法说明如下。
- 值设置为 0 表示禁用当前会话的二进制日志。
- 值设置为 1 表示重新启用当前会话的二进制日志。

7. 查看二进制日志文件内容

不能直接打开二进制日志文件查看二进制日志,因为它是以二进制方式存储的,必须在 DOS 命令提示符窗口下使用 mysqlbinlog 命令进行查看,基本语法格式如下所示。

```
mysqlbinlog [--no-defaults] {path\logfilename}
```

📖**提示**:如果在配置文件 my.ini 中用"default-character-set＝utf8mb4"语句设置了默认字符集,那么直接运行"mysqlbinlog path\logfilename"命令,将会提示错误信息"mysqlbinlog:[ERROR] unknown variable 'default-character-set＝UTF8MB4'.。"因为 mysqlbinlog 这个工具无法识别"default-character-set＝utf8mb4"这个语句,以下两种方法可以解决这个问题。

- 在配置文件 my.ini 中将"default-character-set＝utf8mb4"修改为"character-set-server＝utf8mb4",但是这需要重启 MySQL 服务,如果 MySQL 服务正在忙,代价会比较大。
- 用"mysqlbinlog --no-defaults path\filename"命令。

8. 设置二进制日志格式

可以用 SET 命令更改系统变量 BINLOG_FORMAT 的值来改变二进制日志中的记录格式,基本语法格式如下所示。

```
SET @@{SESSION | GLOBAL}.BINLOG_FORMAT = '{STATEMENT | ROW | MIXED}';
```

语法说明如下。
- SET @@SESSION.BINLOG_FORMAT 表示设置当前会话的 BINLOG_FORMAT 变量的值,无须断开会话重新连接。
- SET @@GLOBAL.BINLOG_FORMAT 表示设置全局范围的 BINLOG_FORMAT 的值,必须断开会话重新连接,才能生效。
- STATEMENT | ROW | MIXED,是二进制日志中的记录格式,包括以下 3 种选项。
  - ➢ STATEMENT:表示在二进制日志中记录原始的 SQL 语句,优点是日志量小,缺点是执行一些不确定的函数(如 UUID()、NOW()等)可能会出现主从数据不一致问题。
  - ➢ ROW:表示记录的不是 SQL 语句,而是表中记录的更改情况,优点是解决了

STATEMENT 格式下主从数据不一致的问题，所有数据都可以安全地复制，缺点是日志量大，会影响从库日志的复制时间，但可以通过设置参数"binlog_row_image＝MINIMAL"来减少日志的生成量。

> MIXED：表示以 STATEMENT ＋ ROW 的混合格式记录执行的语句。

- MySQL 默认采用 STATEMENT 格式进行二进制日志文件的记录，但出现以下情况会使用 ROW 格式。
  > 使用了 UUID()、USER()、CURRENT_USER()、FOUND_ROWS()、ROW_COUNT()等不确定函数。
  > 使用了 INSERT DELAY 语句。
  > 使用了用户自定义函数。
  > 使用了临时表。

设置完系统变量 BINLOG_FORMAT 的值后，可用以下命令查看当前日志格式。

```
SHOW VARIABLES LIKE 'binlog_format';
```

【例 10-1】 使用 mysqlbinlog 命令查看二进制日志。

（1）登录 MySQL，新建一个会话窗口，手动清除所有的二进制日志文件后，将 BINLOG_FORMAT 变量的值设为 STATEMENT，并进行验证；然后对数据库的数据表执行修改操作。

```
RESET MASTER;
SET @@SESSION.BINLOG_FORMAT = 'STATEMENT';
SHOW VARIABLES LIKE 'binlog_format';
USE booksale;
DELETE FROM orderitems WHERE orderid = 6;
```

（2）用 cmd 命令进入 DOS 命令提示符窗口，切换到二进制日志文件所在的目录（Data 文件夹），查看最新的二进制日志。

```
mysqlbinlog binlog.000001
```

在输出的信息中可以看到刚才执行的完整的 SQL 语句，部分输出如下所示。

```
……此处省略很多输出信息
# at 327
#210718 9:33:13 server id 1 end_log_pos 448 CRC32 0x45290215 Query thread_id = 42 exec_time =
0 error_code = 0
use 'booksale'/ * ! * /;
SET TIMESTAMP = 1626571993/ * ! * /;
DELETE FROM orderitems WHERE orderid = 6
/ * ! * /;
# at 448
#210718 9:33:13 server id 1 end_log_pos 479 CRC32 0x91e5e04e Xid = 964
COMMIT/ * ! * /;
……此处省略很多输出信息
```

其中,"♯at"后面的数字是二进制日志文件中事件的开始位置,即文件偏移量,下一行是语句在服务器上运行的时间戳,时间戳后面跟着 server id 表示 server id 的值、end_log_pos 表示下一个事件的开始位置。

(3) 返回 MySQL 会话窗口,将 BINLOG_FORMAT 变量的值设为 ROW,并进行验证;然后再对数据库的数据表执行修改操作。

```
SET @@SESSION.BINLOG_FORMAT = 'ROW';
SHOW VARIABLES LIKE 'binlog_format';
USE booksale; DELETE FROM orderitems WHERE orderid = 5;
```

(4) 返回 DOS 命令提示符窗口,查看最新的二进制日志。

```
mysqlbinlog binlog.000001
```

在输出的信息中可以看到刚才执行的完整的 SQL 语句以二进制格式显示,对用户来说不可读。

通过二进制日志,可以恢复指定的时间点或位置的数据,关于数据恢复,将在后续章节再详述。

10.1.2 错误日志

错误日志是 MySQL 最重要的日志之一,服务器每次启动和停止的详细信息、事件调度器产生的信息以及服务器运行过程中出现的所有较为严重的警告和错误信息都会记录在其中。数据库服务器发生故障时,可以查看错误日志查找错误原因。

1. 查看错误日志

默认情况下,错误日志是开启的,错误日志文件位于 MySQL 安装目录下的 Data 文件夹中,文件名为主机名,扩展名为".err"。可在配置文件 my.ini 的[mysqld]组下加入以下变量声明,并重新启动服务器来自定义错误日志文件的名称和存储位置。

```
log_error = [path / [filename]]
```

MySQL 中的错误日志文件以文本文件形式存储,可直接用文本编辑器查看。
查询错误日志的存储路径,基本语法格式如下所示。

```
SHOW VARIABLES LIKE 'log_error';
```

2. 删除错误日志

可以直接进入错误日志文件所在的目录(默认是 MySQL 安装目录下的 Data 文件夹)删除错误日志文件。如果在 MySQL 运行期间删除,MySQL 不会重新创建新的错误日志文件,MySQL 重新启动后才会自动创建。

10.1.3 通用查询日志

通用查询日志会记录服务器接收到的所有操作,包括启动和关闭服务器、查询操作、更新操作等,不管这些操作是否包含语法错误,是否返回结果,都会记录。

因此,开启通用查询日志会产生很大的系统开销,默认情况下,通用查询日志是关闭的,只有在需要进行采样分析或性能调优时才会开启。

1. 开启通用查询日志

查看通用查询日志开启状态和日志文件存储路径的基本语法格式如下所示。

```
SHOW VARIABLES LIKE '%general_log%';
```

执行结果中 general_log 的值为 OFF 表示关闭; general_log_file 的值为日志文件存储路径。

可以在配置文件"my.ini"的[mysqld]组下加入以下变量声明,并重新启动服务器来开启通用查询日志。

```
general_log = 1
general_log_file [ = path / [filename] ]
```

语法说明如下。

- general_log 的值设置为 1 表示开启通用查询日志,为 0 表示关闭通用查询日志。
- general_log_file 用于设置通用查询日志的存储位置和文件名。默认情况下,通用查询日志文件位于 MySQL 安装目录下的 Data 文件夹中,文件名为主机名,扩展名为".log"。

如果不希望 MySQL 重新启动,也可以用 SET 命令来开启,基本语法格式如下所示。

```
SET GLOBAL general_log = 1;
```

2. 查看通用查询日志

通用查询日志是以文本文件的形式存储在文件系统中的,可以使用文本编辑器直接打开进行查看。

3. 删除通用查询日志

直接进入通用查询日志文件所在的目录(默认是 MySQL 安装目录下的 Data 文件夹)删除通用查询日志文件即可。

10.1.4　慢查询日志

顾名思义,慢查询日志是用来记录时长超过指定时间的查询的。通过慢查询日志,可以找出哪些查询语句的执行时间较长、执行效率较低,以便进行优化。

1. 开启慢查询日志

默认情况下,慢查询日志是关闭的,它对服务器的性能影响不大,一般建议开启。

查看慢查询日志开启状态和日志文件存储路径的基本语法格式如下所示。

```
SHOW VARIABLES LIKE '%slow_query_log%';
```

可以在配置文件 my.ini 的[mysqld]组下加入以下变量声明,并重新启动服务器来开启慢查询日志。

```
slow_query_log = 1
long_query_time = 秒数
slow_query_log_file [ = path [ /filename ] ]
```

语法说明如下。

- slow_query_log 的值设置为 1 表示开启慢查询日志,设置为 0 表示关闭慢查询日志。
- long_query_time 用于指定记录阈值,可以省略,默认为 10 秒,以秒为单位,可以精确到微秒,可以用"SHOW VARIABLES LIKE '％long_query_time％';"查看该阈值。如果一个查询语句执行时间超过阈值,该查询语句将被记录到慢查询日志中。
- slow_query_log_file 用于设置慢查询日志的位置和文件名。默认情况下,慢查询日志文件位于 MySQL 安装目录下的 Data 文件夹中,文件名是 hostname-slow.log,其中 hostname 是主机名。

如果不希望 MySQL 重新启动,也可以用 SET 命令来设置,基本语法格式如下所示。

```
SET GLOBAL slow_query_log = 1;
SET { GLOBAL | SESSION } long_query_time = 秒数;
```

2. 查看慢查询日志

慢查询日志是以文本文件的形式存储在文件系统中的,可以使用文本编辑器直接打开进行查看。

3. 删除慢查询日志

直接进入慢查询日志文件所在的目录(默认是 MySQL 安装目录下的 Data 文件夹)删除慢查询日志文件即可。

视频讲解

10.2　备份与恢复

备份与恢复数据是数据库管理最重要的工作之一。一个合格的数据库管理员,一定要有居安思危的意识,定期进行数据库备份。这样一旦发生数据损失,就可以通过备份的数据文件,及时在数据库发生故障后还原和恢复数据,真正做到未雨绸缪、有备无患。

造成数据损失的原因有很多,主要包括以下四方面。

(1) 存储介质损坏:人为或自然灾害导致保存数据库文件的磁盘设备损坏。

(2) 用户误操作:用户错误使用了 DROP TABLE、DROP DATABASE、UPDATE、DELETE 等语句误删或修改了数据库或数据表的全部或部分数据。

(3) 服务器崩溃:病毒、软硬件故障、高并发或大流量等导致数据库服务器崩溃。

(4) 人为破坏:遭到特殊人员的恶意攻击。

在数据库管理中,制定符合要求的备份策略是非常必要的,下面是一些有关备份的建议。

(1) 对特别重要的数据应保留多个备份,最好能实现异地备份。

(2) 在系统负载较小的时间段进行定期备份,确定备份周期和备份范围,使用完整备份还是增量备份。其中完整备份是备份整个数据库；增量备份是只备份上一次备份之后增加或修改的数据。

（3）开启二进制日志，以便实现基于时间点或位置的数据恢复。

（4）定期进行恢复测试，验证备份计划的有效性，确保备份的数据是有效的，并且是可恢复的。

数据备份是最简单的保护数据的方式，可以用下面两种方法实现备份。

（1）逻辑备份：将数据库、表结构、数据、存储过程等转成可再次执行的 SQL 文件，需要进行数据恢复时，直接执行 SQL 文件中的语句即可。对应的工具有 mysqldump、mysqlpump、mydumper（需要单独安装）。

（2）物理备份：直接将数据库系统对应的文件进行备份。对应的工具有 XtraBackup（需要单独安装）和普通文件备份。

mysqlpump 的用法与 mysqldump 差不多，本节只介绍 mysqldump 和普通文件备份。

10.2.1　用 mysqldump 命令备份数据

mysqldump 是 MySQL 自带的逻辑备份工具，保存在 MySQL 安装目录下的 bin 目录中。它将要备份的数据库对象及表数据转存成一组 CREATE 和 INSERT 语句，保存在一个 SQL 文件中。当需要还原时，只要执行 SQL 文件中的语句即可。

可以在 DOS 命令提示符窗口使用 mysqldump 命令备份数据表、单个数据库、多个数据库、所有数据库，还提供了多个选项：包含或排除数据库、选择要备份的特定数据等，基本语法格式如下所示。

```
mysqldump - h host - u user - p [password] 要备份的对象 [options] > path/filename.sql
```

语法说明如下。

- -h host 是要备份的数据库服务器的主机名，如果是本机，可以省略不写，也可以写 localhost 或 127.0.0.1。
- -u user 是执行备份操作的用户的用户名，这个用户必须要有备份的权限。
- -p [password] 是执行备份操作的用户的密码，建议在此省略密码，按 Enter 键执行命令时再输入密码，因为在这里密码以明文显示，不安全。
- "要备份的对象"是指定要备份的范围，可以是某个数据库中的数据表、单个数据库、多个数据库、所有数据库等。
- options 是命令选项。mysqldump 工具有大量的选项，可以在 DOS 命令提示符窗口输入"mysqldump --help"进行查看。如果是在 MySQL 服务正常运行的情况下用 mysqldump 进行备份，为了保证数据的一致性，建议根据需要使用以下选项。
  - ➤ 在备份 MyISAM 存储引擎的表时，加上"--lock-tables"选项，用于将所有的数据表加上读锁，这样在备份期间，所有表将只能读取而不能进行数据更新。存储引擎的相关概念见 12.1 节。
  - ➤ 对于 InnoDB 存储引擎的表，最好加上"--single-transaction"选项，这样可以使 InnoDB 存储引擎生成一个快照。
  - ➤ 若想进行时间点恢复，应该加上"--single-transaction"和"--master-data"选项。

"--master-data"选项可以将二进制日志转存到备份文件中。

- path/filename.sql 是备份文件的存储路径和文件名,这里的路径分隔符用"/"或"\"都可以。若指定文件夹不存在,需要提前创建。

📖 提示:用 mysqldump 命令备份数据库时,生成的".sql"文件里没有创建数据库的语句,因此在还原前,必须提前创建好数据库,再用备份文件进行还原。

【例 10-2】 备份图书销售数据库 booksale 的图书表 books 和顾客表 customers 到 c:\bak\bk1.sql。

```
mysqldump - u root - p booksale books customers > c:\bak\bk1.sql
```

按 Enter 键并输入密码执行后,即可在 c:\bak 文件夹中找到备份文件 bk1.sql。

【例 10-3】 备份整个图书销售数据库 booksale 到 c:\bak\booksale.sql。

```
mysqldump - u root - p booksale > c:\bak\booksale.sql
```

【例 10-4】 备份图书销售数据库 booksale 和教学管理数据库 teachingsys 到 c:\bak\booksale_teachingsys.sql。

```
mysqldump - u root - p -- databases booksale teachingsys > c:\bak\booksale_teachingsys.sql
```

【例 10-5】 完整备份所有数据库到 c:\bak\all.sql。

```
mysqldump - u root - p -- all - databases > c:\bak\all.sql
```

📖提示:若想将存储过程和事件也转存到备份文件中,需要加上"--routines"和"--events"选项,备份语句如下:

```
mysqldump - u root - p -- all - databases -- routines -- events > c:\bak\all.sql
```

【例 10-6】 备份图书销售数据库 booksale 中除了订单表 orders 和订单项目表 orderitems 之外的所有数据表到 c:\bak\booksale1.sql。

```
mysqldump - u root - p booksale -- ignore - table = booksale.orders
-- ignore - table = booksale.orderitems > c:\bak\booksale1.sql
```

10.2.2　用普通文件备份数据

默认情况下,MySQL 每个数据库的数据都保存在安装目录下 Data 文件夹中的同名目录中。普通文件备份是指通过直接复制 MySQL 数据目录中的文件来进行备份,这是一种物理备份的方法。

用这种方法备份时需注意:备份时必须先关闭 MySQL 服务,复制完文件,再重新启动 MySQL 服务。如果不关闭 MySQL 服务,在复制文件时 MySQL 可能正在写入新数据,这样会因为数据不一致而导致复制的文件无法使用。

这种备份方法适合于对 MySQL 进行升级/降级的维护或更换服务器,并不适用于日常备份。

在用普通文件备份恢复数据时,也需要先关闭 MySQL 服务,进入 MySQL 安装目录下的 Data 文件夹,用备份的文件替换所有需要恢复的数据库文件,再重新启动 MySQL 服务。

10.2.3 用 mysql 命令恢复数据

当数据库中的数据丢失或被破坏时,可以使用之前的备份进行数据恢复,尽量减少数据丢失或被破坏造成的损失。

在 DOS 命令提示符窗口用 mysql 命令将备份好的".sql"文件导入数据库,可实现数据的恢复,基本语法格式如下所示。

```
mysql - h host - u user - p [password] db_name < [path/]filename.sql
```

语法说明如下。

- -h host 是要备份的数据库服务器的主机名。
- -u user 是执行备份操作的用户的用户名,这个用户必须要有数据恢复的权限。
- -p [password]是执行恢复操作的用户的密码。
- path/filename.sql 是备份文件的存储路径和文件名,这里的路径分隔符用"/"或"\"都可以。

📖提示:用 mysqldump 命令备份单个数据库时,生成的".sql"文件里没有创建数据库的语句,因此在还原时,必须先自行创建好数据库,再用备份文件进行还原。

【例 10-7】 模拟数据库损坏,用 mysql 命令进行恢复。

(1)用 cmd 命令进入 DOS 命令提示符窗口,备份 booksale 数据库后进入 MySQL 命令控制台。

```
mysqldump - u root - p booksale > c:\bak\booksale.sql
mysql - u root - p
```

(2)删除 booksale 数据库模拟数据库损坏,再创建 booksale 数据库准备数据恢复。

```
DROP DATABASE booksale;
CREATE DATABASE booksale;
```

(3)用 cmd 命令再打开一个 DOS 命令提示符窗口,恢复数据库。

```
mysql - u root - p booksale < c:\bak\booksale.sql
```

(4)在 MySQL 命令控制台窗口,验证数据库的恢复情况。

```
USE booksale;
SHOW TABLES;
```

从执行结果可以看到,booksale 数据库中所有的数据表已经恢复。

10.2.4　用 SOURCE 命令恢复数据

在 MySQL 命令控制台用 SOURCE 命令将备份好的". sql"文件导入数据库,可实现数据的恢复,基本语法格式如下所示。

```
SOURCE [path/]filename.sql;
```

语法说明:path/filename. sql 是备份文件的存储路径和文件名,注意路径分隔符必须用"/"。

📖提示:如果生成的". sql"文件里没有创建数据库的语句,必须先自行创建好数据库,再用备份文件进行还原。

【例 10-8】　模拟图书销售数据库 booksale 的订单项目表 orderitems 被误删除,用 SOURCE 命令进行恢复。

(1) 用 cmd 命令进入 DOS 命令提示符窗口,备份 booksale 数据库后进入 MySQL 命令控制台。

```
mysqldump - u root - p booksale orderitems > c:\bak\orderitems.sql
mysql - u root - p
```

(2) 在 booksale 数据库中删除 orderitems 表,查看数据表;用 SOURCE 命令恢复 orderitems 表后验证数据表的恢复情况。

```
USE booksale;
DROP TABLE orderitems;
SHOW TABLES;
SOURCE c:/bak/orderitems.sql;
SELECT * FROM orderitems;
```

从执行结果可以看到,orderitems 表已经恢复。

10.2.5　用二进制日志恢复数据

二进制日志会自动记录用户执行的数据更新操作。可以将二进制日志看作一个备份,使用 mysqlbinlog 命令恢复数据,基本语法格式如下所示。

```
mysqlbinlog path\logfilename [options] | mysql - u user - p pass
```

语法说明如下。

- path\logfilename 是二进制日志的路径和文件名。
- options 是可选选项,常见的选项有: "--start-position"、"--stop-position"、"--start-datetime 'yyyy-mm-dd hh:mm:ss'"、"--stop-datetime 'yyyy-mm-dd hh:mm:ss'",用于指定数据库恢复的开始位置、结束位置、开始时间点和结束时间点,其中开始位置、结束位置是二进制日志中各个事件的偏移量。

📖提示:使用"--start-datetime"和"--stop-datetime"选项可以恢复从开始时间点到结

束时间点之间的数据,但缺点是可能会失去灾难发生时那一刻的数据。要避免这种情况,可以使用"--start-position"和"--stop-position"选项基于二进制日志中事件的偏移量进行恢复。

【例 10-9】 基于二进制日志中事件的偏移量恢复指定的数据。

(1) 用 cmd 命令进入 DOS 命令提示符窗口,然后进入 MySQL 命令控制台。

```
mysql - u root - p
```

(2) 手动清除所有的二进制日志文件后,更改当前会话 BINLOG_FORMAT 变量的值为"STATEMENT"。

```
RESET MASTER;
SET @@SESSION.BINLOG_FORMAT = 'STATEMENT';
```

(3) 在 booksale 数据库的图书表 books 中新增一条记录,再删除此记录,并验证此记录的新增和删除情况。

```
USE booksale;
INSERT INTO books VALUES (11,'数据库','978 - 7 - 5387 - 7688 - 6','王平',55,'computer');
SELECT * FROM books;
DELETE FROM books WHERE bookid = 11;
SELECT * FROM books;
```

(4) 再用 cmd 命令打开一个新的 DOS 命令提示符窗口,查看最新的二进制日志,找到新增记录的事件的开始偏移量和结束偏移量的值,然后恢复这条记录。

```
mysqlbinlog D:\Program Files\mysql - 8.0.25 - winx64\Data\binlog.000001
mysqlbinlog -- no - defaults D:\Program Files\mysql - 8.0.25 - winx64\Data\binlog.000001 --
start - position = 319 -- stop - position = 477 | mysql - u root - p
```

部分输出结果如下所示,新增记录的事件的开始偏移量为 319,结束偏移量的值为 477。

```
BEGIN
/ * ! * /;
# at 319
#210720 12:14:32 server id 1 end_log_pos 477 CRC32 0x0ff69ca5  Query  thread_id = 41  exec_
time = 0  error_code = 0
USE 'booksale'/ * ! * /;
SET TIMESTAMP = 1626754472/ * ! * /;
INSERT INTO books VALUES (11,'数据库','978 - 7 - 5387 - 7688 - 6','王平',55,'computer')
/ * ! * /;
# at 477
#210720 12:14:32 server id 1 end_log_pos 508 CRC32 0xec44a0c3 Xid = 929
COMMIT/ * ! * /;
# at 508
```

```
# 210720 12:15:08 server id 1 end_log_pos 587 CRC32 0x949a0060 Anonymous_GTID last_committed = 1
sequence_number = 2 rbr_only = no original_committed_timestamp = 1626754508859162 immediate_commit
_timestamp = 1626754508859162
    transaction_length = 308
# original_commit_timestamp = 1626754508859162 (2021 - 07 - 20 12:15:08.859162 中国标准时间)
# immediate_commit_timestamp = 1626754508859162 (2021 - 07 - 20 12:15:08.859162 中国标准时间)
/ *!80001 SET @@session.original_commit_timestamp = 1626754508859162 * // *!*/;
/ *!80014 SET @@session.original_server_version = 80025 * // *!*/;
/ *!80014 SET @@session.immediate_server_version = 80025 * // *!*/;
SET @@SESSION.GTID_NEXT = 'ANONYMOUS'/ *!*/;
# at 587
# 210720 12:15:08 server id 1 end_log_pos 671 CRC32 0xf28b4a20  Query  thread_id = 41  exec_
time = 0  error_code = 0
SET TIMESTAMP = 1626754508/ *!*/;
BEGIN
/ *!*/;
# at 671
# 210720 12:15:08 server id 1 end_log_pos 785 CRC32 0x284ee97d Query  thread_id = 41  exec_
time = 0  error_code = 0
SET TIMESTAMP = 1626754508/ *!*/;
DELETE FROM books WHERE bookid = 11
/ *!*/;
# at 785
# 210720 12:15:08 server id 1 end_log_pos 816 CRC32 0x59090d31 Xid = 931
COMMIT/ *!*/;
```

(5) 返回 MySQL 命令控制台的窗口,验证这条记录的恢复情况。

```
SELECT * FROM books;
```

从执行结果可以看到,这条记录已经被恢复。

📖提示：MySQL 8.0 支持锁定实例进行备份,这样可以防止在备份期间因执行数据修改操作而导致的数据不一致,基本语法格式如下所示。

- 在开始备份之前,锁定需要备份的实例。

```
mysql > LOCK INSTANCE FOR BACKUP;
```

- 进行备份操作。
- 备份完成后解锁实例。

```
mysql > UNLOCK INSTANCE;
```

【例 10-10】　模拟数据库系统崩溃,使用二进制日志将数据恢复到系统崩溃之前的状态。假设数据库管理员在周五下午 6 点下班时,用 mysqldump 对所有数据库进行了完整备份,备份文件为 all.sql。备份完成后马上用 RESET MASTER 删除了所有旧的二进制日志,周一下午 6 点用 FLUSH LOGS 命令强制启用了新的二进制日志文件,周二上午 11 点数据库崩溃,现要将数据库恢复到系统崩溃之前的状态。

（1）用备份文件 all.sql 将数据库恢复到周五下午 6 点备份完成时的状态。

```
mysql - u root - p < all.sql
```

（2）使用 mysqlbinlog 命令恢复第一个二进制日志文件,将数据库恢复到周一下午 6 点时的状态。

```
mysqlbinlog -- no - defaults D:\Program Files\mysql - 8.0.25 - winx64\Data\binlog.000001 |
mysql - u root - p
```

（3）使用 mysqlbinlog 命令恢复第二个二进制日志文件,将数据库恢复到周二上午 11 点数据库崩溃之前的状态。

```
mysqlbinlog -- no - defaults D:\Program Files\mysql - 8.0.25 - winx64\Data\binlog.000002 |
mysql - u root - p
```

10.3 表的导入与导出

视频讲解

在数据库的管理中,经常需要将 MySQL 数据库中的数据导出为“.txt 文件”“.sql 文件”“.xls 文件”“.xml 文件”“.html”文件,也可以将这些文件导入 MySQL 数据库中。

10.3.1 用 SELECT…INTO OUTFILE 导出数据

在 MySQL 命令控制台窗口用 SELECT…INTO OUTFILE 命令将数据库的数据导出成各种格式的文件,基本语法格式如下所示。

```
SELECT columnlist FROM table WHERE condition
    INTO OUTFILE 'filename'[OPTIONS];
```

语法说明如下。
- 第一行是标准的查询语句的格式。
- filename 是导出文件的路径和文件名,注意此处的路径分隔符要用“/”。
- OPTIONS 是可选选项,有以下几种常用选项。
  - FIELDS TERMINATED BY 'value':用于指定列间的分隔符,默认为制表符 "\t"。例如:“TERMINATED BY ','”表示用逗号作为两个列间的分隔符。
  - FIELDS [OPTIONALLY] ENCLOSED BY 'value':用于指定包裹文件中字符值的符号。例如:“ENCLOSED BY ' " '”表示文件中用双引号包裹字符值。若加上关键字 OPTIONALLY,表示只包裹 CHAR 和 VARCHAR 等字符类型的数据。
  - FIELDS ESCAPED BY 'value':用于指定转义字符,默认为"\"。例如:"ESCAPED BY ' * '"表示将" * "指定为转义字符,取代"\",如空格将表示为" * N"。

> LINES STARTING BY 'value'：用于指定每行的开始标志，默认情况下不使用任何字符。

> LINES TERMINATED BY 'value'：用于指定每行的结束标志，默认值为"\n"（换行）。例如，"LINES TERMINATED BY '?'"表示以"?"作为每行的结束标志。

MySQL 为了导出数据的安全性，设置了 secure_file_priv 参数，用于限制 LOAD DATA、SELECT…OUTFILE、LOAD_FILE()等命令的执行。可以用"SHOW variables LIKE '%secure%';"语句查看 secure_file_priv 的值，取值不同，文件导入导出的权限不同，如表 10-1 所示。

表 10-1　secure_file_priv 值列表

secure_file_priv 的值	含　　义
NULL	默认值，禁止文件的导入导出
''	允许所有文件的导入导出
一个特定的路径地址	只有该路径下的文件可以导入导出

在导入导出文件时，如果 secure_file_priv 的取值为 NULL，会提示错误信息：[Err] 1290-The MySQL server is running with the --secure-file-priv option so it cannot execute this statement。

想要正常导入导出，需要在 MySQL 的配置文件 my.ini 中，加入以下语句并保存后重启 MySQL。

```
secure_file_priv = ''
```

【例 10-11】　将图书销售数据库 booksale 的图书表 books 中的数据导出到 c:/bak/students.txt。

```
SHOW variables LIKE '%secure%';
USE booksale;
SELECT * FROM books INTO OUTFILE 'c:/bak/books.txt';
```

成功导出文件到指定目录，打开 c 盘的 bak 目录，即可看到导出的文件。

【例 10-12】　用 SELECT…INTO OUTFILE 命令将图书销售数据库 booksale 的图书表 books 中的数据导出到"c:/bak/books.xml"。要求列之间使用逗号隔开，字符类型列值用双引号括起来，每一行用"\n"换行符结束。

```
SELECT * FROM booksale.books INTO OUTFILE 'c:/bak/books.xml'
FIELDS TERMINATED BY ',' OPTIONALLY ENCLOSED BY '"' LINES TERMINATED BY '\n';
```

成功导出文件到指定目录，打开 c 盘的 bak 目录，即可看到导出的文件。

10.3.2　用 mysqldump 命令导出数据

用 mysqldump 命令不仅可以将数据库备份为包含 CREATE 和 INSERT 语句的.sql

文件,还可以将数据导出成文本文件、XML 文件。

1. 导出文本文件

可以在 DOS 命令提示符窗口使用 mysqldump 命令导出文本文件,基本语法格式如下所示。

```
mysqldump - u username - p - T path db_name [tb_name] [OPTIONS]
```

语法说明如下。

- -T path 是保存导出文件的路径。
- db_name 是数据库名。
- tb_name 是数据表名。
- OPTIONS 是可选选项,有以下几种常用选项。
  - ➢ --fields-terminated-by＝value:设置列间的分隔符,可以为单个或多个字符,默认为制表符"\t"。
  - ➢ --fields-enclosed-by＝value:设置包裹列的符号。
  - ➢ --fields-optionally-enclosed-by＝value:设置包裹列值为 CHAR 和 VARCHAR 等字符类型的符号,只能为单个字符。
  - ➢ --fields-escaped-by＝value:设置转义字符,默认为反斜线"\"。
  - ➢ --lines-terminated-by＝value:设置每行数据的结尾字符,可以为单个或多个字符,默认值为"\n"。

📖**提示**:以上选项基本上与 SELECT…INTO OUTFILE 语句中的 OPTIONS 参数设置相同。不同的是,等号后面的 value 值不要用引号引起来。

用此命令导出文件,同样需要在 MySQL 的配置文件 my.ini 中设置 secure_file_priv 的值,并保存后重启 MySQL。

【例 10-13】　用 mysqldump 命令将图书销售数据库 booksale 的图书表 books 中的数据导出到 c 盘 bak 目录中。要求列之间使用逗号隔开,字符类型列值用双引号括起来,每一行用"\r\n"换行符结束。

```
mysqldump - u root - p - T c:\bak booksale books - - fields - terminated - by = ,
- - fields - optionally - enclosed - by = \" - - lines - terminated - by = \r\n
```

按 Enter 键并输入密码执行命令。可以看到在 c 盘 bak 目录中,导出了两个名为 books 的文件,其中 books.sql 文件保存 books 表的结构,books.txt 文件保存 books 的数据。

2. 导出 XML 文件

使用 mysqldump 命令导出 XML 文件,基本语法格式如下所示。

```
mysqldump - u username - p - xml | - X db_name [ tb_name ] > path\filename.xml
```

语法说明:--xml | -X 用于指定导出文件为 XML 格式,二选一即可。

【例 10-14】　用 mysqldump 命令将图书销售数据库 booksale 的图书表 books 中的数据导出到 c 盘 bak 目录的 books.xml 中。要求列之间使用逗号隔开,字符类型的列值用双引号括起来,每一行用"\n"换行符结束。

```
mysqldump - u root - p - X booksale books > c:\bak\books.xml
```

按 Enter 键并输入密码执行命令,即可在 c 盘 bak 目录中看到 books. xml 文件。

10.3.3　用 mysql 命令导出数据

在 DOS 命令提示符窗口用 mysql 命令可以将数据表的数据导出成文本文件、XML 文件、HTML 文件。

1. 导出文本文件

可以在 mysql 命令中添加 SELECT 语句,直接将查询结果导出到文本文件中,基本语法格式如下所示。

```
mysql - u root - p [ -- vertical] - e | -- execute = "SELECT 语句" dbname > path\filename.txt
```

语法说明如下。

- --vertical 可选选项,用于将记录的各个列分行显示。
- -e│--execute 表示要执行后面的 SELECT 语句,二选一即可。
- SELECT 语句是要执行的查询语句。
- dbname 是查询的数据表所在的数据库。
- path\filename. txt 是导出的文本文件的路径和文件名。

2. 导出 XML 文件

可以在 mysql 命令中添加 SELECT 语句,直接将查询结果导出到 XML 文件中,基本语法格式如下所示。

```
mysql - u root - p - X| -- xml - e| -- execute = "SELECT 语句" dbname > path\filename.xml
```

语法说明:-X│ --xml 用于指定导出文件为 XML 格式,二选一即可。

3. 导出 HTML 文件

可以在 mysql 命令中添加 SELECT 语句,直接将查询结果导出到 HTML 文件中,基本语法格式如下所示。

```
mysql - u root - p - H | -- html - e| -- execute = "SELECT 语句" dbname > path\filename.html
```

语法说明:-H │ --html 用于指定导出文件为 HTML 格式,二选一即可。

【例 10-15】　用 mysql 命令将图书销售数据库 booksale 的图书表 books 中的数据导出到 c 盘 bak 目录中,分别使用". txt"". xml"". html"三种格式。

```
mysql - u root - p - e "SELECT * FROM books" booksale > c:\bak\books.txt
mysql - u root - p - X - e "SELECT * FROM books" booksale > c:\bak\books.xml
mysql - u root - p - H - e "SELECT * FROM books" booksale > c:\bak\books.html
```

在 c 盘 bak 目录中可以看到 books. txt、books. xml 和 books. html 三个文件。

10.3.4　用 LOAD DATA INFILE 导入数据

在 MySQL 中,除了可以将数据表中的数据导出到外部文件外,还可以从外部文件将数据导入数据表中。使用 LOAD DATA INFILE 语句可从外部文件高速地将数据导入数据表中,基本语法格式如下所示。

```
LOAD DATA [LOW_PRIORITY | CONCURRENT] [LOCAL] INFILE 'path/file_name '
    [REPLACE | IGNORE] INTO TABLE tb_name [OPTIONS] ;
```

语法说明如下。

- LOW_PRIORITY | CONCURRENT 用于指定 LOAD DATA 操作与其他操作表的线程之间的优先级关系,二选一即可。若指定 LOW_PRIORITY,表示该操作会在其他线程完成之后再操作;若指定 CONCURRENT,表示该操作会与其他线程完同步进行。这两个选项只对采用表级锁的引擎有影响,例如 MYISAM,而 InnoDB 存储引擎使用的是行级锁,不受此影响。
- LOCAL 用于指明文件的位置。如果指定了 LOCAL,表示文件位于客户端,如果没指定,表示文件在服务器端。
- path/file_name 是导入文件的路径和文件名,注意此处的路径分隔符要用"/"。
- REPLACE | IGNORE 用于指定当前导入的数据跟表中现存数据存在唯一性冲突时,是替换还是忽略,二选一即可。需要说明的是,当这两种方式都未指定时,如果数据来自客户端,则重复的数据会忽略,如果来源于服务端,则命令将终止执行。
- OPTIONS 是可选选项,与 SELECT···INTO OUTFILE 语句中的 OPTIONS 完全相同。

📖 **提示**:如果在用 SELECT···INTO OUTFILE 命令导出数据时指定了 OPTIONS 可选选项,那么在用 LOAD DATA INFILE 语句导入数据时必须使用相同的选项,否则导入将失败。

【例 10-16】 将图书销售数据库 booksale 的订单项目表 orderitems 中的数据导出,删除该表的数据后再利用 LOAD DATA INFILE 恢复该表的数据。

```
USE booksale;
SELECT * FROM orderitems INTO OUTFILE 'c:/bak/orderitems.txt';
DELETE FROM orderitems;
SELECT * FROM orderitems;
LOAD DATA INFILE 'c:/bak/orderitems.txt' INTO TABLE orderitems;
SELECT * FROM orderitems;
```

导出成功后,删除 orderitems 表中的数据,再查询 orderitems 表时该表无记录,恢复 orderitems 表的数据后再查询 orderitems 表时,可以看到数据已经恢复。

【例 10-17】 用 SELECT···INTO OUTFILE 命令将图书销售数据库 booksale 的订单项目表 orderitems 中的数据导出到 c:/bak/orderitems1.txt,要求列之间使用逗号隔开,字符类型列值用双引号括起来,每一行用"\n"换行符结束。然后删除该表的数据,再利用 LOAD DATA INFILE 恢复该表的数据。

```
USE booksale;
SELECT * FROM orderitems INTO OUTFILE 'c:/bak/orderitems1.txt'
FIELDS TERMINATED BY ',' OPTIONALLY ENCLOSED BY '"' LINES TERMINATED BY '\n';
DELETE FROM orderitems;
SELECT * FROM orderitems;
LOAD DATA INFILE 'c:/bak/orderitems1.txt' INTO TABLE orderitems
FIELDS TERMINATED BY ',' OPTIONALLY ENCLOSED BY '"' LINES TERMINATED BY '\n';
SELECT * FROM orderitems;
```

按要求的格式导出 orderitems 表中的数据,导出成功后,删除 orderitems 表中的数据,再查询 orderitems 表时该表无记录,恢复 orderitems 表的数据后再查询 orderitems 表时,可以看到数据已经恢复。

10.3.5　用 mysqlimport 导入数据

可以在 DOS 命令行窗口使用 mysqlimport 命令高速地将数据导入数据表中,它其实是通过 LOAD DATA INFILE 语句来实现数据导入的,很多参数选项都与 LOAD DATA INFILE 语句相同,基本语法格式如下所示。

```
mysqlimport - u root - p dbname path/file_name [OPTIONS]
```

语法说明如下。
- dbname 是数据库名。
- path/file_name 是导入文件的路径和文件名,注意此处的路径分隔符要用"/"。
- OPTIONS 是可选选项。此命令的可选选项非常多,可以用"mysqlimport -help"查看。

📖提示:mysqlimport 命令不需要指定预导入数据的表名,数据表名由导入文件的名称确定,导入数据之前该表必须存在。

【例 10-18】　将图书销售数据库 booksale 的顾客表 customers 中的数据导出,删除该表中的数据,再利用 mysqlimport 恢复该表的数据。

```
USE booksale;
SELECT * FROM customers INTO OUTFILE 'c:/bak/customers.txt';
DELETE FROM customers;
SELECT * FROM customers;
mysqlimport - u root - p booksale c:/bak/customers.txt
SELECT * FROM customers;
```

成功导出 customers 表中的数据后,删除 customers 表中的数据,再查询 customers 表时该表无记录,在 DOS 命令提示符窗口中,恢复 customers 表的数据后再查询 customers 表时,可以看到数据已经恢复。

10.4　表的维护

视频讲解

MySQL 提供了一系列数据库管理与维护的 SQL 语句,用来保证数据库正常且正确地运行,这些 SQL 语句统称表维护语句。

10.4.1　ANALYZE TABLE 语句

MySQL 的优化器 Optimizer 在优化 SQL 语句时,需要收集一些相关信息,其中就包括了表中索引的 cardinality(散列程度,也叫基数),它表示该索引对应的列中唯一值的大概数量。优化器会根据这个值来判断是否使用这个索引,如果 cardinality 的值远小于实际的数据数量,那么这个索引基本无效。

使用 SHOW INDEX 语句来查看索引的散列程度,基本语法格式如下所示。

```
SHOW INDEX FROM tablename;
```

该语句会输出指定表的索引情况,如图 10-2 所示。

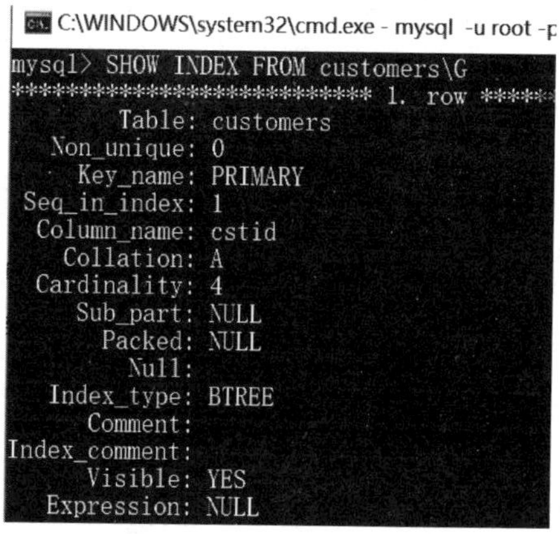

图 10-2　查看表的索引

输出结果中包含的各列说明如下:

- Table:表名。
- Non_unique:索引是否可以包括重复词,0 表示不可以,1 表示可以。
- Key_name:索引名。
- Seq_in_index:索引中的列序号,从 1 开始。
- Column_name:索引列的列名。
- Collation:排序方式,A 表示升序,NULL 表示无排序。
- Cardinality:散列程度,即索引中唯一值数目的估计值。
- Sub_part:如果列只是被部分地编入索引,则为被编入索引的字符的数目;如果整列被编入索引,则为 NULL。
- Packed:关键字是否被压缩。如果没有被压缩,则为 NULL。
- Null:索引列是否含有 NULL 值。如果有,则为 YES;如果没有,则为空。
- Index_type:索引的类型,可能的值有 BTREE、FULLTEXT、HASH、RTREE 等,如果是 InnoDB 存储引擎,通常都是 BTREE。

Cardinality 散列程度的值是根据被存储为整数的数据量来计算的,所以即使对于小型表,该值也不是精确的,但它的值可以反映索引的有效性。散列程度值越大,说明该索引的有效性越好,MySQL 使用该索引的机会就越大。但这个值不是实时更新的,可以通过运行 ANALYZE TABLE 进行更新,基本语法格式如下所示。

```
ANALYZE [NO_WRITE_TO_BINLOG | LOCAL] TABLE tbl_name [, tbl_name] ...;
```

语法说明:NO_WRITE_TO_BINLOG ｜ LOCAL 用于防止将分析表的结果写入二进制日志,二者作用相同,二选一即可。

使用 ANALYZE TABLE 分析表的过程中,MySQL 会对表加一个只读锁,也就是说,在分析期间,只能读取表中的数据,不能修改数据。

10.4.2　CHECK TABLE 语句

MySQL 在运行过程中可能经常遇到一些意外状况,例如数据写入磁盘时发生错误、索引没有同步更新、数据库未关闭 MySQL 就停止了,这些状况都有可能导致数据发生错误。

使用 CHECK TABLE 语句来检查表及其对应的索引是否有问题,基本语法格式如下所示。

```
CHECK TABLE 表名 1 [,表名 2...] [OPTION] ;
```

语法说明: OPTION 是可选选项,有如下 5 个可选值,执行效率依次降低。
- QUICK：不扫描行,不检查错误的链接,执行速度最快,可在没有遇到什么问题时使用。
- FAST：检查表是否正常关闭,可在系统掉电后没有遇到严重问题时使用。
- CHANGED：检查上次检查之后更新的数据。
- MEDIUM：默认的选项,会扫描行,检查索引文件和数据文件之间链接的正确性。
- EXTENDED：最慢的选项,会对表进行全面检查。

📖提示：OPTION 选项只对 MyISAM 存储引擎有效,对 InnoDB 存储引擎无效。CHECK TABLE 语句在执行过程中也会给表加上只读锁。

10.4.3　CHECKSUM TABLE 语句

在数据库管理中,经常需要进行备份恢复、回滚或其他将数据恢复到已知状态的操作,使用 CHECKSUM TABLE 语句来验证操作前后的数据是否相同。对于每一个数据表都可以用这个语句生成一个校验和(checksum),通过校验和可以验证数据的一致性,基本语法格式如下所示。

```
CHECKSUM TABLE tbl_name [, tbl_name]... [QUICK | EXTENDED];
```

语法说明如下。
- QUICK 是返回存储的 checksum 值。这是非常快的。
- EXTENDED 表示重新计算校验和,为默认选项。对于大型表,这是非常慢的。

10.4.4　OPTIMIZE TABLE 语句

表进行大量的修改操作后,表的内部结构会出现很多碎片和未利用空间。此时使用 OPTIMIZE TABLE 语句可以重新组织表的数据及索引数据的物理存储,减少存储空间,并提高访问表时的 I/O 效率,基本语法格式如下所示。

```
OPTIMIZE [LOCAL | NO_WRITE_TO_BINLOG] TABLE tbl_name [, tbl_name]...;
```

语法说明:LOCAL|NO_WRITE_TO_BINLOG 用于防止将该语句的执行结果写入二进制日志,二者作用相同,二选一即可。

对 MyISAM 存储引擎可以直接使用 OPTIMIZE TABLE 语句。使用 OPTIMIZE TABLE 语句的过程中,MySQL 会对表加一个只读锁。

如果是 InnoDB 存储引擎,会提示"Table does not support optimize, doing recreate + analyze insted",此时可用"ALTER TABLE tbname ENGINE = ' InnoDB ';"来代替 OPTIMIZE 做优化。

可以使用 SHOW TABLE STATUS 命令查看优化前后的效果,返回结果中的 Data_free 即为碎片所占据的存储空间。

10.4.5　REPAIR TABLE 语句

可以用 REPAIR TABLE 语句修复可能损坏的表,但只适用于 MyISAM 和 ARCHIVE 储存引擎,基本语法格式如下所示。

```
REPAIR [NO_WRITE_TO_BINLOG | LOCAL] TABLE tbl_name [, tbl_name]...
    [QUICK] [EXTENDED] [USE_FRM];
```

语法说明如下。

- NO_WRITE_TO_BINLOG | LOCAL 用于防止将该语句的执行结果写入二进制日志,二者作用相同,二选一即可。
- QUICK 是最快的选项,只修复索引树。
- EXTENDED 是最慢的选项,需要逐行重建索引。
- USE_FRM 用在".MYI"文件丢失或头部受到破坏的情况下,利用".frm"文件的定义来重建索引。

10.5　可视化操作指导

📖注意:运行脚本文件 Chapter10-booksale. sql 创建数据库 booksale 及相关数据表,然后打开 Navicat for MySQL,连接到数据库服务器。

1. 备份数据

对图书销售数据库 booksale 进行数据备份。

(1) 右击 booksale 数据库,在弹出的快捷菜单中选择"打开数据库"命令,单击工具栏上的"备份"按钮,再单击"新建备份"按钮。

(2) 在打开的"新建备份"对话框的"对象选择"选项卡中,选择要备份的数据库对象,单击"全选"按钮,可选择所有的数据库对象。

(3) 在打开的"新建备份"对话框的"高级"选项卡中,可以选择备份选项。其中"压缩"是指将备份文件压缩以节省空间;"锁住全部表"是备份时给所有表加锁防止备份过程中数据被修改;"使用单一事务"是将事务的隔离级别设为 REPEATABLE READ(可重复读),使备份操作在同一个事务中完成,所有相同的查询读取到同样的数据,确保备份数据的一致性,而在这期间不会锁表;"使用指定文件名"可以给备份文件自定义名字。

(4) 设置完成后,单击"开始"按钮即可进行备份操作,完成后即可在列表中看到备份文件。

2. 恢复数据

在上述备份操作完成的基础上,对图书销售数据库 booksale 进行数据恢复。

(1) 右击 booksale 数据库,在弹出的快捷菜单中选择"删除数据库"命令,将 booksale 数据库删除,模拟数据库损坏。

(2) 右击任意一个数据库,在弹出的快捷菜单中选择"新建数据库"命令,输入 booksale,重新创建与被删除数据库同名的数据库。

(3) 右击新建的 booksale 数据库,在弹出的快捷菜单中选择"打开数据库"命令,单击工具栏上的"备份"按钮,在下面的列表中选择刚才的备份文件,单击"还原备份"按钮。

(4) 此时会弹出"还原备份"对话框,可在"对象选择"选项卡中选择要还原的数据库对象,其他选项卡可根据需要进行设置,设置完成之后单击"开始"按钮,在弹出的警告界面单击"确定"按钮即可完成备份。

(5) 刷新 booksale 数据库下面的"表",即可看到恢复成功的数据表。

10.6　实践练习

📖 注意:运行脚本文件 Ex-Chapter10-Database.sql 创建数据库 teachingsys 及相关数据表,并在该数据库下完成练习。

(1) 分别查看 MySQL 服务器的二进制日志、错误日志、通用查询日志和慢查询日志。如果日志状态是关闭的,则开启相应的日志文件。试着按照教材的内容来操作各种日志文件。

(2) 备份学生表 students 和课程表 courses 到 c:\bakup。

(3) 备份整个 teachingsys 数据库到 c:\bakup。

(4) 备份 teachingsys 数据库和 booksale 数据库到 c:\bakup。

(5) 完整备份所有数据库到 c:\bakup。

(6) 备份 teachingsys 数据库除了选修表 studying 和课程表 courses 之外的所有数据表到 c:\bakup。

(7) 模拟选修表 studying 被误删除,用 mysql 命令进行恢复。

(8) 备份整个 teachingsys 数据库到 c:\bakup,模拟数据库损坏,用 mysql 命令进行恢复。

（9）模拟数据库损坏，用 SOURCE 命令进行恢复。

（10）模拟选修表 studying 被误删除，用 SOURCE 命令进行恢复。

（11）在学生表 students 中新增一条记录，删除此记录，再利用二进制日志中事件的偏移量恢复指定的数据。

（12）用 mysqldump 对所有数据库进行完整备份，用 RESET MASTER 删除所有旧的二进制日志，并做一些数据修改，再模拟数据库系统崩溃删除数据库，用之前的备份文件和二进制日志将数据恢复到系统崩溃之前的状态。

（13）用 SELECT…INTO OUTFILE 命令将学生表 students 中的数据导出，删除该表中的数据，再利用 LOAD DATA INFILE 恢复该表的数据。

（14）用 SELECT…INTO OUTFILE 命令将学生表 students 中的数据导出到 c:/bakup/students. xml。要求列之间使用逗号隔开，字符类型列值用双引号括起来，每一行用"\n"换行符结束。删除该表中的数据，再利用 LOAD DATA INFILE 恢复该表的数据。

（15）用 mysqldump 命令将学生表 students 中的数据导出到 c 盘 bakup 目录中。要求列之间使用逗号隔开，字符类型列值用双引号括起来，每一行用"\n"换行符结束。

（16）用 mysqldump 命令将学生表 students 中的数据导出到 c 盘 bakup 目录的 students. xml 中。要求列之间使用逗号隔开，字符类型的列值用双引号括起来，每一行用"\n"换行符结束。

（17）用 mysql 命令将学生表 students 中的数据导出到 c 盘 bakup 目录中，分别使用". txt"". xml"". html"三种格式。

（18）将学生表 students 中的数据导出，删除该表中的数据，再利用 mysqlimport 恢复该表的数据。

第11章

MySQL安全管理

本章要点

- 了解 MySQL 的安全机制。
- 掌握管理用户的方法,包括创建、修改、删除用户,修改用户密码等。
- 掌握管理权限的方法,包括权限的授予、收回等。
- 掌握通过角色管理权限的方法。

📖 **注意**:运行脚本文件 Chapter11-booksale.sql 创建数据库 booksale 及相关数据表。

对于任何一个企事业单位或国家部门来说,数据库中的数据都是非常重要的,数据的丢失或泄露会带来巨大的损害,可能会造成企业瘫痪,甚至危及国家安全。尤其是一些商业数据,可能是一个企业的根本,失去了数据,可能就失去了一切。

本章将介绍数据库系统的安全需求及实现方法、MySQL 的安全机制以及安全加固等。

视频讲解

11.1 数据库安全概述

数据库安全(Database Security)是指采取各种安全措施对数据库及其相关文件和数据进行保护,以防止不合法使用所造成的数据泄露、更改或破坏。数据库系统的安全保护措施是否有效是衡量数据库系统优劣的重要指标。

11.1.1 数据安全需求

通常来说,对数据库安全性产生威胁的因素主要有以下三方面。

(1)非授权用户对数据库的恶意存取和破坏。一些黑客(Hacker)和敌对分子通过非法手段获取合法数据库用户的用户名和密码,假冒合法用户偷取、修改甚至破坏数据。

(2)数据库中重要或敏感的数据被泄露。黑客和敌对分子千方百计窃取数据库中的重要或敏感数据,一些机密信息被暴露。

(3)数据库运行环境的脆弱性。数据库系统的运行是基于计算机系统和网络系统的,数据库的安全性与计算机系统的安全性、网络系统的安全性紧密相关,有必要采取各种安全保护措施保护计算机系统和网络系统的硬件、软件及数据,防止因偶然或恶意的原因使系统遭到破坏,数据遭到更改或泄露等。

数据库安全的核心和关键是数据安全。数据安全的基本需求是实现数据的保密性(Confidentiality)、完整性(Integrity)和可用性(Availability)。

（1）保密性，也称机密性，是指仅允许合法授权的用户使用数据，即不将有用信息泄露给非授权用户的特性，包括数据值的保密性和数据存在的保密性。保密性可以通过数据加密、身份认证、访问控制、安全通信协议等技术实现。

（2）完整性，指仅允许合法授权的用户对数据进行修改，即数据在传输、交换、存储和处理过程中，保持数据不被破坏或修改、不丢失和数据未经授权时不能改变的特性，也是最基本的安全特征，包括数据值的完整性和数据来源的完整性。完整性可以通过完整性约束、事务、身份认证、访问控制、安全通信协议等技术实现。

（3）可用性，也称有效性，指对数据期望的访问能力，即数据可被合法授权的实体按要求访问、正常使用或在非正常情况下能恢复使用的特性。在系统运行时正确存取所需数据，当系统遭受意外攻击或破坏时，可以迅速恢复数据并能投入使用，包括并发控制和故障恢复等。可用性可以通过事务、备份和恢复、审计等技术实现。

11.1.2　安全控制方法

一般来说，可以从以下 6 个层次实现数据库系统的安全性。

（1）用户层：对计算机系统、网络系统和数据库系统的用户进行管理，防范非授权用户以各种方式对数据库及数据的非法访问。

（2）物理层：对计算机系统、网络系统、网络链路及网络节点等进行实体安全保护，防止有人进行物理破坏。

（3）网络层：所有网络数据库系统都允许通过网络进行远程访问，网络层安全性和物理层安全性一样，极为重要。

（4）操作系统层：数据库系统运行在操作系统之上，要防止非法用户利用操作系统的安全漏洞、病毒木马等对数据库进行非授权访问。

（5）应用程序层：用户通常通过应用程序实现对数据库的访问，应用程序的安全性也同样重要。应对应用程序的代码和漏洞进行严格审查，防止非法用户利用应用程序实现对数据库数据的非法访问。

（6）数据库系统层：数据库存储着各种重要或敏感的数据，应利用数据库系统自身的安全机制根据不同授权用户的访问需求进行管理和授权。

由于篇幅的原因，前 5 个层次在此就不多做介绍了，请自行参阅其他资料。

实现数据库安全性控制的常用方法和技术有用户标识和身份鉴别、存取控制、视图、数据加密、审计、完整性约束、事务、备份和恢复等。其中视图、完整性约束、事务、备份和恢复已在前面章节中介绍。

1. 用户标识和身份鉴别（Identification 和 Authentication）

数据库系统应对提出 SQL 访问请求的数据库用户进行身份鉴别，防止不可信用户使用系统，这是系统提供的最外层的安全保护措施。系统记录着所有合法用户的标识，当用户要访问系统时，由系统对用户身份进行核对，通过后才提供使用数据库管理系统的权限。用户身份鉴别方法有以下几种。

（1）静态口令鉴别：口令是静态不变的，一般由用户自己设定。

（2）动态口令鉴别：口令是动态变化的，每次鉴别时均需使用动态产生的新口令，即采用一次一密的方法，例如短信验证码、二维码等。

(3) 智能卡鉴别：智能卡是一种不可复制的硬件,内置集成电路芯片,具有硬件加密功能。实际应用中通常采用个人身份识别码和智能卡相结合的方式。

(4) 生物特征鉴别：通过指纹、虹膜或掌纹等生物特征进行认证。

2. 存取控制

通过用户权限定义和合法权限检查,确保只有合法权限的用户访问数据库,所有未被授权的用户无法存取数据,常用的存取控制方法有自主存取控制和强制存取控制两种。

1) 自主存取控制(Discretionary Access Control,DAC)

自主存取控制是一种比较灵活的数据库安全控制方法,定义了不同用户对于不同数据库对象的存取权限。同一用户对于不同数据库对象有不同的存取权限,不同用户对同一对象也有不同的权限,用户还可将其拥有的存取权限转授给其他用户。

在 MySQL 中,通过 SQL 的 GRANT 语句和 REVOKE 语句来实现自主存取控制,而且想要授予别的用户权限,必须要有 GRANT 权限才行。

定义一个用户的存取权限就是要定义这个用户可以在哪些数据对象上进行哪些类型的操作。用户权限是由数据对象和操作类型这两个要素组成的。定义存取权限称为授权,可以根据实际需要在服务器、数据库、表、列等级别进行授权。授权的精细度越细,系统定义和检查权限的开销就越大。

上面提到自主存取控制可以给不同用户定义对于不同数据库对象的存取权限,甚至可以"转授权",优点是灵活。但自主存取控制仅仅通过对数据的存取权限来进行安全控制,而数据本身并无安全性标记。这样可能存在数据的"无意泄露"现象,导致数据非法流动。例如用户 A 对某些数据有查询的权限,用户 B 没有,用户 A 可以查询到这些数据并将其复制保存到其他地方,再授予用户 B 查询的权限,这样用户 B 就可以看到这些数据了。

2) 强制存取控制(Mandatory Access Control,MAC)

强制存取控制是指为保证更高程度的安全性,按照 TDI/TCSEC 标准中安全策略的要求,采取强制存取的检查手段。

强制存取控制对数据本身进行密级标记,无论数据如何复制,标记与数据是一个不可分的整体,只有符合密级标记要求的用户才可以操作数据,适用于对数据有严格而固定密级分类的部门,例如:军事部门、政府部门。

实现强制存取控制首先要实现自主存取控制,因为较高安全性级别提供的安全保护要包含较低级别的所有保护,在实现强制存取控制的系统中,自主存取控制与强制存取控制共同构成数据库管理系统的安全机制。

在强制存取控制中,数据库系统所管理的实体分为主体和客体两大类。主体是系统中的活动实体,包括数据库系统所管理的实际用户和代表用户的各个进程。客体是系统中的被动实体,是受主体操纵的,包括文件、基表、索引、视图等。

数据库系统可以为每个实体设置不同的敏感度标记(Label)。敏感度标记分成绝密(Top Secret,简写为 TS)、机密(Secret,简写为 S)、可信(Confidential,简写为 C)、公开(Public,简写为 P)等多个级别。

主体的敏感度标记称为许可证级别(Clearance Level),客体的敏感度标记称为密级(Classification Level)。

通过设置合适的存取规则,可保证合适级别的主体才可以访问对应级别的客体,还可以防止自主存取控制的非法数据流动。

3．数据加密

加密的基本思想是根据一定的算法将原始数据（明文）转换为不可直接识别的格式（密文），从而使不知道解密算法的人无法获知数据的内容。对存储和传输的数据进行加密处理，是防止数据库中的数据在存储和传输过程中失密的有效手段。

加密方法主要有对称加密法和非对称加密法两种。

（1）对称加密法：是指加密和解密使用相同密钥的加密算法，主要有 DES、3DES、TDEA、Blowfish、RC5、IDEA 等算法。

（2）非对称加密法：是指加密和解密使用不同密钥的加密算法，也称为公私钥加密，主要有 RSA、ElGamal、Rabin、D-H、ECC 等算法。非对称加密算法需要两个密钥，公开密钥（Public Key，公钥）和私有密钥（Private Key，私钥）。公钥与私钥是一对，如果用公钥对数据进行加密，只有用对应的私钥才能解密，反之亦然。

MySQL 8.0 提供了多项功能通过加密实现安全性。

（1）MySQL 支持采用 TLS（Transport Layer Security，传输层安全性）协议的客户端和服务器之间的加密连接，TLS 使用加密算法确保通过公共网络传输的数据可以被信任，它具有检测数据的更改、丢失或重放的机制，还包含了使用 X509 进行身份验证的算法。

（2）MySQL 支持 SSL（Secure Sockets Layer，安全套接层）复制，主从设备之间的二进制日志传输可通过加密连接发送。

（3）MySQL 自带的一款用于安全加密登录的工具 mysql_config_editor，可以在一些场合避免使用明文密码，例如在用客户端应用程序连接数据库时，可用此工具将登录 MySQL 服务的认证信息加密保存在配置文件中。

（4）MySQL 支持多个加密函数，用于数据加密，包括 MD5()、SHA1()、SHA()、SHA2() 等只支持正向加密不支持反向解密的函数，COMPRESS()、UNCOMPRESS()、ENCODE()、DECODE()、DES_ENCRYPT()、DES_DECRYPT()、AES_DECRYPT()、AES_ENCRYPT()、ASYMMETRIC_ENCRYPT()、ASYMMETRIC_DECRYPT() 等支持加密和解密的函数。

4．审计

审计是把用户对数据库的所有操作自动记录下来放入审计日志（Audit Log）中，数据库管理员可以利用审计日志监控数据库中的各种行为，发现潜在威胁；系统出现问题时，重现导致数据库现有状况的一系列事件，找出非法存取数据的人、时间和内容等。

从软件工程的角度上看，通过存取控制、数据加密的方式对数据进行保护是不够的。因此，审计是安全的数据库系统不可缺少的一部分，也是数据库系统最后一道重要的安全防线。

现有的依赖于数据库日志文件的审计方法，存在诸多的弊端，例如数据库审计功能的开启会影响数据库本身的性能、数据库日志文件本身存在被篡改的风险，难以体现审计信息的有效性和公正性。因此，对于安全性要求较高的数据库系统建议使用专用的审计系统。

11.2　MySQL 安全机制

视频讲解

为了保证数据库的安全性和完整性，MySQL 提供了一整套安全管理机制，包括用户管理、权限管理、角色管理等。

11.2.1 概述

MySQL 的访问控制系统主要由用户管理和访问控制两个功能模块共同组成,其中用户管理模块负责检查用户是否允许连接,访问控制模块负责检查用户发出的每个请求是否有足够的权限实施。

在 MySQL 8.0 的系统数据库 mysql 中,有 5 个用于控制权限的权限表(Grant Tables),分别为 user(全局级别权限表,Global Level)、db(数据库级权限表,Database Level)、tables_priv(表级权限表,Table Level)、columns_priv(列级权限表,Column Level)和 procs_priv(例程级权限表,Routine Level)。MySQL 所有的用户和权限信息都保存在这5 个权限表中,MySQL 的访问控制系统就是根据这些表进行权限判断的。

1. user 表

user 表用于存放 MySQL 所有的用户信息以及全局级别的权限,全局权限的作用范围是该服务器上所有的数据库。可以用 DESC 命令查看 user 表的结构,基本语法格式如下所示。

```
DESC mysql.user;
```

该命令的部分输出如图 11-1 所示。

Field	Type	Null	Key	Default	Extra
Host	char(255)	NO	PRI		
User	char(32)	NO	PRI		
Select_priv	enum('N','Y')	NO		N	
Insert_priv	enum('N','Y')	NO		N	
Update_priv	enum('N','Y')	NO		N	
Delete_priv	enum('N','Y')	NO		N	
Create_priv	enum('N','Y')	NO		N	

图 11-1　查看 user 表的结构

user 表共有 51 列,可分为账号列、权限列、安全列和资源控制列 4 类。

1) 账号列

账号列共有 3 个,分别为 User 列、Host 列和 authentication_string 列。User 列和 Host 列组成了 user 表表级的复合主键。其中 User 列用于保存用户名,authentication_string 列用于保存加密后的密码,Host 列用于保存允许登录 MySQL 服务器的客户端的 IP 地址。例如"user=root Host=192.168.1.1"表示 root 用户只能通过 192.168.1.1 的客户端去访问;"Host=localhost、127.0.0.1"或"::1"(IPv6 地址)表示本机;"Host=192.168.1.%"表示只要是 IP 地址前缀为"192.168.1."的客户端都可以连接;"Host=%"表示所有客户端都可以连接,可以将用于远程连接的用户的 Host 值设为"%"。

通过查询 user 表可查看用户的情况,基本语法格式如下所示。

```
SELECT * | host,user FROM mysql.user;
```

MySQL 的默认用户除了 root 之外,还有 mysql.infoschema、mysql.session、mysql.sys 三个用户。其中 mysql.infoschema 用于访问数据库的元数据;mysql.session 用于在插件

内部访问服务器；mysql. sys 用于 sys schema 中对象的定义。使用 mysql. sys 用户可避免
DBA 重命名或删除 root 用户时发生的问题。

2）权限列

权限列共有 31 个，是 user 表中列名以"_priv"结尾的列，用于保存用户的全局权限，包
括增（INSERT）、删（DELETE）、改（UPDATE）、查（SELETE）、创建（CREATE）、修改
（ALTER）、删除（DROP）等应用于数据及数据库对象的普通权限，还包括关闭服务器、重新
加载等应用于数据库服务器的高级权限，如表 11-1 所示。这些列的数据类型均为 ENUM，
可以取的值只能为 Y 和 N，如果列的值为 N，表示该用户没有对应的权限，值为 Y 表示有对
应的权限，默认值为 N。

表 11-1　user 表的权限列

对应权限表列	说　　明	对应权限表列	说　　明
select_priv	选择数据	super_priv	设置全局变量、管理员调试等高级别权限
insert_priv	插入数据	create_tmp_table_priv	创建临时表
update_priv	更新数据	lock_tables_priv	用 LOCK TABLES 命令阻止对表的访问/修改
delete_priv	删除数据	execute_priv	执行存储过程
create_priv	创建新的数据库和表	repl_slave_priv	读取用于维护复制数据库环境的日志文件
drop_priv	删除现有数据库和表	repl_client_priv	确定从服务器和主服务器的位置
reload_priv	重新加载 MySQL 所用各种内部缓存	create_view_priv	创建视图
shutdown_priv	关闭 MySQL 服务器	show_view_priv	查看视图
process_priv	查看用户进程信息	create_routine_priv	创建存储过程和函数
file_priv	读取数据库所在主机的本地文件	alter_routine_priv	修改或删除存储过程及函数
grant_priv	修改其他用户的权限	create_user_priv	创建或删除用户
references_priv	创建外键约束需要父表的 REFERENCES 权限	event_priv	创建、修改和删除事件
index_priv	创建和删除表索引	trigger_priv	创建和删除触发器
alter_priv	重命名和修改表结构	create_tablespace_priv	创建表空间
show_db_priv	查看服务器上所有数据库的名字	creat_role_priv	创建角色
		drop_role_priv	删除角色

3）安全列

安全列共有 13 个，主要用于判断客户端和 MySQL 服务器的连接是否符合 SSL 安全协
议、安全证书、密码设置及账号锁定等要求，如表 11-2 所示。

表 11-2　user 表的安全列

安　全　列	列　说　明	安　全　列	列　说　明
ssl_type	ssl 的类型	password_lifetime	密码自动失效时间
ssl_cipher	ssl 密码	account_locked	用户账号是否锁定

续表

安　全　列	列　说　明	安　全　列	列　说　明
x509_issuer	X509证书的发行人	password_reuse_history	密码重用历史
x509_subject	X509证书的主题	password_reuse_time	密码重用时间
plugin	身份验证器插件的类型,默认为caching_sha2_password	password_require_current	修改新密码时是否要求提供当前密码
password_expired	密码是否自动失效	user_attributes	用户属性
password_last_changed	最后一次修改密码的时间		

4)资源控制列

资源控制列共有4个,是user表中列名以"max_"开始的列,用于限制用户可使用的服务器资源,防止资源浪费,如表11-3所示。

表 11-3　user 表的资源控制列

资源控制列	列　说　明	资源控制列	列　说　明
max_questions	每小时允许执行的查询操作次数	max_connections	每小时允许执行的连接操作次数
max_updates	每小时允许执行的更新操作次数	max_user_connections	用户允许同时建立的连接次数

2. db 表

db表用于存放MySQL数据库级别的权限,数据库级别权限的作用范围是指定的数据库内所有的数据库对象和数据。可以用DESC命令查看db表的结构,基本语法格式如下所示。

```
DESC mysql.db;
```

db表由Host、DB、User三列组合成表级别的复合主键,用于确定哪个用户可以从哪个主机访问哪个数据库,剩下的都是权限列,表示用户在该数据库可做什么操作,各个权限列的含义与user表类似,不再赘述。

3. tables_priv 表

tables_priv表用于存放MySQL表级别的权限,表级别权限的作用范围是指定的数据库内指定的表。可以用DESC命令查看tables_priv表的结构,基本语法格式如下所示。

```
DESC mysql.tables_priv;
```

tables_priv表由Host、DB、User、Table_name四列组合成表级别的复合主键,用于确定哪个用户可以从哪个主机访问哪个数据库的哪个表,Table_priv列保存用户可在该表做什么操作,Column_priv列保存用户对该表的列做什么操作。

4. columns_priv 表

columns_priv表用于存放MySQL列级别的权限,列级别权限的作用范围是指定数据库内指定表的指定列。可以用DESC命令查看columns_priv表的结构,基本语法格式如下所示。

```
DESC mysql.columns_priv;
```

columns_priv 表由 Host、DB、User、Table_name、Column_name 五列组合成表级别的复合主键,用于确定哪个用户可以从哪个主机访问哪个数据库哪个表的哪个列,Column_priv 列保存用户可以对该列做什么操作。

5. procs_priv 表

procs_priv 表用于存放 MySQL 例程级别的权限,由 Host、DB、User、Routine_name、Routine_type 五列组合成表级别的复合主键,用于确定哪个用户可以从哪个主机访问哪个数据库的哪个例程,Routine_type 表示存储过程还是函数。例程级别权限的作用范围是指定的存储过程或函数。可以用 DESC 命令查看 procs_priv 表的结构,基本语法格式如下所示。

```
DESC mysql.procs_priv;
```

MySQL 服务器收到客户端的连接请求时,首先对连接用户进行身份验证,身份验证通过之后用户可以连接到 MySQL 服务器,之后用户执行每个操作都会进行权限验证,具体的访问控制流程如下。

(1) 先通过 user 表中的 Host、User、authentication_string、account_locked 四列对用户进行判断,如果前三列的值不匹配,则不能通过验证;如果前三列的值匹配且 account_locked 的值为 N,则通过验证;如果前三列的值匹配但 account_locked 的值为 Y,则不能通过验证。

(2) 通过身份验证后,MySQL 服务器会对用户执行的每个操作按照前面介绍的 5 个级别的权限表(user、db、tables_priv、columns_priv、procs_priv)的顺序逐级进行验证,即先检查全局权限表 user,如果 user 中对应的权限为 Y,则确认此用户对所有数据库的此项权限都为 Y,将不再检查 db、tables_priv、columns_priv 等其他权限表;只有 user 表中对应的权限为 N,才到下一级别的权限表 db 中检查此用户和数据库匹配的记录,如果对应的权限为 Y,则确认此用户对该数据库的此项权限都为 Y,不再检查其他权限表;只有 db 表中对应的权限为 N,才去检查下一级别的权限表 tables_priv,以此类推。如果所有的权限表都检查完毕,依旧没有允许的权限,MySQL 服务器会返回错误信息,用户操作不能执行。

11.2.2　用户管理

MySQL 中包括 root 用户和普通用户两类用户,其中 root 用户为超级管理员,拥有 MySQL 提供的一切权限,而普通用户则只能拥有赋予它的权限。

1. 创建用户

在 MySQL 中,使用 CREATE USER 语句创建一个或多个用户,并设置密码,同时还可以设置身份验证、角色、SSL/TLS、资源限制、是否锁定以及密码管理等属性。

要使用 CREATE USER 语句创建用户,必须有全局级别的 CREATE USER 权限,或是系统数据库 mysql 的 INSERT 权限。用 CREATE USER 语句添加一个用户,就会在系统数据库 mysql 的 user 表中添加一条新记录。创建用户的基本语法格式如下所示。

```
CREATE USER [IF NOT EXISTS]
    user [auth_option] [, user [auth_option]]...
    DEFAULT ROLE role [, role]...
    [REQUIRE {NONE | tls_option [[AND] tls_option]...}]
    [WITH resource_option [resource_option]...]
    [password_option | lock_option]...;
```

语法说明如下。

- user 是用户,由用户名和主机名组成,格式为'username'@'hostname'。主机名若省略,表示主机名为％,即任何主机;用户名和主机名合法时,单引号可以省略。
- auth_option 是可选选项,用于表示身份验证方式,包括以下 5 种选项。
  - ➢ IDENTIFIED BY 'auth_string': auth_string 表示明文密码字符串,此选项表示用默认身份验证插件对 auth_string 进行加密。MySQL 8.0 默认的身份验证插件为 caching_sha2_password,可在配置文件 my.ini 中用 default_authentication_plugin 进行更改,例如用“default_authentication_plugin = mysql_native_password”将默认身份验证插件改成 mysql_native_password,用“SHOW GLOBAL VARIABLES LIKE '％default_auth％';”命令查看。
  - ➢ IDENTIFIED BY RANDOM PASSWORD:表示使用 MySQL 自动生成随机密码,密码长度默认 20 位,由参数 generated_random_password_length 控制,可用“SHOW VARIABLES LIKE '％random％';”命令查看。
  - ➢ IDENTIFIED WITH auth_plugin:表示用指定的身份验证插件 auth_plugin 对空字符串进行加密,auth_plugin 可以为 caching_sha2_password 或 mysql_native_password。
  - ➢ IDENTIFIED WITH auth_plugin BY 'auth_string':表示用指定的身份验证插件 auth_plugin 对明文密码字符串 auth_string 进行加密。
  - ➢ IDENTIFIED WITH auth_plugin BY RANDOM PASSWORD:表示用指定的身份验证插件 auth_plugin 对 MySQL 自动生成随机密码进行加密。
- DEFAULT ROLE role 指定用户所属的默认角色,默认值是无。
- tls_option 是加密选项,如 ssl、x509 等,默认是无。
- resource_option 是资源控制选项,默认是没有限制,可从下面的选项中选择一个或多个。
  - ➢ MAX_QUERIES_PER_HOUR count:设置每小时最大查询数。
  - ➢ MAX_UPDATES_PER_HOUR count:设置每小时最大更新数。
  - ➢ MAX_CONNECTIONS_PER_HOUR count:设置每小时最大连接数。
  - ➢ MAX_USER_CONNECTIONS count:设置最大用户连接数。
- password_option 是密码管理选项,可从下面的选项中选择一个或多个。
  - ➢ PASSWORD EXPIRE [DEFAULT | NEVER | INTERVAL N DAY]:设置密码是否过期,DEFAULT 表示默认过期,NEVER 表示不过期,INTERVAL N DAY 表示间隔 N 天后过期。
  - ➢ PASSWORD HISTORY {DEFAULT | N}:设置密码记录历史,DEFAULT 表

示禁止在 password_history 系统变量指定的更改次数之前重复使用密码,N 表示
禁止重用之前的 N 个密码。

> PASSWORD REUSE INTERVAL {DEFAULT | N DAY}:设置密码重用间隔,
  DEFAULT 表示禁止重复使用默认天数内的新密码,N DAY 表示禁止重用 N 天
  内的新密码。

> PASSWORD REQUIRE CURRENT [DEFAULT | OPTIONAL]:设置修改密
  码时是否需要当前密码,DEFAULT 表示默认需要,OPTIONAL 表示可选。

> FAILED_LOGIN_ATTEMPTS N:设置失败登录的尝试次数,N 次失败后锁定
  账号。

> PASSWORD_LOCK_TIME {N | UNBOUNDED}:设置密码锁定时间,N 表示
  锁定 N 天,UNBOUNDED 表示无限。

• lock_option 是账号锁定选项,可选择 ACCOUNT LOCK(账号锁定)或 ACCOUNT
  UNLOCK(账号解锁)。

📖 提示:使用 CREATE USER 语句创建的用户没有任何权限,需要使用 GRANT 语
句赋予其权限。

【例 11-1】 用最简单的语法创建用户 user1,并查看 mysql.user 表,验证刚创建的
用户。

```
CREATE USER user1;
SELECT host,user,plugin,authentication_string FROM mysql.user WHERE user = 'user1';
```

从执行结果可以看到,如果创建用户时不指定主机地址和密码,则 host 默认为"%",密
码列为空,表示此用户可以在任意主机、不需要密码就可以访问 MySQL 服务器,从安全的
角度看,这是不安全的,应该避免使用这种方式。

【例 11-2】 创建用户 user2,密码为 1234,限定主机 192.168.1.1;创建用户 user3,密
码为 1234,不限定主机,指定身份验证插件为 mysql_native_password,并查看 mysql.user
表,验证刚创建的用户。

```
CREATE USER user2@192.168.1.1 IDENTIFIED BY '1234';
CREATE USER user3 IDENTIFIED WITH 'mysql_native_password' BY '1234';
SELECT host,user,plugin,authentication_string FROM mysql.user
    WHERE user = 'user2' or user = 'user3';
```

【例 11-3】 创建用户 user4,密码为 1234,不限定主机,用默认的身份验证插件,将密码
标记为过期,强制要求用户在第 1 次连接服务器时更改密码。

```
CREATE USER user4@'%' IDENTIFIED BY '1234' PASSWORD EXPIRE;
```

用 cmd 命令进入 DOS 命令提示符窗口,输入"mysql -u user4 -p",以 user4 身份登录
MySQL,按 Enter 键后输入 user4 的密码,进入 MySQL 命令行界面,随便执行一条 MySQL
命令,此时,会出现要求重设密码的错误提示。

【例 11-4】 创建用户 user5,密码为 1234,不限定主机,用默认的身份验证插件,并锁定

此用户账号。

```
CREATE USER user5@'%' IDENTIFIED BY '1234' ACCOUNT LOCK;
```

用 cmd 命令进入 DOS 命令提示符窗口,输入"mysql -u user5 -p",以 user5 的身份登录 MySQL,此时会出现账号被锁定的错误提示,如下所示。

```
C:\WINDOWS\system32 > mysql - u user5 - p
Enter password: ****
ERROR 3118 (HY000): Access denied for user 'user5'@'localhost'. Account is locked.
```

2. 修改用户
修改用户的基本语法格式如下所示。

```
ALTER USER [IF EXISTS]
    user [auth_option] [, user [auth_option]] ...
    [REQUIRE {NONE | tls_option [[AND] tls_option] ...}]
    [WITH resource_option [resource_option] ...]
    [password_option | lock_option] ...;
```

语法说明: 所有关键字和参数同创建用户的语法保持一致。

【**例 11-5**】 修改例 11-4 创建的用户 user5,将此用户账号解锁,并进行验证。

```
ALTER USER user5@'%' IDENTIFIED BY '1234' ACCOUNT UNLOCK;
```

用 cmd 命令进入 DOS 命令提示符窗口。

```
mysql - u user5 - p
SELECT current_user();
```

3. 修改用户名
修改用户名的基本语法格式如下所示。

```
RENAME USER '老用户名'@'host' to '新用户名'@'host';
```

📖提示:要使用该语句,必须拥有全局级别的 CREATE USER 权限或系统数据库 mysql 的 UPDATE 权限。如果旧用户不存在,或新用户名已经存在,则会出现错误。

4. 删除用户
删除用户可以一次删除一个或多个用户,基本语法格式如下所示。

```
DROP USER 'user'@'host' [,'user'@'host'];
```

📖提示:要使用该语句,必须拥有全局级别的 CREATE USER 权限或系统数据库 mysql 的 DELETE 权限。

5. 普通用户或 root 用户修改自身密码
为了数据库安全,不管是普通用户还是 root 用户,都应该定期修改密码。用户登录到

MySQL 服务器后,可以用下面两种方法修改密码,基本语法格式如下所示。

```
#语法1:
ALTER USER USER( ) IDENTIFIED BY 'newpassword';
```

语法说明如下。
- USER()是系统自带函数,用于获取当前登录的用户名,也可用 CURRENT_USER() 代替。
- IDENTIFIED BY 'newpassword'是设置的新密码。

```
#语法2:
SET PASSWORD = ' newpassword ';
```

【例 11-6】　以例 11-4 创建的用户 user5 的身份登录 MySQL,并修改密码。
用 cmd 命令进入 DOS 命令提示符窗口。

```
mysql – u user5 – p
ALTER USER CURRENT_USER( ) IDENTIFIED BY '123456';
-- 等价于
SET PASSWORD = '123456';
```

6. root 用户修改普通用户的密码

如果是普通用户则无法通过上面的方法修改密码,此时只能请求 root 用户为普通用户重置密码。root 用户可用以下两种方法修改普通用户的密码,基本语法格式如下所示。

```
#语法1:
ALTER USER user@host IDENTIFIED BY 'newpassword';
```

语法说明如下。
- user@host 是要修改密码的用户的用户名和主机名。
- IDENTIFIED BY 'newpassword'是设置的新密码。

```
#语法2:
SET PASSWORD FOR user@host = 'newpassword';
```

【例 11-7】　以 root 用户的身份登录 MySQL,修改例 11-1 创建的用户 user1 的密码。
用 cmd 命令进入 DOS 命令提示符窗口。

```
mysql – u root – p
ALTER USER user1@'%' IDENTIFIED BY '1234';
-- 等价于
SET PASSWORD FOR user1@'%' = '123456';
```

7. MySQL 8.0 中重置 root 密码

如果 root 用户密码丢失,需要通过特殊的方法跳过密码验证以 root 身份登录 MySQL

服务器,重置 root 用户的登录密码,再以正常方法登录。注意:MYSQL 8.0 以上版本处理方式与之前的版本不一样。下面以 MySQL 8.0.25 版本为例,具体步骤如下。

(1) 用 cmd 命令以管理员身份进入 DOS 命令提示符窗口,输入"net stop mysql"停止 MySQL 服务。

```
C:\WINDOWS\system32>net stop mysql
```

(2) 输入"mysqld --shared-memory --skip-grant-tables"命令,此时命令提示符窗口处于锁定状态。

```
C:\WINDOWS\system32>mysqld -- shared-memory -- skip-grant-tables
```

(3) 重新用 cmd 命令以管理员身份打开一个新的 DOS 命令提示符窗口。

(4) 在新的命令提示符窗口输入"mysql -u root -p"后按 Enter 键,提示输入密码时直接按 Enter 键进入 MySQL 命令行界面。

(5) 输入"use mysql;"命令切换到 mysql 数据库。

(6) 输入"update user set authentication_string="where user='root';"将 authentication_string 列的值置为空字符串。

```
mysql>update user set authentication_string = '' where user = 'root';
```

(7) 关闭这两个命令提示符窗口,重新用 cmd 命令以管理员身份打开一个新的命令提示符窗口,重新启动 MySQL 服务。

```
C:\WINDOWS\system32>net start mysql
```

(8) 输入"mysql -u root -p"命令,提示输入密码时直接按 Enter 键进入 MySQL 命令行界面。

(9) 用前面的方法修改 root 用户的密码即可。

```
mysql>ALTER USER root@localhost IDENTIFIED BY 'newrootpw';
```

其中,newrootpw 为 root 用户的新密码。

11.2.3　权限管理

有了用户账号,用户就可以完成身份验证登录到数据库,但登录到数据库后能做什么,不能做什么,就由权限进行控制了。权限管理是根据需要为每个用户分配合适的操作权限。不合理的授权会使数据库存在安全隐患,出于安全考虑,建议只授予用户能满足需要的最小权限。

1. 查看权限

查看用户权限,基本语法格式如下所示。

```
SHOW GRANTS [FOR user_or_role];
```

语法说明: user_or_role 是用户或角色名,用户由用户名和主机名组成,若省略表示查看当前用户的权限。

在 MySQL 中可以给用户授予的权限如表 11-4 所示。

表 11-4　GRANT 和 REVOKE 可用的权限类型

权 限 类 型	对应权限表列	说　　明
ALL [PRIVILEGES]	同 all privileges	除 GRANT OPTION 之外的所有权限
SELECT	select_priv	选择数据
INSERT	insert_priv	插入数据
UPDATE	update_priv	更新数据
DELETE	delete_priv	删除数据
CREATE	create_priv	创建新的数据库和表
DROP	drop_priv	删除现有数据库和表
RELOAD	reload_priv	重新加载 MySQL 所用各种内部缓存
SHUTDOWN	shutdown_priv	关闭 MySQL 服务器
PROCESS	process_priv	查看用户进程信息
FILE	file_priv	读取数据库所在主机的本地文件
GRANT	grant_priv	修改其他用户的权限
REFERENCES	references_priv	创建外键约束需要父表的 REFERENCES 权限
INDEX	index_priv	创建和删除表索引
ALTER	alter_priv	重命名和修改表结构
SHOW DATABASES	show_db_priv	查看服务器上所有数据库的名字
SUPER	super_priv	设置全局变量、管理员调试等高级别权限
CREATE TEMPORARY TABLES	create_tmp_table_priv	创建临时表
LOCK TABLES	lock_tables_priv	用 LOCK TABLES 命令阻止对表的访问/修改
EXECUTE	execute_priv	执行存储过程
REPLICATION SLAVE	repl_slave_priv	读取用于维护复制数据库环境的日志文件
REPLICATION CLIENT	repl_client_priv	确定复制从服务器和主服务器的位置
CREATE VIEW	create_view_priv	创建视图
SHOW VIEW	show_view_priv	查看视图
CREATE ROUTINE	create_routine_priv	创建存储过程和函数
ALTER ROUTINE	alter_routine_priv	修改或删除存储过程及函数
CREATE USER	create_user_priv	创建或删除用户
EVENT	event_priv	创建、修改和删除事件
TRIGGER	trigger_priv	创建和删除触发器
CREATE TABLESPACE	create_tablespace_priv	创建表空间
USAGE	同 no privileges	没有权限

2. 授予权限

如前所述,使用 CREATE USER 语句创建的用户是没有任何权限的,应根据需要赋予其权限。为用户进行授权的基本语法格式如下所示。

```
GRANT priv_type [(column_list)] [, priv_type [(column_list)]] ...
    ON [object_type] priv_level
```

```
        TO user_or_role [, user_or_role]...
        [WITH GRANT OPTION];
```

语法说明如下。

- priv_type 是要给用户分配的权限类型,如 SELECT、INSERT、CREATE 等,如表 11-4 所示。
- column_list 是要授权列的列表,授予列级别权限时需要用到。
- object_type 是表、存储过程或函数。
- priv_level 是权限范围,可以是 *、*.*、db_name.*、db_name.tb_name、tb_name 或 db_name.routine_name。
- user_or_role 是用户或角色名,用户由用户名和主机名组成。
- WITH GRANT OPTION 是用户可以将自己拥有的权限再授权给其他用户。

【例 11-8】 查看之前创建的用户"user1@'%'"的权限,并授予其对图书销售数据库 booksale 中所有表的 SELECT 和 UPDATE 权限;授予"user2@'192.168.1.1'"对所有数据库除 GRANT 权限之外的所有权限。

(1) 以 root 的身份登录 MySQL,查看"user1@'%'"和"user2@'192.168.1.1'"现有的权限。

```
SHOW GRANTS FOR user1@'%';
SHOW GRANTS FOR user2@'192.168.1.1';
```

从执行结果可以看到,这两个用户的权限都是 USAGE,相当于没有权限。

(2) 给"user1@'%'"授权,并查看新权限。

```
GRANT SELECT,UPDATE ON booksale.* TO user1@'%';
SHOW GRANTS FOR user1@'%';
```

(3) 给"user2@'192.168.1.1'"授权,并查看新权限。

```
GRANT ALL ON *.* TO user2@'192.168.1.1';
SHOW GRANTS FOR user2@'192.168.1.1';
```

从 SHOW GRANTS 语句的执行结果可以看到,这两个用户的权限已经被更改。同时查询系统数据库 mysql 中的 db 表可以看到"user1@'%'"的权限,查询 user 表可以看到"user2@'192.168.1.1'"的权限。

(4) 以"user1@'%'"和"user2@'192.168.1.1'"的身份登录 MySQL,验证新权限。

【例 11-9】 查看之前创建的用户"user3@'%'"的权限,并授予其对图书销售数据库 booksale 中图书表 books 的 SELECT 权限和 books 表中 title 列的 UPDATE 权限。

(1) 以 root 的身份登录 MySQL,查看"user3@'%'"现有的权限。

```
SHOW GRANTS FOR user3@'%';
```

从执行结果可以看到,该用户的权限是"USAGE",相当于没有权限。

（2）给"user3@'%'"授权,并查看新权限。

```
GRANT SELECT,UPDATE(title) ON booksale.books TO user3@'%';
SHOW GRANTS FOR user3@'%';
```

（3）同时,可以在 tables_priv 表和 columns_priv 表中查看到"user3@'%'"的授权记录。

（4）以"user3@'%'"的身份登录 MySQL,验证新权限。

【例 11-10】 查看之前创建的用户"user3@'%'"的权限,并授予其对图书销售数据库 booksale 中顾客表 customers 的 SELECT 和 UPDATE 权限,并允许其将权限授予给其他用户。

（1）以 root 的身份登录 MySQL,查看"user3@'%'"现有的权限。

```
SHOW GRANTS FOR user3@'%';
```

（2）给"user3@'%'"授权,并查看新权限。

```
GRANT SELECT,UPDATE ON booksale.customers to user3@'%' WITH GRANT OPTION;
SHOW GRANTS FOR user3@'%';
```

（3）同时,可以在 tables_priv 表中查看到"user3@'%'"的授权记录。

（4）以 user3 的身份登录 MySQL,验证新权限,并将 SELECT 和 UPDATE 授权给 user4。

```
GRANT SELECT,UPDATE ON booksale.customers TO user4@'%';
```

（5）以 root 身份查看 user4 的权限(提示：user3 是无权查看 user4 权限的),可以看到已经有了对 courses 表的 SELECT 和 UPDATE 权限,同时在 tables_priv 表中可以查看到 "user4@'%'"的授权记录。

（6）以 user4 的身份登录 MySQL,验证新权限。

3. 收回权限

当发现用户不需要某个权限或设错权限时,管理员可以将权限收回,收回权限的基本语法格式如下所示。

```
REVOKE priv_type [(column_list)][, priv_type [(column_list)]]...
    ON [object_type] priv_level
        FROM user_or_role [, user_or_role]...;
```

语法说明：所有关键字和参数同授予权限 GRANT 的语法保持一致。

【例 11-11】 查看之前创建的用户"user4@'%'"的权限,并收回其所有的权限。

```
SHOW GRANTS FOR user4@'%';
REVOKE ALL ON *.* FROM user4@'%';
SHOW GRANTS FOR user4@'%';
```

以 root 的身份登录 MySQL,查看"user4@'％'"现有的权限。

【例 11-12】 查看之前创建的用户"user3@'％'"的权限,并收回其对图书销售数据库 booksale 中图书表 books 中 title 列的 UPDATE 权限和顾客表 customers 的 SELECT 和 UPDATE 权限,再次查看用户"user3@'％'"的权限。

```
SHOW GRANTS FOR user3@'%';
REVOKE UPDATE(title) ON booksale.books FROM user3@'%';
REVOKE SELECT,UPDATE,GRANT OPTION ON booksale.customers FROM user3@'%';
SHOW GRANTS FOR user3@'%';
```

以 root 的身份登录 MySQL,查看"user3@'％'"现有的权限。

📖**提示:**由于这个权限带 WITH GRANT OPTION 选项,是可以转授权给其他用户的,所以收回权限时要加上 GRANT OPTION。

另外,在 MySQL 8.0 中,收回带 WITH GRANT OPTION 选项的权限时,已经转授权给其他用户的权限是不会同时被收回的,除非直接收回被转授权的用户的对应权限。例如:user3 转授权给了 user4,收回 user3 权限时,user4 对应的权限不会被同时收回,除非直接用 REVOKE 收回 user4 的权限。

11.2.4　角色管理

角色是命名的权限集合,角色名就是这个集合的名字。可以给角色授予或收回权限。将角色授予一个或多个用户,这些用户就拥有了这个角色的权限;一个用户可以被授予多个角色,这个用户就拥有这些角色的权限的总和。这是 MySQL 8.0 的新功能,角色可以简化用户的权限管理。

1. 创建角色

创建角色的基本语法格式如下所示。

```
CREATE ROLE [IF NOT EXISTS] rolename1[,rolename2]…;
```

说明:
- 一次可以创建一个或多个角色。
- 角色和用户一样,保存在权限表 user 中,host 的值为"％",authentication_string 列的值为空字符串。
- 刚创建的角色没有权限,应根据需要授权。
- 默认情况下,角色创建后处于非活动状态,需激活才能发挥其作用。
- 使用 CREATE ROLE 命令,必须具有 CREATE ROLE 的权限。

2. 给角色授权

给角色授权和给用户授权一样,也是用 GRANT 命令,基本语法格式如下所示。

```
GRANT priv_type [(column_list)] [, priv_type [(column_list)]]…
    ON [object_type] priv_level
    TO user_or_role [, user_or_role]…;
```

【**例 11-13**】 创建 3 个角色,用于实现对图书销售数据库 booksale 操作的不同权限集。开发人员角色 db_developer 需要完全访问数据库,读操作角色 db_read 只需要读取的权限,写操作角色 db_write 需要数据增删改的权限。

```
CREATE ROLE 'db_developer','db_read','db_write';
SELECT * FROM mysql.user WHERE user LIKE 'db%';
GRANT ALL ON booksale.* TO 'db_developer';
GRANT SELECT ON booksale.* TO 'db_read';
GRANT INSERT,UPDATE,DELETE ON booksale.* TO 'db_write';
SELECT * FROM mysql.db WHERE user LIKE 'db%';
```

3. 将角色授予用户

可以用 GRANT 命令将角色授予用户,让用户拥有角色的权限,基本语法格式如下所示。

```
GRANT rolename1[,rolename2]... TO user_or_role [, user_or_role] ...;
```

说明:
- 可以将一个或多个角色授予一个或多个用户或角色。
- 将角色授予用户不需要 ON 关键词。

【**例 11-14**】 创建一个开发人员用户、两个读操作的用户、一个需要读和写操作的用户,并用例 11-13 定义的角色为用户分配权限。

```
CREATE USER 'developer1'@'localhost' IDENTIFIED by '1234';
CREATE USER 'readuser1'@'localhost','readuser2'@'localhost' IDENTIFIED by '1234';
CREATE USER 'rwuser1'@'localhost' IDENTIFIED by '1234';
GRANT db_developer TO developer1@localhost;
GRANT db_read TO readuser1@localhost,readuser2@localhost;
GRANT db_read, db_write TO rwuser1@localhost;
```

4. 查看角色权限

查看通过角色分配给用户的权限,基本语法格式如下所示。

```
SHOW GRANTS [FOR user_or_role][USING role];
```

语法说明如下。
- FOR user_or_role 是要查看权限的用户或角色,若省略,则查看当前登录用户的权限。
- USING role 是将通过角色授予的权限扩展显示。

【**例 11-15**】 查看例 11-14 中角色 db_developer 和用户 rwuser1 的权限。

```
SHOW GRANTS FOR db_developer;
SHOW GRANTS FOR rwuser1@localhost;
```

从执行结果可以看到,用户 rwuser1 从角色 booksale_read 和 booksale_write 获得权限,但并没有扩展显示到底有哪些权限,可加上 USING 语句扩展显示具体的权限。

```
SHOW GRANTS FOR rwuser1@localhost USING db_read, db_write;
```

5. 激活角色

默认情况下,创建的角色处于非活动状态,将角色授权给用户并不能使该角色处于活动状态。授权给用户的角色在该用户的会话中可以处于活动状态,也可以处于非活动状态。如果该用户对应的角色在会话中处于活动状态,则用户获得角色相应的权限,反之则没有。可以用 CURRENT_ROLE() 函数确定当前会话中哪些角色处于活动状态。

例如:以例 11-15 的用户 rwuser1 的身份登录到 MySQL 服务器,用 CURRENT_ROLE() 函数查看当前的活动角色,结果为 NONE,即没有活动角色,这样用户 rwuser1 就无法获得角色的权限,无法访问图书销售数据库 booksale。此时,需要激活角色,可以用以下两种方法激活角色。

1) 为用户激活角色

如果希望用户登录到 MySQL 服务器时自动激活角色,可以使用 SET DEFAULT ROLE 命令,基本语法格式如下所示。

```
SET DEFAULT ROLE ALL TO user_or_role[,user_or_role]…;
```

【例 11-16】 为例 11-14 的 4 个用户激活所有的角色,然后查看当前活动角色,查看权限。

```
SET DEFAULT ROLE ALL TO developer1@localhost, readuser1@localhost, readuser2@localhost,
rwuser1@localhost;
```

用 cmd 命令进入 DOS 命令提示符窗口。

```
mysql - u rwuser1 - p
SELECT current_role();
SHOW GRANTS;
```

从执行结果可以看到,用户 rwuser1 对应的角色已经处于活动状态,用户也获得了角色的权限。

在用户的会话中,可以用 SET ROLE 命令更改角色集(以用户 rwuser1 为例)。

(1) 取消所有的活动角色,使用户 rwuser1 没有任何权限,如图 11-2 所示。

```
SET ROLE NONE;
```

(2) 取消部分活动角色,使用户 rwuser1 的有效权限为只读,执行结果如图 11-3 所示。

```
SET ROLE ALL EXCEPT 'db_write';
```

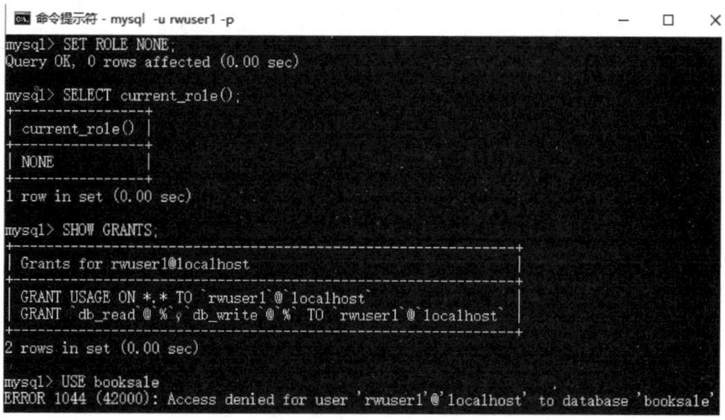

图 11-2 取消用户所有的活动角色

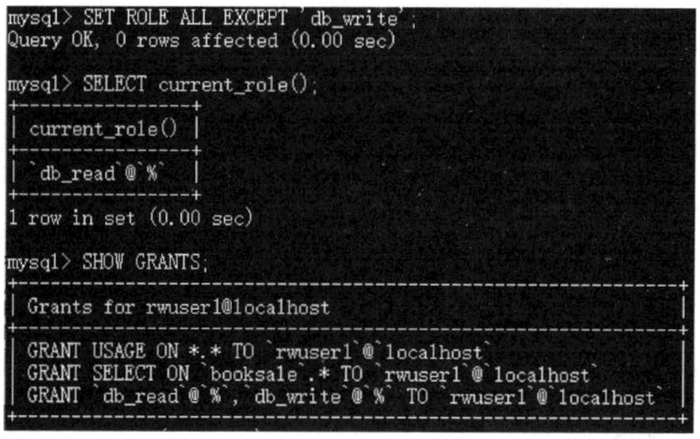

图 11-3 取消用户部分活动角色

（3）恢复默认的活动角色。

```
SET ROLE DEFAULT;
```

2）激活所有角色

永久激活所有创建的角色，这样就无须为每个用户单独进行角色激活了。激活所有角色的基本语法格式如下所示。

```
SET GLOBAL activate_all_roles_on_login = ON;
```

6. 收回角色或角色的权限

从用户中收回角色的基本语法格式如下所示。

```
REVOKE role FROM user;
```

语法说明：role 是要收回的角色名；user 是用户名。
收回角色的权限的基本语法格式如下所示。

```
REVOKE priv_type [(column_list)][, priv_type [(column_list)]]...
    ON [object_type] priv_level
    FROM user_or_role [, user_or_role]...;
```

　　📖 **提示**：收回角色的权限，不仅影响角色本身的权限，还影响所有授予该角色的用户的权限。

　　【**例 11-17**】　收回例 11-14 中用户 readuser2@localhost 的角色，收回角色 db_write 的 DELETE 权限，并验证。

```
REVOKE db_read FROM readuser2@localhost;
SHOW GRANTS FOR readuser2@localhost;
REVOKE DELETE ON booksale. * FROM db_write;
SHOW GRANTS FOR db_write;
```

7. 删除角色

删除角色的基本语法格式如下所示。

```
DROP ROLE [IF EXISTS] rolename1[,rolename2]…;
```

　　📖 **提示**：删除角色会从授权它的每个用户账户中撤销该角色。

　　【**例 11-18**】　删除角色 db_write，并查看 rwuser1@localhost 的权限。

```
DROP ROLE db_write;
SHOW GRANTS FOR rwuser1@localhost;
```

8. 角色和用户在实际中的应用

在 MySQL 中，用户和角色的使用非常灵活，可以将角色授予用户或角色，也可以将用户授予其他用户或角色，来实现权限的快速分配，下面举例说明。

假设某开发项目其中的一个开发人员拥有对要开发的数据库的相应权限。现在此开发人员因故离开项目，由其他用户接替他完成后续开发任务，此时需要给这个新用户分配与之前开发人员同样的权限。可用以下两个方法解决这个问题。

1) 不使用角色

直接更改用户账号的密码，使原来的开发人员不能使用它，并让新的开发人员使用该用户账号。

2) 使用角色

(1) 锁定原来开发人员的用户账号，防止任何人使用它来连接服务器。

(2) 为新加入项目的开发人员创建新的用户账号。

(3) 将原来开发人员的用户账号视为角色，授予新开发人员的用户账号，这样就相当于将原来开发人员的权限分配给了新开发人员。

11.3　数据库安全加固

视频讲解

数据库安全怎么强调都不过分，可以从以下方面对数据库进行加固，让它更安全。

11.3.1　操作系统级别

可从以下七方面实现操作系统级别的安全加固。

1．使用数据库专用服务器

使用专用的服务器安装 MySQL 服务,卸载或删除操作系统上的不必要的应用或服务,避免因为其他应用或服务存在安全漏洞给 MySQL 运行带来的安全风险,这样也能减少服务器的负担,提高性能。

2．关闭不需要的端口

使用网络扫描工具(如 nmap 等)扫描服务器端口,检查除了 MySQL 需要监听的端口(默认为 3306)之外,还有哪些端口是打开的,关闭不必要的端口。

3．不要将数据库和日志文件放在系统分区

系统分区是保存引导文件和系统文件的分区,操作系统运行时,会频繁对系统分区进行读写,也是各种病毒、木马、恶意软件等最关注的地方。例如 Windows 系统通常是 C 盘,Linux 系统是“/”“/var”“/usr”等,不管是出于安全还是性能上考虑,都不建议将 MySQL 安装在系统分区,也不要将数据文件和日志文件放在系统分区。

4．使用专用的最小权限账号运行数据库进程 mysqld

强烈建议使用专用的最小权限账号运行 mysqld 守护进程,不要用操作系统管理员的身份,提高本地安全性,防止 mysqld 对本地文件的存取对系统构成威胁。因为任何具有 FILE 权限的数据库用户都可以利用此账号创建文件,也可以将此账号能访问的任何文件读到数据库表中。

5．严格管理操作系统账号

严格管理操作系统账号,防止账号信息外泄,尤其是系统管理员和运行 mysqld 守护进程的账号。配置密码策略,提高密码复杂度,定期更改密码。

6．不要复用数据库账号

运行 MySQL 服务的操作系统账号不要用来运行其他应用或服务,避免因其他应用或服务被攻击而给 MySQL 服务带来的影响。

7．数据文件夹及日志文件权限控制

合理设置 MySQL 的数据文件夹以及二进制日志文件、错误日志文件、慢查询日志文件、通用日志文件、审计日志文件等文件的访问权限,确保只有合适的账号拥有合适的权限,防止数据或日志文件被误删除、窃取或破坏。例如,只让运行 mysqld 守护进程的专用账号拥有完全控制的权限,禁用其他所有用户的读写权限。

11.3.2　MySQL 级别

可从以下 9 方面实现 MySQL 级别的安全加固。

1．安全安装

MySQL 安装完成之后,建议使用 mysql_secure_installation 工具进行安全性设置,直接在 DOS 命令提示符窗口运行此命令即可。用此工具可以启用验证密码组件(VALIDATE PASSWORD COMPONENT)、评估密码强度、更改 root 用户的密码、删除匿名用户、限制 root 用户只能在本地登录、删除 test 数据库、重新加载权限表等。

2．安装最新的补丁

可用“SHOW VARIABLES WHERE Variable_name LIKE "version";”或“SELECT VERSION();”命令查询 MySQL 的版本,如果有需要安装的补丁包,要及时安装。

3. 密码安全

确保所有用户都使用非空密码,尽量不使用固定密码,每个用户使用不同的密码,若需要将密码保存在特定全局配置文件或脚本中时,可用 MySQL 自带的用于安全加密登录的工具 mysql_config_editor,将密码加密储存,避免直接保存明文密码。另外,还可以根据需要设置以下几方面的内容,增加密码安全性。

1) 密码策略

设置合适级别的密码策略,强制用户的密码符合一定的要求,如密码长度在 8 位以上,使用数字、大小写、特殊字符等的随机组合。

可以用"SHOW VARIABLES LIKE 'validate_password%';"命令查看当前的密码策略配置,如图 11-4 所示。其中,validate_password.check_user_name 表示是否需要检查用户名;validate_password.dictionary_file 表示密码策略文件,只有密码策略强度为 STRONG 时才需要;validate_password.length 表示密码最小长度;validate_password.mixed_case_count 表示大小写字符长度,至少 1 个;validate_password.number_count 表示数字至少 1 个;validate_password.policy 表示密码策略强度为 MEDIUM,还可以设置为 LOW 或 STRONG;validate_password.special_char_count 表示特殊字符至少 1 个。

图 11-4　查看当前的密码策略配置

可在 MySQL 命令提示符窗口用 SET 命令进行修改,其基本语法格式如下所示。

```
SET GLOBAL validate_password.policy = STRONG;
SET GLOBAL validate_password_length = 10;
```

📖 提示:若"SHOW VARIABLES LIKE 'validate_password%';"命令的输出结果为空集,说明没有安装密码验证组件,可在 MySQL 中运行下面命令安装密码验证组件。

```
INSTALL COMPONENT 'file://component_validate_password';
```

若想卸载密码验证组件,可在 MySQL 中运行下面命令。

```
UNINSTALL COMPONENT 'file://component_validate_password';
```

2) 密码过期及重用策略

根据需要设定密码过期时间,强制用户定期更改密码,可在全局及每个用户基础上建立密码重用策略,保存已使用过的历史密码,限制重复使用以前的密码。

3）密码认证机制

尽量采用新的密码认证机制。MySQL 不断加固数据库的安全性，在 MySQL 8.0 中将之前的 mysql_native_password 机制，升级到新的 caching_sha2_password。

mysql_native_password 是 MySQL 5.6、5.7 默认的密码认证机制。当用户连接 MySQL 实例时，通过 challenge-response 的密码校验机制进行认证，使用 SHA1 哈希算法进行认证校验，并将用户的密码通过 SHA1(SHA1(password)) 两次哈希计算，保存在表"mysql.user"的列 authentication_string 中，但相同的密码必然会有相同的哈希值，而且随着时间的推移，SHA1 哈希算法也已经变得比较容易破解了。

cache_sha2_password 是 MySQL 8.0 默认的密码认证机制，它进行了如下几个方面的改进。

（1）哈希算法升级为更为安全的 SHA256 算法，哈希算法的 round 次数从原来的 2 次，提升为 5000 次，round 次数越多，每次计算哈希值的代价越大，破解难度也就越大。

（2）保存在列 authentication_string 中的哈希值为加盐（salt）后的值，这样就算两个不同用户的密码相同，保存在 mysql.user 表中的哈希值也不同。

（3）用 TLS 加密或 RSA 密钥传输方式从客户端将密码传送到服务端。

4. 用户安全

建立不同类型的用户账号，如超级管理员账号、系统应用账号（实现备份、监控、审计等）、应用业务账号、业务人员账号、开发人员账号、测试人员账号、其他专用账号等，并制定相应的命名规则。

用户根据密码策略设置符合要求的密码，保护好自己的账号密码，防止泄露，非必要人员不需要知道账号的名称，尤其要控制可以访问所有数据库的账号。

对于不必要的用户，可以先禁用，后删除，做到无匿名账户和无废弃账户。

5. 权限安全

熟悉 MySQL 的权限系统，了解权限表中的每个权限，遵循最小权限原则，业务需要什么给什么，而不是直接给每个用户分配所有权限。坚持最小权限，是数据库安全的重要步骤。

以下几个是比较特殊的权限，应确保只有数据库管理员才能拥有。

（1）FILE：表示是否允许用户读取数据库所在主机的本地文件。

（2）PROCESS：表示是否允许用户查询所有用户的命令执行信息。

（3）SUPER：表示用户是否有设置全局变量、管理员调试等高级别权限。

（4）SHUTDOWN：表示用户是否可以关闭 MySQL 服务。

（5）CREATE_USER：表示用户是否可以创建或删除其他用户。

（6）GRANT：表示用户是否可以修改其他用户的权限。

另外，要合理控制 DDL 和 DML 语句的授权。因为它们会导致数据库结构或数据发生变化，在任何数据库中都要控制用户的此类权限，确保只授权给有业务需求的非管理员用户。

6. 端口安全

MySQL 默认端口是 3306，如果条件允许，建议定期修改。

7. 连接访问安全

使用专门主机与数据库连接,创建用户时指定主机信息,确保访问数据库的主机为已知用户或主机,把非法请求阻止在数据库以外。对已经连接的 IP 网段进行规范化、统一化的管理,定期进行权限复核操作,对系统所属 IP、用户进行权限梳理工作。

严禁开启外网访问,尽可能禁止远程网络连接,防止猜解密码攻击、溢出攻击和嗅探攻击。如果客户端在外网,不应该直接访问数据库,而是使用中间件堡垒机或其他替代方案。

有些连入数据库的应用程序存在后门,会造成数据库安全隐患,为此要检查所有连接数据库程序的安全性。

8. 限制 LOCAL INFILE/OUTFILE

禁用或限制 LOCAL INFILE/OUTFILE,防止造成任意文件读取或 webshell 写出,防止非授权用户访问本地文件。可以在 MySQL 的配置文件 my. ini 中设置"Local-infile＝0""secure_file_priv＝NULL""secure_file_priv＝指定目录"来禁用或限制通过文件实现数据的导入和导出。

9. 日志审计加固

根据需要启用二进制日志、错误日志、通用查询日志、慢查询日志等日志,监控数据库的运行状态,查询出错原因,进行数据恢复,优化数据库性能等。对重要业务表的所有行为,最好全部审计。

MySQL 8.0 对于安全做了很多层的加固,除了以上提到的,还有 InnoDB 表空间加密、InnoDB redo/undo 加密、二进制日志加密等,请自行查阅相关资料。

11.3.3　网络级别

可从以下两方面在网络级别实现对 MySQL 安全的加固。

1. 使用 SSL 或 X509 加密连接

如果对数据保密要求非常严格,或 MySQL 数据库服务器与应用是跨信任域部署的,则需要考虑在数据库服务器与应用服务器之间建立 SSL 或 X509 加密通道,将传输数据进行加密。

2. 限定网络

数据库应该只对应用程序服务器开放,不要将其开放给整个网络,通过防火墙或其他白名单和中间件白名单过滤机制,限制对 MySQL 端口的访问。

最后需要强调的是,人才是安全的主导,最好根据具体情况制定详细的规章制度,对员工进行安全培训,增强员工的系统安全观念,做到细心操作,安全操作。

11.4　实践练习

📖注意:运行脚本文件 Ex-Chapter11-Database. sql 创建数据库 teachingsys。

1. 管理数据库用户

(1) 创建用户 yournamel,密码为 1234,限定主机 192. 168. 0. 10;创建用户 yourname2,密码为 1234,不限定主机,指定身份验证插件为 mysql_native_password。

(2) 创建用户 yourname3,密码为 1234,不限定主机,用默认的身份验证插件,将密码标记为过期,强制要求用户在第一次连接服务器时更改密码。

（3）创建用户 yourname4,密码为 1234,不限定主机,用默认的身份验证插件,并锁定此用户账号。

（4）修改前面创建的用户 yourname4,将此用户账号解锁。

（5）以前面创建的用户 yourname4 的身份登录 MySQL,并修改自己的密码。

（6）以 root 用户的身份登录 MySQL,修改前面创建的用户 yourname1 的密码。

（7）将用户 yourname2 的名称修改为 newname2。

（8）请问在 DOS 命令提示符窗口,如何以 yourname3 用户的身份登录 MySQL？登录后此用户有什么样的权限？

（9）删除用户 yourname1。

2．用户权限的授予与回收

（1）查看之前创建的用户 newname2 的权限,授予用户 newname2 对 teachingsys 数据库中所有表的 SELECT 和 UPDATE 权限、对学生表 students 除 GRANT 权限之外的所有权限以及对所有数据库的查询操作权限。

（2）查看之前创建的用户“yourname3@'％'”的权限,并授予其对数据库 teachingsys 中课程表 courses 的 SELECT 权限和课程表 courses 中 crsname 列的 UPDATE 权限。

（3）查看之前创建的用户“yourname3@'％'”的权限,并授予其对数据库 teachingsys 中学生表 students 的 SELECT 和 UPDATE 权限,并允许其将权限授予其他用户。

（4）以“yourname3@'％'”的身份登录 MySQL,验证新权限,并将数据库 teachingsys 中学生表 students 的 SELECT 和 UPDATE 权限授权“yourname4@'％'”。以 yourname4 的身份登录 MySQL,验证新权限。

（5）查看用户“yourname3@'％'”的权限,收回用户 yourname3 对数据库 teachingsys 中学生表 students 的所有权限。

3．角色的管理

（1）创建 3 个角色,用于实现对 teachingsys 数据库操作的不同权限集。开发人员角色需要完全访问数据库,读操作角色只需要数据库的读取权限,写操作角色需要数据增删改的权限,并查看角色的权限。

（2）创建一个开发人员用户、一个读操作用户、一个需要读和写操作的用户,并用上面定义的角色为用户分配权限,并查看各用户的权限。

（3）激活所有的角色,并以上述用户的身份登录 MySQL 验证权限。

（4）收回上述开发人员用户的所有角色,并查看开发人员用户的权限。

（5）收回写操作角色的 DELETE 权限,并查看写操作角色和需要读和写操作的用户的权限。

（6）删除写操作角色,并查看需要读和写操作的用户的权限。

第12章
MySQL事务管理与并发控制

本章要点

- 了解常用的存储引擎及相关操作。
- 理解事务的概念和 4 个基本特性。
- 掌握事务的开启、提交和回滚操作。
- 掌握事务的四种隔离级别。
- 了解 MVCC 的概念。
- 了解锁机制,理解并掌握锁管理的过程。

📖**注意**:运行脚本文件 Chapter12-booksale.sql 创建数据库 booksale。

数据库的数据是基于现实世界的业务场景的。在现实世界中,有的业务场景比较复杂,需要多个步骤才能完成,例如银行转账、库存管理、股票交易等,事务是确保这些业务场景中数据完整性和一致性的重要技术。

另外,本章之前的所有操作都是假设单用户在使用数据库,而实际上经常会出现多个用户同时使用同一个数据库的情况。并发控制指的是当多个用户同时使用数据库时,用于保护数据库完整性的各种技术,保证多个用户同时存取数据库中同一数据时,一个用户的操作不会对另一个用户的操作产生不合理的影响。并发控制的基本单位是事务。而是否支持事务,如何实现并发控制,与选择什么样的存储引擎密切相关。

视频讲解

12.1 MySQL 的存储引擎

从逻辑概念上看,数据表是由一条条记录组成的,但从物理结构上看,如何表示记录,如何从数据表中读取数据,如何把数据写入物理存储器,是由存储引擎来控制的。

存储引擎是 MySQL 体系结构的重要组成部分,其作用是指定表的类型,规定表如何存取和索引数据、是否支持事务、如何加锁等。

可以为同一数据库中不同的数据表采用不同的存储引擎,不同存储引擎管理的数据表,可以有不同的存储结构,采取不同的存取算法。选择不同的存储引擎,可以获得额外的速度或功能,从而改善 MySQL 的整体功能。

12.1.1 常用的存储引擎

MySQL 支持多种存储引擎,包括 InnoDB、MRG_MYISAM、MEMORY、BLACKHOLE、

MyISAM、CSV、ARCHIVE、PERFORMANCE_SCHEMA、FEDERATED，其中最常用的存储引擎是 InnoDB 和 MyISAM，偶尔会用 MEMORY。

1. InnoDB

InnoDB 是 MySQL 5.5 及之后版本的默认存储引擎，支持事务、行级锁定和外键，是事务型数据库的首选引擎。它为 MySQL 提供具有提交、回滚、崩溃恢复能力和多版本并发控制（MVCC）的事务安全型表，能够高效地处理大量数据。它适用于需要事务支持、高并发、数据更新频繁、对数据的一致性和完整性要求较高的系统，例如计费系统、财务系统等。

2. MyISAM

MyISAM 是 MySQL 5.5 之前版本的默认存储引擎，由早期的 ISAM 所改良。它具有较高的插入和查询速度，但读写互相阻塞，不支持事务和外键，支持全文索引，支持表级锁定。它适用于不需要事务支持、并发相对较低、数据更新不频繁、以查询为主、对数据一致性要求不高的数据表。

每个使用 MyISAM 存储引擎的数据表都会生成 3 个文件，文件名与数据表名称相同，但扩展名不同，各个文件及其作用分别描述如下。

- .frm：用于存储数据表的定义，这个文件并不是 MyISAM 引擎的一部分，而是服务器的一部分。
- .MYD：用于存储真正的数据。
- .MYI：用于存储数据表的索引。

3. MEMORY

MEMORY 存储引擎将所有数据都保存在内存，具有极高的插入、更新和查询效率，但其内容会在 MySQL 重新启动时丢失，且会占用和数据量成正比的内存空间，不适合数据量太大的表。它适用于内容变化不频繁、存活周期不长、数据量不大、需要对统计结果进行分析的数据表。

12.1.2　存储引擎的管理

1. 查看当前服务器程序支持的存储引擎

查看当前 MySQL 服务器程序支持哪些存储引擎的基本语法格式如下所示。

```
SHOW ENGINES;
```

命令执行结果如图 12-1 所示。

Engine	Support	Comment	Transactions	XA	Savepoints
MEMORY	YES	Hash based, stored in memory, useful for temporary tables	NO	NO	NO
MRG_MYISAM	YES	Collection of identical MyISAM tables	NO	NO	NO
CSV	YES	CSV storage engine	NO	NO	NO
FEDERATED	NO	Federated MySQL storage engine	(Null)	(Null)	(Null)
PERFORMANCE_SCHEMA	YES	Performance Schema	NO	NO	NO
MyISAM	YES	MyISAM storage engine	NO	NO	NO
InnoDB	DEFAULT	Supports transactions, row-level locking, and foreign keys	YES	YES	YES
BLACKHOLE	YES	/dev/null storage engine (anything you write to it disappears)	NO	NO	NO
ARCHIVE	YES	Archive storage engine	NO	NO	NO

图 12-1　当前服务器程序支持的存储引擎

输出结果中的 Support 列表示该存储引擎是否可用,DEFAULT 值代表当前服务器程序的默认存储引擎。Comment 列是对该存储引擎功能的描述。Transactions 列表示该存储引擎是否支持事务处理。XA 列表示该存储引擎是否支持分布式事务。Savepoints 列表示该存储引擎是否支持事务的部分回滚。

2. 查看默认存储引擎

查看默认存储引擎,基本语法格式如下所示。

```
SHOW VARIABLES LIKE 'default_storage_engine';
```

3. 修改服务器的默认存储引擎

可以在配置文件 my.ini 的[mysqld]组下加入以下变量声明,并重新启动服务器来设置 MySQL 的默认存储引擎。

```
default_storage_engine = MyISAM
```

4. 设置表的存储引擎

存储引擎负责对数据表中的数据进行读取和写入,可以根据数据表的读写性能需求,为同一个数据库中不同的数据表设置不同的存储引擎,这样不同的表就有了不同的物理存储结构、不同的读取和写入方式、不同的读写性能。

1) 创建新表时指定存储引擎

可以在创建新表时指定存储引擎,基本语法格式如下所示。

```
CREATE TABLE tablename(
    列及约束定义
) ENGINE = 存储引擎名称;
```

📖提示:如果创建新表时没有指定表的存储引擎,那就会使用默认的存储引擎。

【例 12-1】 在图书销售数据库 booksale 中创建名为 demo 的表,存储引擎为 MyISAM。

```
USE booksale;
CREATE TABLE demo(
    id INT PRIMARY KEY,
    title VARCHAR(50) NOT NULL) ENGINE = MyISAM;
```

2) 修改现有表的存储引擎

如果表已经存在了,可修改存储引擎,基本语法格式如下所示。

```
ALTER TABLE tablename ENGINE = 存储引擎名称;
```

【例 12-2】 将例 12-1 中创建的表 demo 的存储引擎修改为 InnoDB,然后查看表的结构。

```
ALTER TABLE demo ENGINE = InnoDB;
SHOW CREATE TABLE demo;
```

视频讲解

12.2 事务管理

　　事务是实现数据完整性和一致性的重要技术,是实现多用户并发控制的基本单位,也是实现银行转账、股票交易等现实生活中关联性很强的业务场景的基础。

　　不是所有的存储引擎都支持事务,在 MySQL 8.0 中,只有 InnoDB 支持,其他都不支持。

12.2.1 事务的简介

1．事务的概念

　　事务(Transaction)是一个抽象的概念,是指将一个或多个数据库操作组合成一个逻辑工作单元,使数据从一种状态变换到另一种状态,这些操作要么全部完成,要么全部不完成。只有工作单元内的所有操作全部成功完成,才能说明事务被成功执行。如果工作单元中的任一操作不能完成,整个单元的所有修改都会被撤销,数据恢复到事务开始之前的状态。

　　以银行转账为例,账户 A 通过银行转账 1000 元给账户 B,此时数据库会涉及以下 3 个操作。

　　(1) 新增一条交易记录,记录账户 A 转账给账户 B。

　　(2) 账户 A 的银行卡余额减少 1000 元。

　　(3) 账户 B 的银行卡余额增加 1000 元。

　　这 3 个操作是一个整体,要么一起成功,要么一起失败,不允许出现部分成功的情况。如果账户 A 的银行卡余额减少了 1000 元,但账户 B 的银行卡余额没有增加 1000 元,这就出现了数据的不一致,这样的情况是不允许出现的。

　　通过定义事务,将一组相关操作组合为一个要么全部成功要么全部失败的单元,可以大大提高数据的安全性和执行效率,简化错误恢复,使应用程序更加可靠。

2．事务的特性

　　一个逻辑工作单元要成为事务,必须满足四个特性,即原子性(Atomicity)、一致性(Consistency)、隔离性(Isolation)和持久性(Durability),简写为 ACID。

　　1) 原子性(Atomicity)

　　原子性意味着事务是一个不可分割的逻辑工作单元,只有事务中所有的操作都执行成功,才算整个事务执行成功。如果事务中有任何一个操作执行失败,其他已经执行成功的操作也必须撤销,数据库的状态退回到执行事务前的状态。

　　通常,组成事务的各个操作之间是相互关联的,都是为了实现某个共同的目标。如果系统只执行这些操作的一个子集,则可能会破坏事务的总体目标。原子性消除了系统处理操作子集的可能性。

　　2) 一致性(Consistency)

　　一致性是指不管事务是完全成功还是中途失败,都要保证数据库中所有的数据处于一致的状态。例如前面提到的银行转账,要求参与转账的账户的总余额是不变的。如果数据库没有满足原子性要求,导致账户 A 扣款成功,给账户 B 增加余额时却由于某种原因没有成功,这时候就会导致数据的不一致,此时应该撤销账户 A 的扣款操作。

MySQL 提供了重做日志(REDO LOG)和撤销日志(UNDO LOG),记录了数据库的所有变化,为事务的提交和恢复提供了跟踪记录,为数据的一致性提供了保障。如果系统在事务处理过程中发生错误,MySQL 恢复过程将使用这些日志来发现事务是否已经完全成功地执行,是否需要返回。

3) 隔离性(Isolation)

隔离性是指当一个事务在执行时,不会受到其他事务的影响,而且未完成的事务的所有操作与数据库系统是隔离的,事务的执行结果只有提交时才能看到。当多个用户同时连接到 MySQL 数据库开启并发事务时,由并发事务所做的修改必须与任何其他并发事务所做的修改隔离,不能被其他事务的操作数据所干扰,这是实现多用户并发控制的基础。MySQL 通过事务的隔离级别和锁机制来实现隔离性。

4) 持久性(Durability)

持久性是指一旦事务提交成功,它对于系统的影响是永久性的,所做的修改应该保留下来,即使出现致命的系统故障也应该一直保持。

MySQL 提供了二进制事务日志文件来实现持久性。二进制日志(BINLOG)记录了所有 DDL 和 DML 语句,但不包括数据查询语句。语句以"事件"形式存储,并且记录了语句发生时间、执行时长、操作的数据等。二进制日志对于数据损坏后的恢复起着至关重要的作用。如果遇到硬件损坏或系统故障,可以使用最后的备份和日志很容易地恢复丢失的数据。

12.2.2 事务的管理

事务的本质是符合 ACID 特性的一系列数据库操作,应该根据需要对事务进行管理,包括事务的开启、提交、回滚等。

1. 手动开启事务

开启一个事务的基本语法格式如下所示。

```
#语法1:
START TRANSACTION [transaction_characteristic [, transaction_characteristic]...]
    事务中要执行的语句
其中:
transaction_characteristic:{
WITH CONSISTENT SNAPSHOT | READ WRITE | READ ONLY}
```

transaction_characteristic 是可选选项,用于指定事务的特性,包括以下三个选项。

- READ ONLY:表示当前事务为只读事务,即事务中只能添加读取数据的语句,不能添加修改数据的语句。
- READ WRITE:表示当前事务为读写事务,即事务中既可以添加读取数据的语句,也可以添加修改数据的语句。
- WITH CONSISTENT SNAPSHOT:启动一致性读(后续会介绍)。可与前两个参数同时使用。

　　📖提示：READ ONLY 和 READ WRITE 是一个事务的访问模式，这两个参数可以都省略，也可以选择其一，但不可以同时添加，因为一个事务的访问模式不可能既是只读又是可读写；如果都省略，表示该事务是读写事务。

```
#语法2：
BEGIN [WORK];
事务中要执行的语句
```

【例 12-3】　开启一个只读事务。

```
START TRANSACTION READ ONLY;
```

　　如果在只读事务中加入增、删、改等修改数据的语句，会提示错误信息：[Err] 1792-Cannot execute statement in a READ ONLY transaction。

【例 12-4】　开启一个只读事务和一致性读。

```
START TRANSACTION READ ONLY, WITH CONSISTENT SNAPSHOT;
```

【例 12-5】　开启一个读写事务和一致性读。

```
START TRANSACTION READ WRITE, WITH CONSISTENT SNAPSHOT;
```

2. 手动提交事务

　　在事务提交前，事务里所有语句的运行结果都是暂时的，若有需要，随时可以撤销。若想让运行结果永久保存在数据库中，必须提交事务，基本语法格式如下所示。

```
COMMIT [WORK];
```

【例 12-6】　利用事务完成账户 A 转账 1000 元给账户 B 的操作。

　　(1) 创建数据库 bank，创建账户表 accounts，并定义 CHECK 约束使账户余额大于或等于 0。

```
CREATE DATABASE bank;
USE bank;
CREATE TABLE accounts (
    id INT PRIMARY KEY AUTO_INCREMENT COMMENT '账户编号',
    name VARCHAR(30) NOT NULL COMMENT '账户名',
    balance DECIMAL(15,2) COMMENT '账户余额' CHECK (balance >= 0));
```

　　(2) 在账户表 accounts 中添加账户 A 和账户 B 的记录。

```
INSERT INTO accounts VALUES(1,'账户 A',1000);
INSERT INTO accounts VALUES(2,'账户 B',1000);
```

（3）利用事务完成转账操作。

```
START TRANSACTION;
UPDATE accounts SET balance = balance + 500 WHERE id = 2;
UPDATE accounts SET balance = balance - 500 WHERE id = 1;
COMMIT;
```

（4）查看账户表 accounts,可以看到账户 A 和账户 B 的余额分别为 500 元和 1500 元。

```
SELECT * FROM accounts;
```

3. 自动提交事务

事务除了可以手动提交外,也可以自动提交。MySQL 提供了一个用来控制是否自动提交事务的系统变量 autocommit,其值为 1 或 ON 表示自动提交模式开启,值为 0 或 OFF 表示自动提交模式关闭。

可以用以下语句查看系统变量 autocommit 的值,基本语法格式如下所示。

```
#语法 1:
SHOW VARIABLES LIKE 'autocommit';
#语法 2:
SELECT @@autocommit;
```

默认情况下,系统变量 autocommit 的值为 1 或 ON,即 MySQL 默认是采用自动提交模式的。也就是说,如果没有手动开启一个事务,则每个 SQL 语句都被当作一个事务来执行。只有当一个事务由多条 SQL 语句组成时,才需要用 START TRANSACTION 语句手动开启一个事务。

可以根据需要将系统变量 autocommit 的值设置为 0 或 OFF 关闭自动提交功能,基本语法格式如下所示。

```
SET autocommit = 0;
```

📖提示:autocommit 是会话变量,仅在当前命令行窗口有效。

自动提交模式被关闭后,每执行完一条 SQL 语句都需要用 COMMIT 语句手动提交事务,否则就算语句执行成功,结果也不会被保存下来。

4. 隐式提交事务

当用 START TRANSACTION 或 BEGIN 语句手动开启一个事务,或系统变量 autocommit 的值为 0 或 OFF 时,事务就不会自动提交了。但有些语句运行时会隐式地执行一个 COMMIT 命令,导致当前事务自动提交。会导致事务隐式提交的语句如下。

1) 数据定义语言(DDL)

使用 CREATE、ALTER、DROP 等语句创建、修改、删除数据库、数据表、视图、索引、存储过程等数据库对象时,会隐式地提交当前事务。例如:

```
CREATE DATABASE / CREATE TABLE / CREATE VIEW/ CREATE INDEX
ALTER TABLE/RENAME TABLE /ALTER VIEW
DROP DATABASE /DROP TABLE / DROP INDEX
```

2）隐式使用或修改系统数据库 mysql 中的表的语句

在使用 CREATE USER、ALTER USER、DROP USER、GRANT、RENAME USER、REVOKE、SET PASSWORD 等语句时,也会隐式地提交当前事务。

3）事务控制的语句

MySQL 使用的是平面事务模型,不允许事务的嵌套。也就是说,当用 START TRANSACTION 语句开启了第一个事务,没有用 COMMIT 语句提交,又开启第二个事务时,第一个事务会被自动提交。

4）关于锁定的语句

使用 LOCK TABLES、UNLOCK TABLES 等关于锁定的语句也会隐式地提交当前事务。

5）加载数据的语句

使用 LOAD DATA 语句向数据库中批量导入数据时,也会隐式地提交当前事务。

6）关于 MySQL 的复制语句

使用 START SLAVE、STOP SLAVE、RESET SLAVE、CHANGE MASTER TO 等语句时,也会隐式地提交当前事务。

7）其他语句

使用 ANALYZE TABLE、LOAD INDEX INTO CACHE、OPTIMIZE TABLE、REPAIR TABLE、CACHE INDEX、CHECK TABLE、FLUSH、RESET 等语句时,也会隐式地提交当前事务。

5．手动回滚事务

在事务提交之前发现事务中已经执行的语句有问题,可以手动终止事务,将数据恢复到事务执行之前的状态。这个操作叫作事务的回滚或事务的撤销,基本语法格式如下所示。

```
ROLLBACK [WORK];
```

【例 12-7】　在例 12-6 的基础上,在 mysql 命令提示符界面利用事务尝试账户 A 转账 500 元给账户 B 的操作。

（1）手工开启一个事务。

```
START TRANSACTION;
```

（2）给账号 B 增加 500 元。

```
UPDATE accounts SET balance = balance + 500 WHERE id = 2;
```

（3）从账户 A 扣款时,不小心将 500 错写成 100。

```
UPDATE accounts SET balance = balance - 100 WHERE id = 1;
```

（4）手动终止事务,恢复数据到事务开启之前的状态。

```
ROLLBACK;
```

ROLLBACK 语句是程序员在手动回滚事务时使用的。也可以配合存储过程定义事务,在事务执行的过程中因某些错误而无法继续执行时自动回滚整个事务。

【例 12-8】 在例 12-6 创建的数据库 bank 中,创建一个存储过程,配合事务实现转账操作。

(1) 创建实现转账操作的存储过程 transfer。

```
delimiter $$
CREATE PROCEDURE transfer(IN from_id INT,IN to_id INT,IN amount DECIMAL(15,2))
BEGIN
    DECLARE EXIT HANDLER FOR SQLEXCEPTION ROLLBACK;
    START TRANSACTION;
    UPDATE accounts SET balance = balance + amount WHERE id = to_id;
    UPDATE accounts SET balance = balance – amount WHERE id = from_id;
    COMMIT;
END $$
delimiter ;
```

(2) 为了方便后续的验证,将账户表 accounts 中账户 A 和账户 B 的余额都改成 1000 元。

```
UPDATE accounts SET balance = 1000;
```

(3) 调用存储过程,实现账户 A 转账 500 元给账户 B 的操作,并查询账户表 accounts 验证账户 A 和账户 B 的余额。

```
CALL transfer(1,2, 500);
SELECT * FROM accounts;
```

从执行结果可以看到,账户 A 的余额为 500 元,账户 B 的余额为 1500 元,转账成功。

(4) 再次调用存储过程,实现账户 A 转账 1000 元给账户 B 的操作,并查询账户表 accounts 验证账户 A 和账户 B 的余额。

```
CALL transfer(1,2, 1000);
SELECT * FROM accounts;
```

从执行结果可以看到,账户 A 的余额仍为 500 元,账户 B 的余额仍为 1500 元,转账失败。这是因为账户表 accounts 的账户余额 balance 列定义了一个 CHECK 约束,要求账户余额必须大于或等于 0。当账户 A 向账户 B 转账 1000 元时,账户 A 的余额不足,与 CHECK 约束冲突而导致错误,存储过程对出现的错误进行了处理,并将整个事务回滚。

6. 回滚到保存点

默认情况下,用 ROLLBACK 语句回滚事务时,事务中所有的修改都将被撤销。如果不想全部撤销,而是只撤销事务中的一部分操作,则可在指定的位置定义保存点,需要时就可以将事务回滚到指定的保存点。

定义保存点的基本语法格式如下所示。

```
SAVEPOINT 保存点名;
```

将事务回滚到指定保存点的基本语法格式如下所示。

```
ROLLBACK [WORK] TO [SAVEPOINT]保存点名;
```

若不再需要某个保存点,可将其删除,基本语法格式如下所示。

```
RELEASE SAVEPOINT 保存点名;
```

一个事务中可以创建多个保存点,在提交事务后,事务中的保存点就会被删除。在回滚到某个保存点后,在该保存点之后创建过的保存点也会消失。

【例 12-9】　说明以下语句的运行结果。

```
(1) USE bank;
(2) START TRANSACTION;
(3) INSERT INTO accounts VALUES(3,'账户 C',1000);
(4) SAVEPOINT S1;
(5) INSERT INTO accounts VALUES(4,'账户 D',1000);
(6) ROLLBACK TO S1;
(7) DELETE FROM accounts WHERE id = 3;
(8) COMMIT;
```

第 1 条语句切换到 bank 数据库;第 2 条语句开启了一个事务;第 3 条语句在账户表 accounts 中新增一条记录,但没提交;第 4 条语句设置了一个保存点 S1;第 5 条语句在账户表 accounts 中新增一条记录,但没提交;第 6 条语句将事务回滚到保存点 S1,此时第 5 条语句所做修改被撤销了;第 7 条语句删除账户表 accounts 中 id 值为 3 的记录,但没提交;第 8 条语句提交这个事务,最终生效的是第 3、7 条语句的执行结果。

12.2.3　事务的隔离级别

如果所有的事务都是按照顺序一个一个单独执行,互不干涉,就不会产生任何的问题。但 MySQL 采用 C/S 架构,允许多用户、多线程同时访问数据库,这样可能会出现冲突,导致数据不一致。

1. 并发事务导致的一致性问题

并发事务同时访问同一数据,可能会出现脏写、脏读、不可重复读、幻读等一致性问题,其严重程度排序:脏写 > 脏读 > 不可重复读 > 幻读。

(1) 脏写(Dirty Write):两个事务同时修改同一份数据,其中一个事务修改了另一个事务未提交的数据,导致该事务更新的数据丢失。脏写本质上是写操作与写操作的冲突。

(2) 脏读(Dirty Read):某个事务已更新一份数据但尚未提交,另一个事务在此时读取了同一份数据,前一个事务由于某些原因撤销了操作,这样就造成后一个事务所读取的数据是不正确的。脏读本质上是写操作与读操作的冲突。

(3) 不可重复读(Non-Repeatable Read):一个事务修改了另一个未提交事务读取的数

据,导致该事务两次读取同一个数据,两次读取的数据不一致。不可重复读本质上是写操作与读操作的冲突。

(4) 幻读(Phantom):一个事务根据某些搜索条件进行查询,另一个事务又通过INSERT、UPDATE 或 DELETE 等语句修改了一些符合这些搜索条件的记录,导致这个事务两次对数据记录进行查询,所得的结果不一致。幻读本质上是读操作与写操作的冲突。

2. 事务的隔离级别

要解决上面所说的一致性问题,必须确保事务的隔离性。而最简单粗暴的办法就是串行执行,即同一时刻只允许一个事务运行,其他事务只能在该事务执行完之后才可以开始执行。但这样会增加事务的等待时间,严重降低系统的性能和资源利用率。

MySQL 提供了四种隔离级别,隔离性越高,并发性越低,按隔离性从低到高排序如下。

(1) READ UNCOMMITTED(未提交读):提供了事务之间最小限度的隔离,可以读到其他事务还没有提交的数据,可能发生脏读、不可重复读、幻读现象。

(2) READ COMMITTED(提交读):隔离性较高,可以看到其他事务提交的数据,可能发生不可重复读、幻读现象,但可避免脏读现象。

(3) REPEATABLE READ(可重复读):同一个事务中执行同条 SELECT 语句数次,结果总是相同的,可能发生幻读现象,但可避免脏读、不可重复读现象。实际上,MySQL 采用了特殊机制可以在 REPEATABLE READ 隔离级别下很大程度上避免发生幻读现象。

(4) SERIALIZABLE(序列化):事务串行化顺序执行,可以避免脏读、不可重复读、幻读现象,但会导致数据库性能低下,一般不使用。

由于脏写会导致严重的数据一致性问题,所以所有的隔离级别都禁止脏写情况的发生。

MySQL 的默认隔离级别为 REPEATABLE READ,这个隔离级别适用于大多数应用程序。隔离级别越低,并发性能越好,安全性越低,越可能发生严重的问题。可以根据需要选择合适的隔离级别,舍弃一部分隔离性来换取更好的性能。

3. 设置事务的隔离级别

每一个事务都有一个隔离级别,它定义了事务彼此之间隔离和交互的程度。当然,只有支持事务的存储引擎才可以定义隔离级别。定义隔离级别的基本语法格式如下所示。

```
SET [GLOBAL | SESSION] TRANSACTION ISOLATION LEVEL
    {SERLALIZABLE | REPEATABLE READ | READ COMMITTED | READ UNCOMMITTED};
```

语法说明如下。

- GLOBAL 是全局的隔离级别,适用于所有的 SQL 用户。
- SESSION 是会话隔离级别,适用于当前的会话和连接。
- 如果上述两个关键词都不使用,说明定义的是下一个事务的隔离级别,只对当前会话执行 SET 语句后的下一个事务产生影响。

事务的隔离级别保存在系统变量 transaction_isolation 中,也可以用 SET 命令直接修改对应变量的值来设置事务的隔离级别,基本语法格式如下所示。

```
SET @@global.transaction_isolation | @@session.transaction_isolation | @@transaction_
isolation = {'SERLALIZABLE | REPEATABLE - READ | READ - COMMITTED | READ - UNCOMMITTED' };
```

4．查看事务的隔离级别

MySQL 8.0 可以使用系统变量 transaction_isolation 查看事务的隔离级别，基本语法格式如下所示。

1）查看全局的隔离级别

```
# 语法 1：
SELECT @@global.transaction_isolation;
# 语法 2：
SHOW GLOBAL VARIABLES LIKE 'transaction_isolation';
```

2）查看会话的隔离级别

```
# 语法 1：
SELECT @@session.transaction_isolation;
# 语法 2：
SHOW SESSION VARIABLES LIKE 'transaction_isolation';
```

3）查看下一个事务的隔离级别

```
# 语法 1：
SELECT @@transaction_isolation;
# 语法 2：
SHOW VARIABLES LIKE 'transaction_isolation';
```

📖提示：MySQL 8.0 之前版本事务的隔离级别可以用系统变量 tx_isolation 查看。

【例 12-10】　设置当前会话的隔离级别为 READ COMMITTED 并进行验证。

```
SET session transaction isolation level read committed;
-- 等价于
SET @@session.transaction_isolation = 'read-committed';
SELECT @@session.transaction_isolation;
```

12.3　并发控制

视频讲解

前面讲到，多用户并发执行事务访问同一个数据库时，可能引发脏写、脏读、不可重复读、幻读等一致性问题。并发事务访问相同记录的情况，可分为以下三种。

1．读-读

即多个并发事务相继读取相同的记录。这种情况是允许的，因为读取操作不会修改记录的内容。

2．写-写

即多个并发事务相继对相同的记录进行修改。这种情况下会发生"脏写"现象，任何一种隔离级别都不允许这种现象发生。此时，需要通过锁机制，使这些未提交的并发事务排队依次执行。

当一个事务想对这条记录进行改动时,需要先加锁,加锁成功事务才能继续操作;若加锁失败事务需要等待。

3. 读-写或写-读

即一个事务在进行读操作,另一个事务在进行写操作。这种情况下可能会出现脏读、不可重复读、幻读的现象。MySQL 采用了以下两种解决方案。

(1) 读操作使用多版本并发控制(MVCC),写操作进行加锁。

(2) 读操作和写操作都采用加锁的方式。

采用 MVCC 方式,读操作和写操作彼此并不冲突,性能更高。而采用加锁方式,读操作和写操作需要排队执行,从而影响性能。

一般情况下,可以采用 MVCC 来解决读操作和写操作并发执行的问题,但一些业务场景要求每次都必须读取记录的最新版,不允许读取记录的旧版本,这种情况下就只能采用加锁的方式了。

12.3.1　MVCC

MVCC(Multi-Version Concurrency Control,多版本并发控制)是一种用来解决读-写冲突的无锁并发控制机制,在数据库中用来控制并发执行的事务,使事务隔离进行。其本质是为了在进行读操作时代替加锁,减少加锁带来的负担。写操作使用记录的最新版本,读操作使用记录的历史版本,这样使不同事务的读-写、写-读操作可以并发执行,提高数据库并发性能。

MVCC 是通过保存数据在某个时间点的快照(Read View)来进行控制的。同一个数据记录可以拥有多个不同的版本,并通过聚簇索引记录和 undo 日志的 roll_pointer 属性串联成一个记录的版本链,通过生成的快照来判断记录的某个版本的可见性。在查询时通过添加相对应的约束条件,获取用户想要的对应版本的数据。

MVCC 只适用于 MySQL 隔离级别中的 READ COMMITTED(提交读)和 REPEATABLE READ(可重复读)级别。MVCC 其实就是使用这两种隔离级别的事务执行普通的读操作时访问记录的版本链的过程。

1. MVCC 与四种隔离级别的关系

1) READ UNCOMMITTED(未提交读)

由于存在脏读,即能读到未提交事务的数据行,所以不适用 MVCC。

2) SERIALIZABLE(序列化)

由于 InnoDB 会对所涉及的表加锁,并非行级锁,不存在行的版本控制问题,所以也不适用 MVCC。

3) READ COMMITTED(提交读)

每次读取数据时都生成一个快照,更新旧的快照,保证能读取到其他事务已经提交的内容。

4) REPEATABLE READ(可重复读)

只在第一次读取数据时生成一个快照,以后不会再更新,后续所有的读操作都是复用这个快照,可以保证每次读操作的一致性。

由此可见,虽然 REPEATABLE READ(可重复读)比 READ COMMITTED(提交读)

隔离级别高,但是开销反而相对少,因为不用频繁更新快照。

2．两种读取数据记录的方式

1）当前读

读取当前数据的最新版本,而且读取到这个数据之后会对这个数据加锁,防止别的事务更改。在进行写操作时就需要进行"当前读",读取数据记录的最新版本。

2）快照读

其实就是读取 MVCC 中的快照,可以读取数据的所有版本信息,包括旧版本的信息。也就是说,"快照读"读到的不一定是数据的最新版本,有可能是之前的历史版本。

在 READ COMMITTED(提交读)隔离级别下,"快照读"和"当前读"结果一样,都是读取已提交的最新版本数据。

在 REPEATABLE READ(可重复读)隔离级别下,"当前读"是其他事务已经提交的最新版本数据,"快照读"是当前事务之前读到的版本,创建快照的时机决定了读到的版本。

在 MySQL 中,MVCC 是由记录中的三个隐式列、undo 日志和快照等来实现的,具体的实现原理由于篇幅所限,不再展开说明,请自行查阅相关资料。

12.3.2　锁机制

MySQL 支持不同的存储引擎,不同存储引擎的锁定机制也是不同的。例如:MyISAM和 MEMORY 存储引擎只支持表级锁;InnoDB 存储引擎既支持行级锁,也支持表级锁,但默认情况下采用行级锁。

1．锁的分类

1）按锁粒度分类

理论上,每次只锁定当前操作的数据,会得到最大的并发度,但是管理锁是很耗费资源的事情。因此,数据库系统需要在高并发响应和系统性能两方面进行平衡,这样就产生了"锁粒度"的概念。

锁粒度,即锁定的数据范围,可以衡量管理锁的开销和并发性能的关系。锁粒度越大,锁定范围越大,管理锁的开销越小,并发性越差。按锁粒度从大到小,可分为以下三种锁。

(1)表级锁(Table-level Locking):也称表锁,用于锁定某个表。根据锁定的类型,其他用户不能向表中插入记录,甚至从中读数据也受到限制。表级锁有读锁和写锁两种类型。

表级锁的特点是开销小,加锁快;不会出现死锁;锁定粒度大,发生锁冲突的概率最高,并发度最低。

(2)页级锁(Page-level Locking):用于锁定数据记录所在的某个页,是 MySQL 中比较独特的一种锁定级别,在其他数据库管理软件中并不常见。页是磁盘和内存之间交互的基本单位,页的大小一般为 16KB。

页级锁的特点是开销和加锁时间介于表锁和行锁之间;会出现死锁;锁定粒度介于表锁和行锁之间,并发度一般。

(3)行级锁(Row-level Locking):也称行锁,用于锁定某行(即某条记录)。在这种情况下,只有线程使用的行是被锁定的,表中的其他行对于其他线程都是可用的,所以行级锁可以最大限度地支持并发处理。行级锁定并不是由 MySQL 提供的锁定机制,而是由存储引擎自己实现的,其中 InnoDB 的锁定机制就是行级锁定。

行级锁的特点是开销大,加锁慢;会出现死锁;锁定粒度最小,发生锁冲突的概率最低,并发度也最高。行级锁有排他锁、共享锁和意向锁三种类型。

表级锁由数据库服务器实现,行级锁由存储引擎实现。数据锁定的范围越小,数据库的并发性越好。

2)按对数据库操作的类型分类

事务可以对数据库进行读或写操作,按对数据库操作的类型分,可分为以下四种锁。

(1)共享锁(Shared Lock):也叫读锁,简称 S 锁。事务要读取一条记录时,需要先获取该记录的共享锁。读操作不会修改记录数据,多个读操作可以同时进行,不会互相影响,多个事务可以同时给同一记录加共享锁。有了共享锁,就不能获取排他锁了。

(2)排他锁(Exclusive Lock):也叫独占锁、写锁,简称 X 锁。事务要改动一条记录时,需要先获取该记录的排他锁。当前事务的写操作完成之前,它会阻断其他排他锁和共享锁。当前事务提交之后,排他锁会被释放。

(3)意向共享锁(Intention Shared Lock):简称 IS 锁。当事务准备在某条记录上添加共享锁时,需要先在表级别添加一个意向共享锁。

(4)意向排他锁(Intention Exclusive Lock):简称 IX 锁。当事务准备在某条记录上添加排他锁时,需要先在表级别添加一个意向排他锁。

📖提示:意向共享锁、意向排他锁是表级锁,MySQL 设计它们的目的是在之后加表级共享锁和排他锁时,可以快速判断表中的记录是否被上锁,以避免用遍历的方式来查看表中有没有上锁的记录。表级别的这四种锁的兼容关系如表 12-1 所示。

表 12-1　表级别锁的兼容关系

兼　容　性	意向共享锁	意向排他锁	共　享　锁	排　他　锁
意向共享锁	兼容	兼容	兼容	不兼容
意向排他锁	兼容	兼容	不兼容	不兼容
共享锁	兼容	不兼容	兼容	不兼容
排他锁	不兼容	不兼容	不兼容	不兼容

2. 管理 InnoDB 存储引擎中的锁

1)表级别的共享锁和排他锁

(1)设置表级锁的基本语法格式如下所示。

```
LOCK TABLES tbl_name [[AS] alias] lock_type [, tbl_name [[AS] alias] READ|WRITE]...;
```

语法说明如下。

- tbl_name [[AS] alias]是"表名[as 别名]"。
- READ 是给表加共享锁。
- WRITE 是给表加排他锁。

(2)加锁完成对数据表的操作后,需要解锁,基本语法格式如下所示。

```
UNLOCK TABLES;
```

提示：InnoDB 存储引擎中表级别的共享锁和排他锁只会在一些特殊情况下(例如系统崩溃恢复时)用到，在对某个表执行 SELECT、INSERT、UPDATE、DELETE 等语句时，InnoDB 存储引擎是不会为这个表添加表级别的共享锁或排他锁的。当然，用户可以根据需要，在使用 InnoDB 存储引擎的表上用 LOCK TABLES 这样的手动锁表语句手工添加表级锁，但是应该尽量避免，因为这不但不能提供额外的保护，反而会降低并发能力。

另外，在对某个表执行诸如 ALTER TABLE、DROP TABLE 等的 DDL 语句时，其他事务在对这个表并发执行诸如 SELECT、INSERT、DELETE、UPDATE 等 DML 语句时，会发生阻塞。同理，某个事务在对某个表执行 DML 语句时，其他对这个表执行 DDL 语句的事务也会被阻塞。

这个过程是通过在服务器层使用元数据锁(MetaData Lock，MDL)来实现的，一般情况下不会使用存储引擎提供的表级别的共享锁和排他锁。

元数据锁由于篇幅所限，在此不做介绍，请自行查阅其他资料。

【例 12-11】 以共享锁的方式锁定 bank 数据库中的账户表 accounts。

(1) 给账户表 accounts 加共享锁。

```
LOCK TABLES accounts READ;
```

(2) 查询账户表 accounts 的数据。

```
SELECT * FROM accounts;
```

可以查询到账户表 accounts 里的所有记录，说明给表加共享锁之后，可以对表进行正常的读操作。

(3) 删除表的一条记录。

```
DELETE FROM accounts WHERE ID = 3;
```

此时删除记录出错，提示错误信息：[Err] 1099 - Table 'accounts' was locked with a READ lock and can't be updated，说明在加共享锁后，无法对表进行删除操作。

(4) 保持现有会话窗口不关闭，在一个新的会话窗口中查询账户表 accounts 的数据。

```
SELECT * FROM accounts;
```

可以在新的会话窗口中查询到账户表 accounts 中的所有记录，说明共享锁可以与其他会话兼容。

(5) 继续在这个新会话窗口添加一条插入语句。

```
INSERT INTO accounts VALUES(10,'账户10',1000);
```

从执行结果可以看到，该语句一直处于"处理中"的等待状态，没有结果显示。因为账户表 accounts 加了共享锁，其他用户是不可以对其进行写操作的。

(6) 在之前的会话窗口输入解锁语句。

```
UNLOCK TABLES;
```

从执行结果可以看到,账户表 accounts 的共享锁解除之后,插入语句马上执行成功,可用查询语句查询到新增的记录,只是这个插入语句的执行时间为等待时间与语句的执行时间之和。

2) 行级别的共享锁和排他锁

当用户对 InnoDB 存储引擎的表执行 INSERT、UPDATE、DELETE 等写操作前,存储引擎会自动为相关记录添加行级排他锁。语句执行完毕时,存储引擎再自动为其解锁。

但对于普通的 SELECT 语句,InnoDB 存储引擎是不会自动加锁的。若要保证当前事务中查询出的数据不会被其他事务更新或删除,避免出现脏读、不可重复读、幻读等一致性问题,需要为查询操作显式地添加行级别的共享锁和排他锁。

(1) 在查询语句中设置行级共享锁,基本语法格式如下所示。

```
SELECT 语句 FOR SHARE [NOWAIT | SKIP LOCKED] | LOCK IN SHARE MODE;
```

语法说明如下。

- FOR SHARE 表示查询时添加行级共享锁,后面可以跟 NOWAIT | SKIP LOCKED,这两个参数是 MySQL 8.0 的新特性。
- NOWAIT 是可选选项,表示使 FOR SHARE 或 FOR UPDATE 查询立即执行,如果由于另一个事务持有的锁而无法获取行锁,则返回错误。
- SKIP LOCKED 是可选选项,表示立即执行 FOR SHARE 或 FOR UPDATE 查询,结果集中不包括由另一个事务锁定的行。
- LOCK IN SHARE MODE 也表示在查询时添加行级共享锁,与 FOR SHARE 功能相同。

(2) 在查询语句中设置行级排他锁,基本语法格式如下所示。

```
SELECT 语句 FOR UPDATE [NOWAIT | SKIP LOCKED];
```

语法说明:FOR UPDATE 表示在查询时添加行级排他锁,后面可以跟 NOWAIT | SKIP LOCKED 参数,含义同上。

📖提示:上述行级锁的生命周期非常短暂,可以通过手动开启事务来延长行级锁的生命周期,事务中行级锁的生命周期从加锁开始,直到事务提交或回滚才结束。

【例 12-12】 在 bank 数据库中的账户表 accounts 上添加行级锁。

(1) 打开两个会话窗口,并都切换到 bank 数据库。

(2) 在会话窗口 1 中,为 accounts 表中 id 值为 1 的行添加排他锁。

```
START TRANSACTION; SELECT * FROM accounts WHERE id = 1 FOR UPDATE;
```

(3) 在会话窗口 2 中,输入下面代码。

```
START TRANSACTION; SELECT * FROM accounts WHERE id = 1;
```

执行上述代码后，可以正常查询账户 A 的信息。

（4）在会话窗口 2 继续输入下面的 SQL 语句。

```
UPDATE accounts SET balance = 3000 WHERE id = 1;
```

执行上述代码后，一直在处理中，没有结果显示，进入排他锁等待状态。等待一段时间后，会显示“[Err]1205 -Lock wait timeout exceeded; try restarting transaction”的锁等待超时提示。

如果在会话窗口 2 等待的时间内，在会话窗口 1 输入“ROLLBACK;”命令，则会话窗口 2 会马上执行成功。

（5）在会话窗口 2 中输入“ROLLBACK;”语句或“COMMIT;”语句结束事务。

提示： 行级锁只适用于 InnoDB 存储引擎，如果表不是 InnoDB 存储引擎，可以使用“ALTER TABLE tablename ENGINE = 存储引擎名称;”语句进行更改。当然，在数据量很庞大的实际生产环境中，最好不要随便更改存储引擎。

可以使用下面语句查看表的存储引擎，执行结果如图 12-2 所示。

```
SHOW TABLE STATUS LIKE 'accounts' \G
```

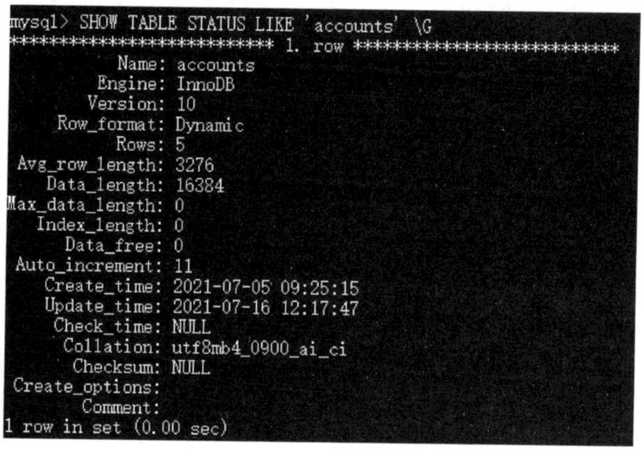

```
mysql> SHOW TABLE STATUS LIKE 'accounts' \G
*************************** 1. row ***************************
           Name: accounts
         Engine: InnoDB
        Version: 10
     Row_format: Dynamic
           Rows: 5
 Avg_row_length: 3276
    Data_length: 16384
Max_data_length: 0
   Index_length: 0
      Data_free: 0
 Auto_increment: 11
    Create_time: 2021-07-05 09:25:15
    Update_time: 2021-07-16 12:17:47
     Check_time: NULL
      Collation: utf8mb4_0900_ai_ci
       Checksum: NULL
 Create_options:
        Comment:
1 row in set (0.00 sec)
```

图 12-2 查看表的存储引擎

3. InnoDB 中常用的行级锁类型

InnoDB 存储引擎常用的行级锁类型有如下三种。

（1）Record Lock：记录锁，只对记录本身加锁，通过对索引行加锁实现。即使一张表没有定义任何索引，记录锁也会锁定索引记录。如果表在建立的时候没有设置任何一个索引，InnoDB 存储引擎会使用隐式的主键来进行锁定。

（2）Gap Lock：间隙锁，用于锁住记录间的间隙，防止别的事务向该间隙插入新记录，针对 REPEATABLE READ（可重复读）事务隔离级别而设置，可以最大限度防止幻读现象发生。

（3）Next-key Lock：Record Lock 和 Gap Lock 的结合体，既保护记录本身，也防止别的事务向该间隙插入新记录。InnoDB 存储引擎对于行的查询都采用这种锁定方式。

4. 查看事务加锁情况

在 InnoDB 存储引擎中,可以用以下方法,查看事务的加锁情况。

(1) 在 MySQL 控制台下使用如下语句。

```
SHOW ENGINE INNODB STATUS \G
```

此命令输出的信息量非常大,分为多段输出,每一段对应 InnoDB 存储引擎不同部分的信息,可以让用户了解 InnoDB 存储引擎的运行状态,对于开发和维护人员有很大的利用价值,尤其是在进行死锁分析和性能调优时。

其中的 TRANSACTIONS 部分是关于事务的统计信息,但只用这个语句还无法显示到底哪个事务对哪些记录加了哪些锁。可以先将系统变量 innodb_status_output_locks 设置为 ON,再运行此命令,SQL 语句运行如下。

```
SET GLOBAL innodb_status_output_locks = ON;
SHOW ENGINE INNODB STATUS \G
```

以例 12-12 的事务为例,TRANSACTIONS 部分输出如下。

```
…… 此处省略很多输出信息
------------
TRANSACTIONS
------------
Trx id counter 3860
Purge done for trx's n:o < 3853 undo n:o < 0 state: running but idle
History list length 2
LIST OF TRANSACTIONS FOR EACH SESSION:
…… 此处省略很多输出信息
--- TRANSACTION 3859, ACTIVE 5 sec starting index read
mysql tables in use 1, locked 1
LOCK WAIT 2 lock struct(s), heap size 1136, 1 row lock(s)
MySQL thread id 22, OS thread handle 16764, query id 237 localhost 127.0.0.1 root updating
UPDATE accounts SET balance = 3000 WHERE id = 1
------- TRX HAS BEEN WAITING 5 SEC FOR THIS LOCK TO BE GRANTED:
RECORD LOCKS space id 27 page no 4 n bits 72 index PRIMARY of table `bank1`.`accounts` trx id
3859 lock_mode X locks rec but not gap waiting
Record lock, heap no 2 PHYSICAL RECORD: n_fields 5; compact format; info bits 0
 0: len 4; hex 80000001; asc           ;;
 1: len 6; hex 000000000b99; asc           ;;
 2: len 7; hex 010000012b0271; asc      + q;;
 3: len 7; hex e8b4a6e688b741; asc      A;;
 4: len 7; hex 8000000001f400; asc           ;;
------------
TABLE LOCK table `bank1`.`accounts` trx id 3859 lock mode IX
…… 此处省略很多输出信息
```

这样,哪个事务为哪些记录加了哪些锁,就显示得很清楚了。部分输出分析如下。

① RECORD LOCKS space id 27 page no 4 n bits 72 index PRIMARY of table 'bank1'.

'accounts' trx id 3859 lock_mode X locks rec but not gap waiting

这里的输出表示一个锁结构，space id 是 27，page no 是 4，n_bits 属性值为 72，对应的索引为聚簇索引 PRIMARY，存放的锁类型是 X 型记录锁（排他锁）。这条语句后面的输出是加锁记录的详细信息。

② TABLE LOCK table 'bank1'. 'accounts' trx id 3859 lock modeIX

这里的输出表示 id 为 3859 的事务对 bank 数据库中的 accounts 表加了表级别的意向排他锁。

（2）可以通过系统数据库 information_schema 中的 INNODB_TRX 表查看当前正在执行的事务信息，部分输出如图 12-3 所示。

```
mysql> SELECT * FROM information_schema.INNODB_TRX\G
*************************** 1. row ***************************
                    trx_id: 3858
                 trx_state: RUNNING
               trx_started: 2021-07-16 17:15:31
     trx_requested_lock_id: NULL
          trx_wait_started: NULL
                trx_weight: 2
       trx_mysql_thread_id: 14
                 trx_query: NULL
       trx_operation_state: NULL
         trx_tables_in_use: 0
         trx_tables_locked: 1
          trx_lock_structs: 2
     trx_lock_memory_bytes: 1136
           trx_rows_locked: 1
         trx_rows_modified: 0
   trx_concurrency_tickets: 0
       trx_isolation_level: REPEATABLE READ
```

图 12-3 INNODB_TRX 表的部分输出

从上面的输出可以看到事务的 id、状态、开始时间、隔离级别等信息。其中 trx_tables_locked 表示该事务加了多少个表级锁，trx_rows_locked 表示加了多少个行级锁，trx_lock_structs 表示该事务生成了多少个内存中的锁结构。

5. 死锁

死锁（Dead Lock）是指两个或两个以上的进程需要使用相同的数据，在执行过程中，一直处于等待对方释放资源的状态，若无外力作用，它们将一直处于等待状态，这样就产生了死锁。

MySQL 检测到死锁时，会选择一个较小的事务进行回滚，并提示错误信息：[Err] 1213 -Deadlock found when trying to get lock; try restarting transaction。

提示：所谓较小的事务是指在事务执行过程中受影响的记录条数较少的事务。

在 MySQL 8.0 中，如果获取不到锁，添加 NOWAIT、SKIP LOCKED 参数会跳过锁等待，或跳过锁定。

可以使用“SHOW ENGINE INNODB STATUS \G”语句查看最近发生的一次死锁信息。如果死锁频繁发生，可以将全局系统变量 innodb_print_all_deadlocks 设置为 ON，将每次死锁发生时的信息都记录在 MySQL 的错误日志中，这样就可以通过查看错误日志来分析更多的死锁情况。

```
SET GLOBAL innodb_print_all_deadlocks = ON;
```

12.4 实践练习

📖**注意**：运行脚本文件 Ex-Chapter12-Database.sql 创建数据库 teachingsys，并在该数据库下完成练习。

（1）分析并运行下面代码，说明运行结果的含义。

```
START TRANSACTION;
DELETE FROM students WHERE classcode = 'IN-19SE1';
SELECT * FROM students WHERE classcode = 'IN-19SE1';
ROLLBACK;
SELECT * FROM students WHERE classcode = 'IN-19SE1';
```

（2）分析并运行下面代码，说明运行结果的含义。

```
START TRANSACTION;
INSERT INTO courses VALUES ('6', '数据库原理及安全应用', '4');
SAVEPOINT S1;
DELETE FROM courses WHERE crsid = 6;
SELECT * FROM courses;
ROLLBACK TO SAVEPOINT S1;
SELECT * FROM courses;
COMMIT;
```

（3）定义一个事务完成以下操作。

- 在学生表 students 中新增一条学生记录(学生姓名为自己的名字，其他列内容自定)。
- 在课程表 courses 中新增一条课程记录(记录内容自定)。
- 在选修表 studying 中新增了学生选修新增课程的记录。

（4）查看事务的隔离级别。

（5）在学生表 students 上添加一个表级别的共享锁，并验证该共享锁。

（6）在学生表 students 上添加一个表级别的排他锁，并验证该排他锁。

（7）解除学生表 students 的锁。

（8）查询第(3)题中添加的学生记录，查询的同时为该记录添加行级排他锁，并验证该锁。

图书销售系统实验数据

图书销售系统是基于"浏览器/服务器"模式的图书销售电子商务网站系统。该网站使用的数据库管理系统是 MySQL,使用的服务器和客户端操作系统均是 Windows 10(64位)。该系统使用的数据库名字是 booksale。

1. 表中的数据

数据库中的数据保存在 6 个表中,如表 A-1~表 A-6 所示。

表 A-1　图书类别表 categories 中的实验数据

ctgcode	ctgname	ctgcode	ctgname
computer	计算机	language	语言
fiction	小说	life	生活

表 A-2　图书表 books 中的实验数据

bookid	title	isbn	author	unitprice	ctgcode
1	Web 前端开发基础入门	978-7-3025-7626-6	张颖	65.00	computer
2	计算机网络(第 7 版)	978-7-1213-0295-4	谢希仁	49.00	computer
3	网络实验教程	978-7-1213-9039-5	张举	32.00	computer
4	Java 编程思想	978-7-1112-1382-6	埃克尔	107.00	computer
5	托福词汇真经	978-7-5213-2173-9	刘洪波	65.90	language
6	好喝的粥	978-7-5184-1973-9		60.00	life
7	环球国家地理百科全书	978-7-5502-7510-2	张越平	80.00	life
8	托福考试_冲刺试题	978-7-5619-3674-0		40.00	language
9	狼图腾	978-7-535-42730-4	姜戎	32.00	fiction
10	战争与和平	978-7-5387-6100-9	列夫·托尔斯泰	188.00	fiction

表 A-3　顾客表 customers 中的实验数据

cstid	cstname	cellphone	postcode	address	emailaddress	password
1	张志远	13827659808	300350	天津市津南区雅观路 23 号	zhzy79@bs.com	12345678
2	李明宇	13609119756	300202	天津市大沽南路 362 号	limingyu80@bs.com	12345678
3	Scottfield	13798005683	100096	北京市新龙城 3 号楼 101 室	scottfield@bs.com	12345678
4	Andrew	13019909505	300202	上海市浦东新区拱极路 2626 弄 42 号	andrew@bs.com	12345678

表 A-4　订单表 orders 中的实验数据

orderid	orderdate	shipdate	cstid
1	2021-04-14	2021-04-17	3
2	2021-04-15	2021-04-18	1
3	2021-04-21	2021-04-22	1
4	2021-05-13	2021-05-14	2
5	2021-05-15		3
6	2021-05-16		4

表 A-5　订单项目表 orderitems 中的实验数据

orderid	bookid	quantity	price
1	1	1	60.00
1	2	1	45.50
2	7	12	80.00
3	9	1	25.60
3	10	1	138.40
4	1	2	60.00
4	2	10	45.50
4	5	2	55.60
4	10	1	138.40
5	4	15	100.00
6	7	5	80.00

表 A-6　评论表 comments 中的实验数据

cmmid	cstid	rating	comment	bookid
1	1	5	内容非常全面	1
2	2	4	感觉有些难	2

2. 表的结构

表 A-7~A-12 是对 6 个表的结构的说明,包括表中列的定义以及约束等

表 A-7　类别表 categories 的结构

列　名	数据类型	允许空	约　束	其　他	说　明
ctgcode	VARCHAR(20)	×	主键		图书类别代号
ctgname	VARCHAR(50)	×			图书类别名称

表 A-8　图书表 books 的结构

列　名	数据类型	允许空	约　束	其　他	说　明
bookid	INT	×	主键	自增	图书编号
title	VARCHAR(50)	×			书名

列　名	数据类型	允许空	约　束	其　他	说　明
isbn	CHAR(17)	×	唯一约束		ISBN 编号
author	VARCHAR(50)	√			作者
unitprice	DECIMAL(6，2)	√			单价
ctgcode	VARCHAR(20)	√	外键		类别代号

表 A-9　顾客表 customers 的结构

列　名	数据类型	允许空	约　束	其　他	说　明
cstid	INT	×	主键	自增	顾客编号
cstname	VARCHAR(20)	×			顾客姓名
cellphone	VARCHAR(11)	×			电话号码
postcode	VARCHAR(6)	√			邮政编码
address	VARCHAR(50)	×			家庭住址
emailaddress	VARCHAR(50)	×	唯一约束		电子邮件地址
password	VARCHAR(50)	×			登录密码

表 A-10　订单表 orders 的结构

列　名	数据类型	允许空	约　束	其　他	说　明
orderid	INT	×	主键	自增	订单编号
orderdate	TIMESTAMP	×	默认值 CURRENT_TIMESTAMP		订购日期
shipdate	DATETIME	√			发货日期
cstid	INT	×	外键		顾客编号

表 A-11　订单项目表 orderitems 的结构

列　名	数据类型	允许空	约　束		其　他	说　明
orderid	INT	×	主键	外键		订单编号
bookid	INT	×		外键		图书编号
quantity	INT	×	默认值 1			订购数量
price	DECIMAL(6，2)	√				销售价格

表 A-12　评论表 comments 的结构

列　名	数据类型	允许空	约　束	其　他	说　明
cmmid	INT	×	主键	自增	评价编号
cstid	INT	×	外键		顾客编号
rating	TINYINT	×	默认值 5		等级
comment	VARCHAR(200)	×			评价内容
bookid	INT	×	外键		图书编号

附录B 教学管理系统实验数据

教学管理系统是基于"客户端/服务器"模式的教学管理应用系统。该应用系统使用的数据库管理系统是 MySQL,使用的服务器和客户端操作系统均是 Windows 10(64 位)。该系统使用的数据库名字是 teachingsys。

1. 表中的数据

数据库中的数据保存在 6 个表中,如表 B-1～表 B-6 所示。

表 B-1　系部表 departments 中的实验数据

dptcode	dptname
INDE	信息工程系
MADE	机械工程系
ELDE	电气工程系

表 B-2　班级表 classes 中的实验数据

classcode	classname	dptcode
EL-20EL1	20 应用电子 1 班	ELDE
IN-19SE1	19 信息安全技术 1 班	INDE
IN-20SE1	20 信息安全技术 1 班	INDE
IN-20SF1	20 软件技术 1 班	INDE

表 B-3　学生表 students 中的实验数据

stdid	stdname	dob	gender	classcode
1	陈方方	2000-10-15	女	IN-19SE1
2	王志峰	2001-1-9	男	IN-19SE1
3	陶丽萍	2001-12-27	女	IN-20SE1
4	魏薇	2001-11-3	女	IN-20SE1
5	韩鹏	2002-3-5	男	IN-20SE1
6	焦平凡	2002-5-20	男	IN-20SF1
7	刘克英	2001-9-29	女	IN-20SF1
8	张志民	2001-11-11	男	EL-20EL1
9	李想	2002-3-19	男	EL-20EL1
10	刘艳平	2001-12-12	女	EL-20EL1

表 B-4　教师表 teachers 中的实验数据

tchid	tchname	protitle	dptcode
1	夏文	讲师	INDE
2	万茂丰	副教授	INDE
3	董梅	副教授	ELDE
4	李海朋	讲师	MADE

表 B-5　课程表 courses 中的实验数据

crsid	crsname	credit
1	工业互联网安全基础	2
2	信息安全导论	3
3	Web 应用程序开发	3
4	计算机组成原理	4
5	数据结构与算法	4

表 B-6　选修表 studying 中的实验数据

stdid	crsid	tchid	semester	mark
3	1	2	2020-2021-02	
3	3	2	2020-2021-01	77
4	1	2	2020-2021-02	78
4	2	2	2020-2021-02	98
4	3	2	2020-2021-01	76
5	1	2	2020-2021-02	89
5	3	2	2020-2021-01	88
6	2	2	2020-2021-02	
6	4	1	2020-2021-02	80
6	5	1	2020-2021-01	76
7	4	1	2020-2021-02	65
7	5	1	2020-2021-01	82

2．表的结构

表 B-7～B-12 是对 6 个表的结构的说明,包括表中列的定义以及约束等。

表 B-7　系部表 departments 的结构

列　名	数据类型	允许空	约　束	其　他	说　明
dptcode	CHAR(4)	×	主键		系代号
dptname	VARCHAR(50)	×	唯一性约束		系名称

表 B-8　班级表 classes 的结构

列　名	数据类型	允许空	约　束	其　他	说　明
classcode	CHAR(8)	×	主键		班级代号
classname	VARCHAR(50)	×	唯一性约束		班级名称
dptcode	CHAR(4)	×	外键		系代号

表 B-9　学生表 students 的结构

列　名	数据类型	允许空	约　束	其　他	说　明
stdid	INT	×	主键	自增	学号
stdname	VARCHAR(20)	×			学生姓名
dob	DATE	√			出生日期
gender	CHAR(1)	×	默认值 '男'		性别
classcode	CHAR(8)	√	外键		班级代号

表 B-10　教师表 teachers 的结构

列　名	数据类型	允许空	约　束	其　他	说　明
tchid	INT	×	主键	自增	教师编号
tchname	VARCHAR(20)	×			教师姓名
protitle	VARCHAR(20)	√			职称
dptcode	CHAR(4)	×	外键		系代号

表 B-11　课程表 courses 的结构

列　名	数据类型	允许空	约　束	其　他	说　明
crsid	INT	×	主键	自增	课程编号
crsname	VARHCAR(50)	×	唯一性约束		课程名称
credit	TINYINT	×			学分

表 B-12　选修表 studying 的结构

列　名	数据类型	允许空	约　束		其　他	说　明
stdid	INT	×	主键	外键		学号
crsid	INT	×		外键		课程编号
tchid	INT	×	外键			教师编号
semester	CHAR(12)	×				学期
mark	DECIMAL(5,2)	√				成绩

图书资源支持

感谢您一直以来对清华版图书的支持和爱护。为了配合本书的使用,本书提供配套的资源,有需求的读者请扫描下方的"书圈"微信公众号二维码,在图书专区下载,也可以拨打电话或发送电子邮件咨询。

如果您在使用本书的过程中遇到了什么问题,或者有相关图书出版计划,也请您发邮件告诉我们,以便我们更好地为您服务。

我们的联系方式:

地　　址:北京市海淀区双清路学研大厦 A 座 714

邮　　编:100084

电　　话:010-83470236　010-83470237

客服邮箱:2301891038@qq.com

QQ:2301891038(请写明您的单位和姓名)

资源下载:关注公众号"书圈"下载配套资源。

资源下载、样书申请

书圈

图书案例

清华计算机学堂

观看课程直播